いちばんやさしい

ズバリ合格BOOK

［日商PC検定合格道場］

八田仁＋細田美奈 著

石井典子 監修

技術評論社

はじめに

日商PC検定を学習されるあなたへ

コンピュータ専門用語やIT関連用語は、カタカナ語や略語が多く、理解し覚えるのは、正直大変です。繰り返し学習することで徐々に克服するしかありません。

単調な学習を続けていると、ときには、こんなことを学習しても何の役に立つのだろう？と疑問に感じ、投げ出したくなるでしょう。努力することは、ときには辛いものです。

しかし、天は、あなたのために素晴らしいプレゼントを用意しています。あきらめずに、粘り強く進むあなたに「忍耐力」「折れない強い心」を授けます。また、目標を達成すれば、素晴らしい「達成感」「充実感」みなぎる「自信」を授かります。そして、あなたは、気づくのです。自分の器が拡大したことに。

どうか、かんたんにあきらめないでください。あなたは、必ず達成できるでしょう！あきらめない限り必ず成功できます。そして、資格を取ることよりもっと重要なことをスキルとして身につけることができます。それは、目標を達成する心のノウハウです。このノウハウを手にしたことにより、ほかの人が躊躇するような場面でも自信を持って立ち向かうことができるでしょう。また、今後訪れる人生における数々の課題を、あなたは、独力で克服するようになるでしょう。そして、目標を達成する心のノウハウを持っていない人々から、尊敬される人物へと成長していくのです。

この教材は、ただの検定試験用の教材です。丸暗記して試験に通ればそれだけでもよいかもしれません。しかし、教材を学習していく過程で「心のノウハウ」を意識しながら学習を続ければ、素晴らしい人生への切符を手に入れることも可能です。ぜひ、本書があなたの人生のために活かされることを期待しております。

目　次

第 3 章 トレーニング 45

●ダウンロードファイルのご案内

本書の第3章、第4章、第6章では、演習用のファイルを利用して学習を進めていただきます。これらのファイルは本書のサポートページにてダウンロードいただけます。 ぜひご活用ください。 詳細は、第3章の章扉（45ページ）もご参照ください。

・本書のサポートページ
https://gihyo.jp/book/2024/978-4-297-13973-5

第1章 受験の手引き

第1章では、日商PC検定の特徴と受験学習の取り組み方、このテキストの学習方法を掲載しています。日商PC検定は、コンピュータが採点するという特殊な試験です。日常使用している操作や処理結果もネット試験コンピュータが認めてくれるとは、限りません。自己流の学習にならないように注意深くテキストに取り組んでください。

日商PC検定データ活用3級の概要

日商 PC 検定は、仕事を疑似体験できる検定！

日商PC検定は、単なるパソコンスキル試験ではなく、Word、Excel、PowerPointなどを使用して仕事ができるかどうかを判定する試験です。また、パソコン利用者ではなく、求職・採用を行う企業側の要望から生まれた試験ですので、かなり実務的な試験となります。パソコン検定というより、「パソコンでする仕事検定」のような内容です。

このような特性から、採用試験やキャリアアップなどに重宝される資格試験と位置づけられています。パソコンの操作方法以外に、データ活用では、日々のデータを集計し、報告用の資料とグラフを作成するような実際の仕事の内容が求められます。

日商 PC 検定の特徴

日商PC検定は、前身となる「日本語文書処理技能検定（ワープロ検定）試験」と「ビジネスコンピューティング（ビジコン）検定」を進化・統合したもので、2006年4月から実施されています。

データ活用試験ではExcelを用い、指示に従い正確かつ迅速に業務データベースを作成し、集計、分類、並べ替え、計算、グラフ作成等を行うものです。

試験科目

<table>
<tr><th>試験科目</th><th>試験時間</th><th>合格基準</th><th>程度・能力</th></tr>
<tr><td>知識</td><td>15分
（択一式）</td><td rowspan="2">知識、実技の2科目とも70%以上</td><td>●データベース管理（ファイリング、共有化、再利用）について理解している
●電子商取引の現状と形態、その特徴を理解している
●ハードウェア、ソフトウェア、ネットワークに関する基本的な知識を身に着けている</td></tr>
<tr><td>実技</td><td>30分</td><td>●企業実務で必要とされる表計算ソフトの機能、操作法を一通り身に着けている
●表計算ソフトにより業務データを一覧表にまとめるとともに、指示に従い主受け、分類、並べ替え、計算等ができる
●各種グラフの特徴と作成法を理解し、目的に応じて使い分けできる</td></tr>
</table>

試験方法と合否判定

試験会場のパソコン等を利用して、試験の自動実行プログラムおよび試験問題を、インターネットを介しダウンロードして実施します。試験終了後、受験者の答案（データ）がインターネットを介して採点され、即時に合否判定を行い、結果を通知します。

試験会場

商工会議所の認定した「商工会議所ネット試験施行機関」（各地商工会議所および各地商工会議所が認定した大学、専門学校、パソコンスクール等の教育機関、企業）のうち、本試験に対応したソフトウェアが導入されている機関が試験会場になります。

知識科目の免除制度

電子メール活用能力検定、EC実践能力検定、および一般財団法人職業教育・キャリア教育財団主催の情報検定（J検）の情報活用試験の各合格者に対して、日商PC検定（2級・3級）の「知識科目」の受験を免除し、「実技科目」のみで合否を判定する制度があります。

知識科目の免除制度の詳細については、以下URLをご参照ください。
https://www.kentei.ne.jp/wp/wp-content/uploads/2020/01/pckentei20160118.pdf

申し込み方法

ネット試験の受験日は、試験会場によって異なるため、まずはどのネット試験会場で受験するかを決める必要があります。都市部であれば選択肢も豊富にありますが、地域によっては日程も会場も限られている場合がありますのでご注意ください。

詳しくは、公式ホームページの「ネット試験の受験方法」に、受験申込みの流れが記載されていますので、こちらにお目通しください。試験会場についても、「商工会議所ネット試験施行機関リスト」にて確認することができます。

- ネット試験の受験方法
https://www.kentei.ne.jp/examination_method

このテキストの学習方法

このテキストは、Excelの使用方法を学習するためのものではありません。あくまで、日商PC検定データ活用3級合格に必要なスキルのみに絞って学習を進めていきます。

日商PC検定は、コンピュータが判定する試験ですので、確実に合格できるテクニックを身につけることが必要です。このテキストで紹介する解答方法や使用スキルは、多数の試験結果から確認された、得点ができるスキルですので、なるべくこのテキストの方法で学習されることをお勧めします。

「第2章　レッスン」では、Excelにあまり慣れていない方でも試験で必要な基本的な使用方法を解説しています。Excel操作に自信のある人もひととおり目を通して自身のスキルをチェックしてみてください。自己流のクセのある操作方法では、コンピュータが判定するネット試験で思わぬ落とし穴にはまる可能性があります。

「第3章　トレーニング」では、試験問題に解答するために必要なスキルと仕事に必要なスキルを同時に練習します。Excelでは、同様の結果を求めるために多様な操作があらかじめ用意されています。例えば、集計をする方法にも、ピボットテーブルを使用する方法、フィルターを使用する方法、SUMIF関数を使用する方法、その他多数あります。仕事で結果を求める場合、どの方法を用いてもかまいません。また、日商PC検定の試験問題を解く場合も、どの方法を用いてもかまいません。ただ、すべての操作方法を学ぶには、時間がかかり、混乱してしまうこともあります。そこで、本書ではどのような問題でもなるべく同じスキルで解決できる王道を学習していただくために、スキルトレーニングの章を設けました。

「第4章　実技科目の練習」では、日商PC検定独特の問題文の読み解き方と解答に必要なスキルを学習していきます。データ活用3級の問題は、基本データ（データベース）の入力規則に合った基本データの作成と集計により報告用の表を埋めていきます。そして、グラフ付きの報告書を作成する問題が主流です。また、変形問題として、アンケートや請求書の問題が出題されますので、これらの解答スキルを学習していきます。

「第5章　知識科目の練習」では、過去に出題された試験問題を参考にして用意した問題について、実践的なトレーニングができるように実際の試験と同様に3択の方法で学習していきます。実技問題を気にする受験者が多いのですが、実際には、知識問題も独立して70点以上獲得しないと合格できません。よって手を抜かず、十分に繰り返し学習しましょう。

知識問題は、学習問題数が多くなりますので、本書の読者特典であるWebアプリ「DEKIDAS-WEB」を用いて採点付きで学習するシステムも用意しています。パソコンだけではなく、スマホなどインターネット環境さえあれば、どこにいても、いつでも学習することができます。

「第6章　模擬試験」では、過去に出題された実際の試験問題に即した実践問題で実力を安定させていきます。この模擬試験を繰り返し練習し、自信をもって解答できるようになれば、高得点合格の実力がつきます。

以下のサンプル画面のように、実際の試験では、2画面で問題文を見ながらExcelで解答を作成していきますので、普段から、Excelのウィンドウを3分の2程度に縮めて練習をするようにしてください。

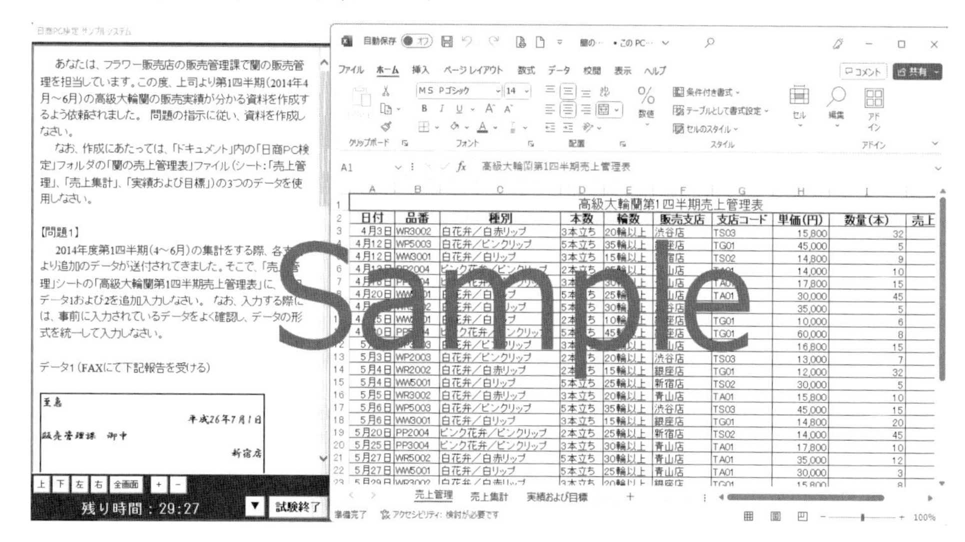

日商PC検定を学習されるあなたへ

合格への道

もっと成績が良くて当たり前なのに、このテキストの学習方法を知らないために、本来の半分の成績しか得られないとしたら、あなたはどうでしょうか？

著者は、日商PC検定開始当時より、直営のパソコン教室ならびに日商PC検定合格道場の通信講座において長年に渡り多くの受験者の方を支援してきました。また、同時に試験官として毎月、実際の試験に立ち会い、本物の試験問題に接してきました。本書はその経験から生まれた、日商PC検定に「ズバリ合格」するという目標、一点に絞り込んだ教本です。

そのため、ネット試験特有の特殊な試験対応まで踏み込んだ内容になっていますので、普通のパソコン解説書とは違う、異例なテクニックも多く掲載されています。パソコンの使い方にはいろいろな方法がありますが、「ズバリ合格」を目指す方は、本書の独特な解答方法を素直に学習されることをお勧めします。

日商PC検定は、コンピュータが採点するという特殊な試験です。著者は、この独特のシステムを「ネット試験の落とし穴」という言葉でいつも呼んでいます。普通なら「これでも良いのでは？」と思われる操作や処理結果も、ネット試験のコンピュータ採点で認めてくれるとは限らないのです！

日商PC検定1級3科目合格者である著者が、長年の試験実施の経験からつかんだ、この独特のテクニックが満載の本書をぜひ素直に学んでください。

あなたの合格のために！

第2章 レッスン

この章では、Excelにあまり慣れていない方のために、試験にとって必要な基本的な使用方法を解説しています。Excel操作に自信のある人も一通り目を通して自身のスキルをチェックしてみてください。

2-1 ファイルの作成・保存

2-1-1 ファイルの新規作成

Excelを開きます。「空白のブック」をクリックすると、新しいファイルを作成することができます。

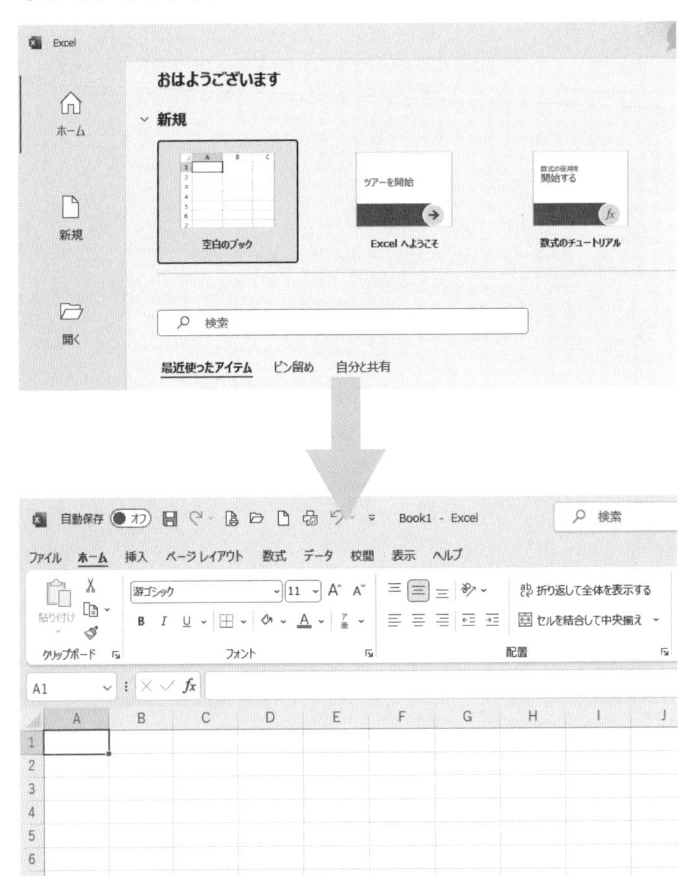

2-1-2 ファイルを開く

「ファイル」をクリックします。

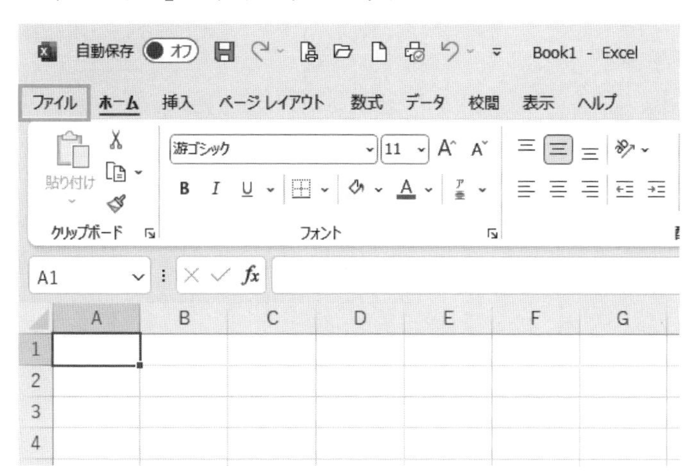

「開く」ボタンをクリックします。「参照」ボタンをクリックすると、「ファイルを開く」というダイアログボックスが表示されます。該当するファイルを選択して「開く」ボタンをクリックします。

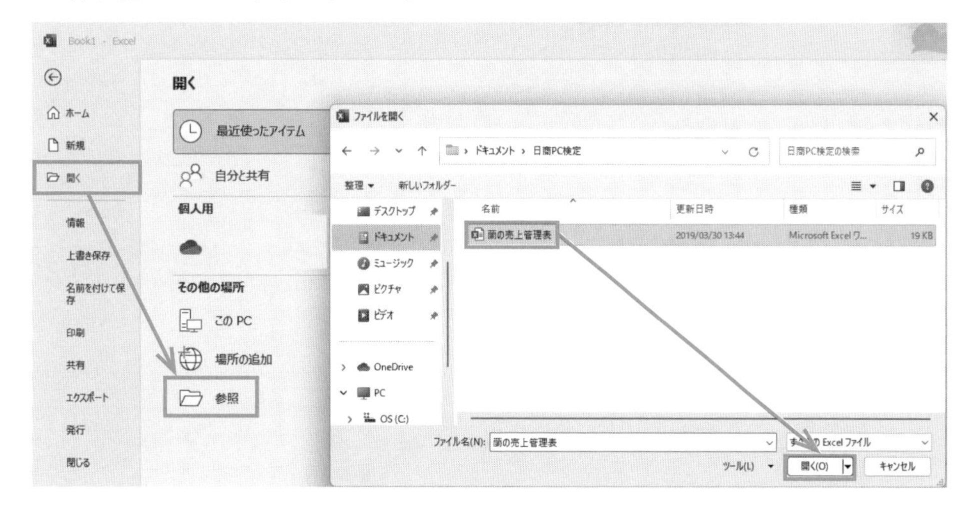

2-1-3 ファイルの保存

「ファイル」をクリックしてください。

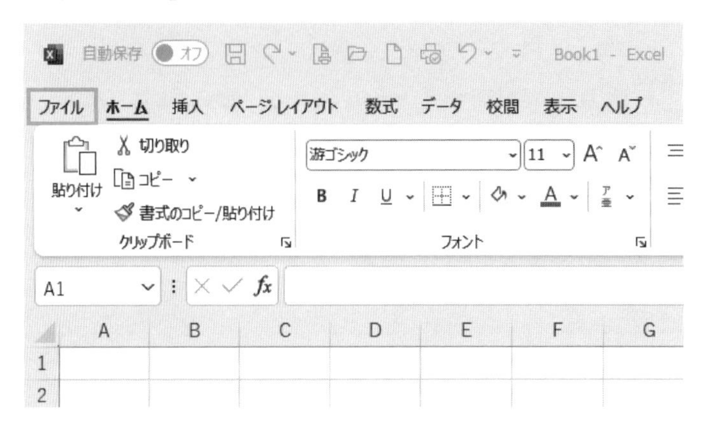

「名前を付けて保存」をクリックします。「参照」ボタンをクリックすると、「名前を付けて保存」ダイアログボックスが開きます。「ファイル名」を入力して「保存」ボタンをクリックしてください。

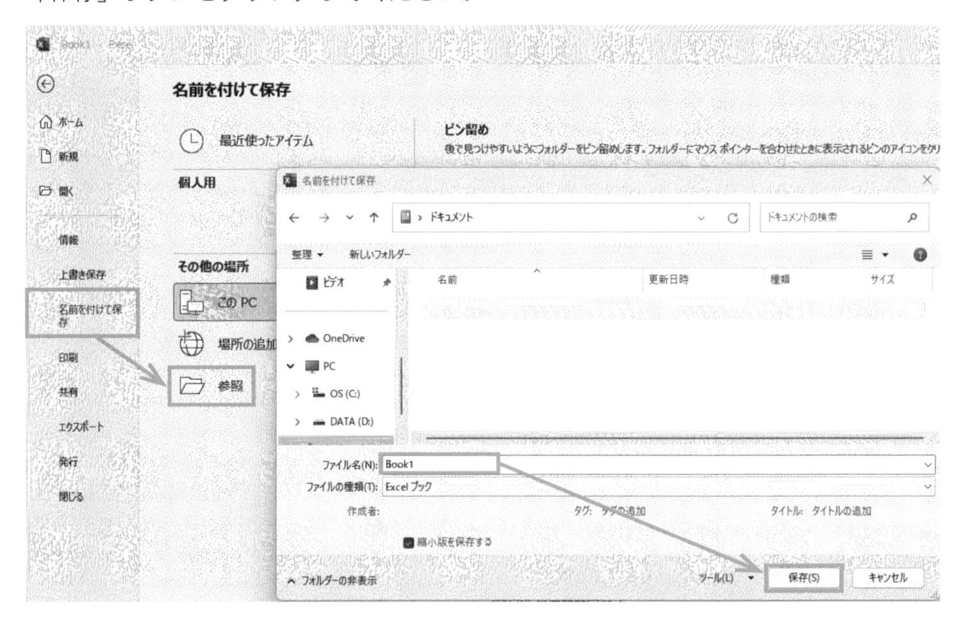

※実際の日商PC検定の試験問題は、あらかじめ用意されたデータを加工していきますので、新規作成から新しいファイルを作成することはありません。

2-2 Excelの基本操作

2-2-1 タブとリボン

Excelの画面上段、「ファイル」「ホーム」「挿入」「ページレイアウト」…が並んでいる部分を「タブ」といいます。また、その下の各種設定に使うボタンが並んでいる部分を「リボン」といいます。

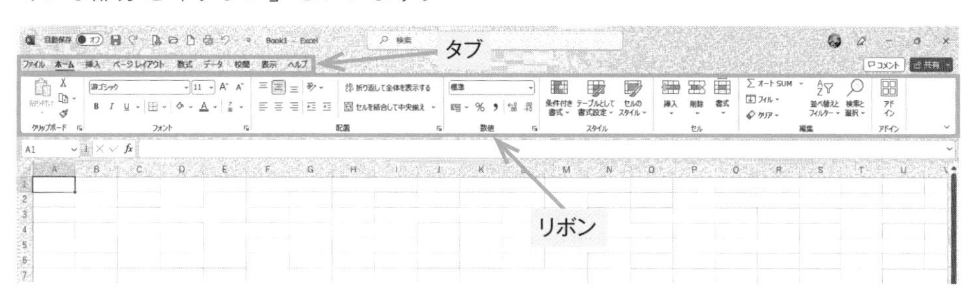

● 「ホーム」タブ

文字の各種設定、表作成、セルの書式設定などに使います。

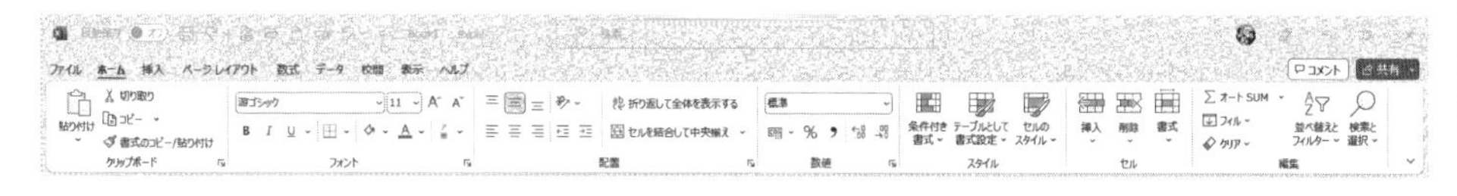

● 「挿入」タブ

「ピボットテーブルの作成」「グラフの挿入」に使います。

注意

「タブ」を切り替えるには、タブの文字を1回だけクリックします。2回クリックしてしまうと、リボン自体の表示／非表示を切り替える操作となってしまいます。リボンが非表示になっている場合は、タブの文字を再度ダブルクリックすると再表示されます。

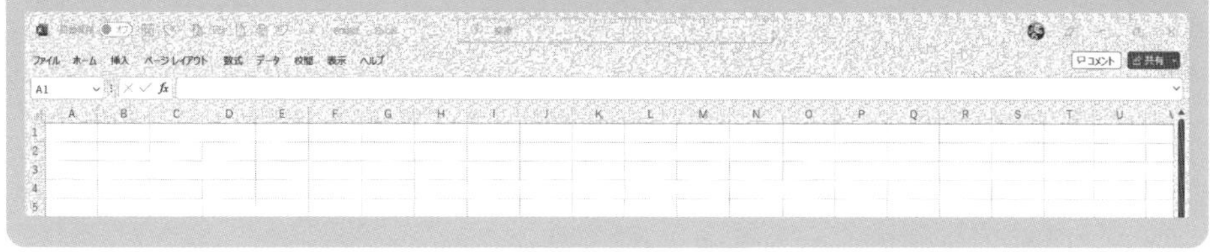

※日商PC検定で使う「タブ」は、「ファイル」「ホーム」「挿入」のみです。

2-2-2 Excel の画面構成

Excelの画面は以下のような構成になっています。

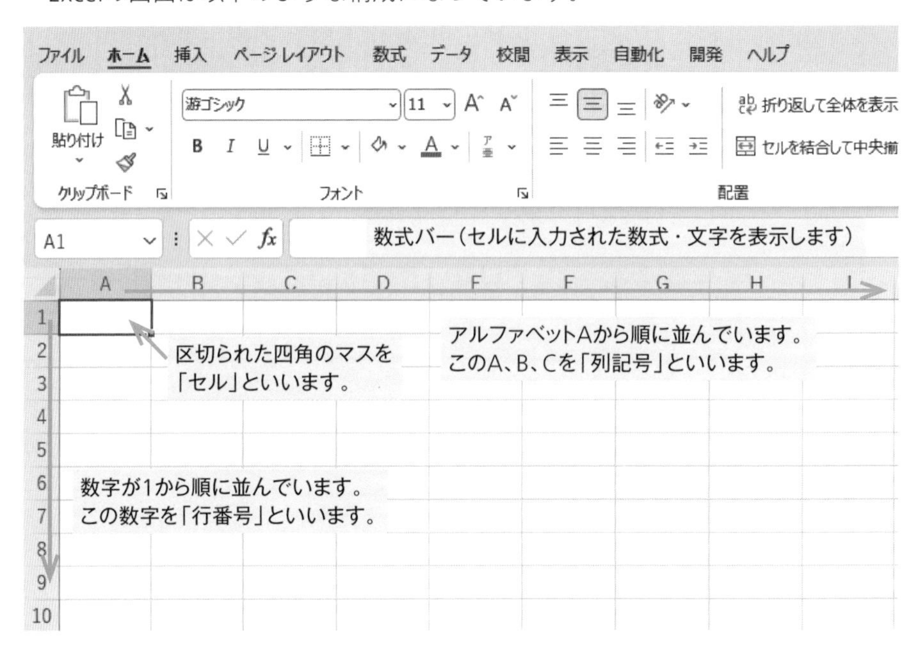

2-2-3 セルの使い方

Excelでは、入力したいセルをマウスでクリックして入力します。マウスでクリックしたセルは、緑色の枠線で囲まれます。この緑色の枠線で囲まれたセルが、現在入力の対象となっているセル（アクティブセル）です。

セルの場所を、列記号と行番号を使って表します。例えば、次の図でアクティブになっているセルは、列「A」の「1」行目なので「A1」となります。

	A	B	C	D
1				
2				
3				
4				
5				

Excel のバージョンごとの比較

Excel 2021では、見た目のデザインこそ変わりましたが、データ活用3級の試験で問われる範囲の、基本的な操作については変わりありません。

● Excel 2016、2019の画面

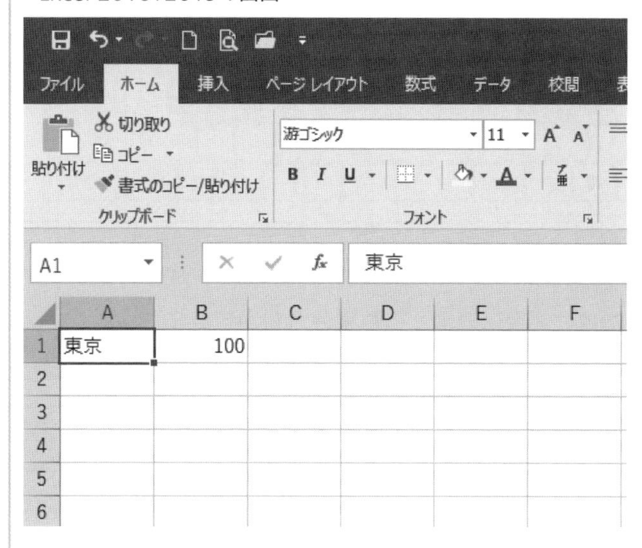

● Excel 2021の画面

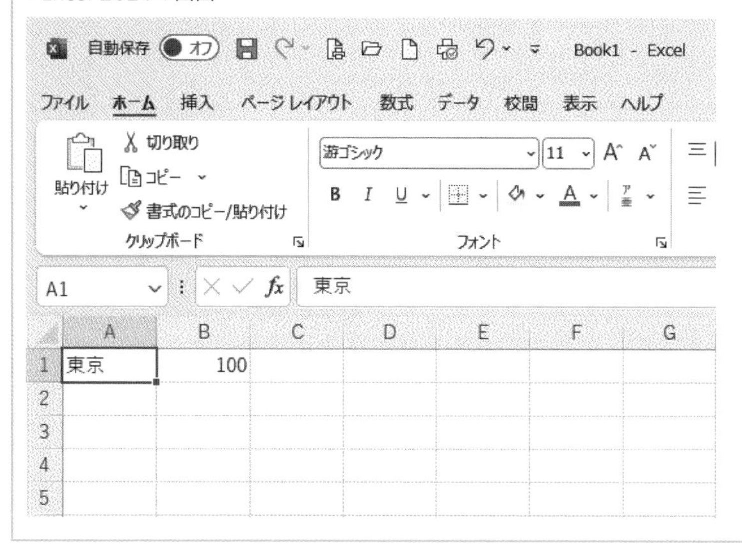

注意

本書では、Excel 2021の画面で解説をしていきますが、Excel 2016、2019の画面と比較してみても、メニューやボタンの配置等はほぼ変わっていません。解答方法にも違いはありませんので、どのバージョンをお使いの場合でも安心して読み進めてください。

2-2-4 キーボードの基本的なキー

	テンキー 電卓のように数字の入力ができます。
Back space	**Backspace（バックスペース）キー** 入力中の文字を1文字ずつ戻って削除します。
Delete	**Delete（デリート）キー** セルに入力された数値や文字を削除します。
Num Lock	**Num Lock（ナムロック）** このボタンがONになっていないとテンキーが使えません。テンキーで数字の入力ができなくなってしまった場合は、このボタンを押してONにしてください。
Enter Enter	**Enter（エンター）キー** 数字や文字を確定します。押すたびに下のセルに移動します。Enterキーは2ヶ所ありますが、どちらも同じ機能です。
↑ ← ↓ →	**カーソルキー** セルを上下左右に移動することができます。

2-2-5 数値を入力する

セル「B2」をクリックして、「100」と入力してEnterキーを押します。セル「B3」に「1200」と入力してEnterキーを押します。セル「B4」に「15000」と入力してEnterキーを押します。

	A	B	C
1			
2		100	
3		1200	
4		15000	
5			

数値を入力してEnterキーを押すと、自動的に下のセルに移動します。

2-2-6 文字を入力する

セル「A2」をクリックして、「東京」と入力してください。セル「A3」には「大阪」、セル「A4」には「名古屋」と入力してください。

	A	B	C
1			
2	東京	100	
3	大阪	1200	
4	名古屋	15000	

Excelで文字を入力するときは、IMEツールバーに「あ」が表示されている状態にしておきます。

●全角モード（文字の入力）

●半角モード（数値・計算式の入力）

全角・半角の切り替えは、キーボード左上にある「半角/全角」キーを使います。押すたびに、ひらがな「あ」と半角英数「A」が切り替えられます。

2-2-7 日付を入力する

Excelで日付を入力するときは、月と日の数字の間に「/」（スラッシュ）を入力します。セル「B1」に半角英数「A」で「4/1」と入力し、Enterキーを押してください。「4月1日」という表示になります。

	A	B	C
1		4/1	
2	東京	100	
3	大阪	1200	
4	名古屋	15000	
5			

	A	B	C
1		4月1日	
2	東京	100	
3	大阪	1200	
4	名古屋	15000	
5			

続けて、セル「C1」には、「2020/4/1」と入力してください。

	A	B	C
1		4月1日	2020/4/1
2	東京	100	
3	大阪	1200	
4	名古屋	15000	
5			

別の年の日付を入力するときは、「2020/4/1」と西暦で「年」の数値から入力します。このとき、必ず「半角」で入力するようにしてください。

Excelで日付を入力するときは、「4月1日」なら「4/1」と、「月」と「日」の数字の間に「/」を入れて入力します。セルの表示は「4月1日」と表示されていますが、数式バーを確認すると、「2023/4/1」となり、自動的に作成日現在の「年」になっていることがわかります。

B1 fx 2023/4/1

	A	B	C	D
1		4月1日	2020/4/1	
2	東京	100		
3	大阪	1200		
4	名古屋	15000		
5				

2-2-8 セルの幅を広げる

セル「D1」に「2021年上半期売上表」と入力してください。 文字数が多いと、一つのセルの中に文字が入りきりません。 セルの幅を広げてみましょう。

D1 | 2021年上半期売上表

	A	B	C	D	E	F
1		4月1日	2020/4/1	2021年上半期売上表		
2	東京	100				
3	大阪	1200				
4	名古屋	15000				

列「D」と列「E」の間にマウスを合わせると、マウスが ✛ の形に変わります。

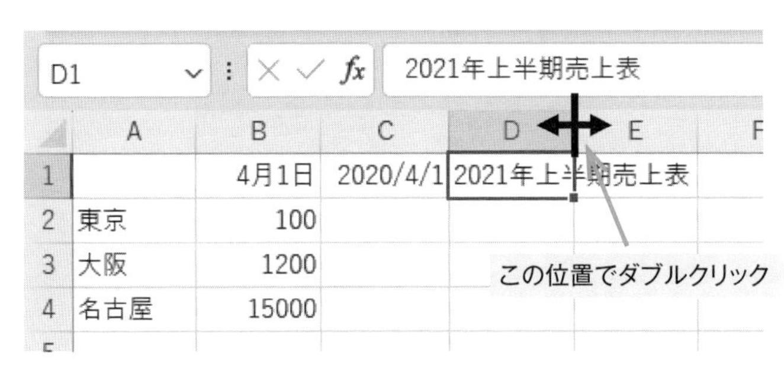

この状態でダブルクリックすると、すべての文字が表示される幅に自動的に広がります。

D1 | 2021年上半期売上表

	A	B	C	D
1		4月1日	2020/4/1	2021年上半期売上表
2	東京	100		
3	大阪	1200		
4	名古屋	15000		

マウスでドラッグして広げる方法もあります。

D1 | 2021年上半期売上表

幅: 18.00 (149 ピクセル)

	A	B	C	D	E
1		4月1日	2020/4/1	2021年上半期売上表	
2	東京	100			
3	大阪	1200			
4	名古屋	15000			

2-2-9 ファイルを保存せずに閉じる

以下の指示に従って操作してみましょう。

1.「ファイル」をクリック
2.「閉じる」をクリック

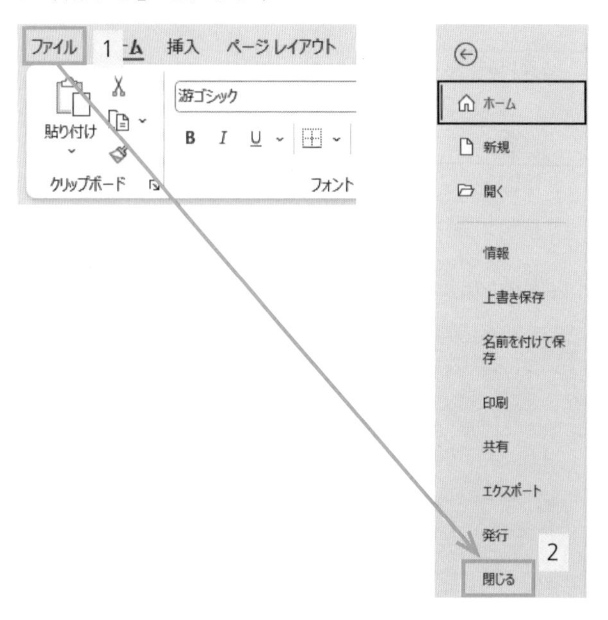

「変更内容を保存しますか?」という画面が表示されたら、「保存しない」をクリックして、入力したデータは保存せずに閉じておいてください。

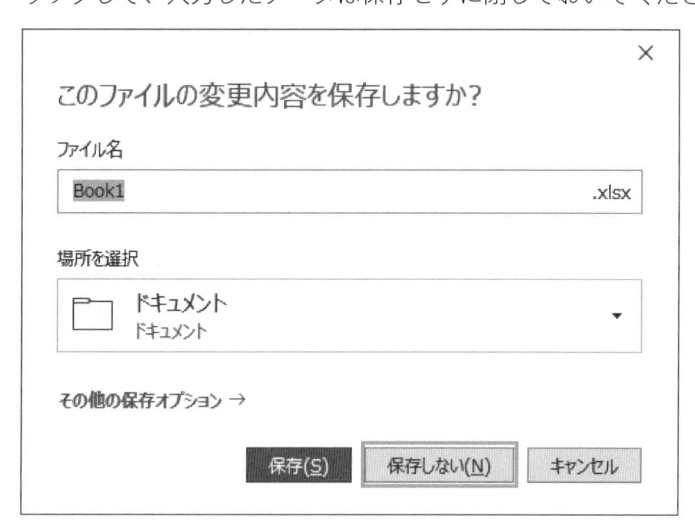

次の解説に進む前に、「ファイル」→「新規」→「空白のブック」の順にボタンをクリックして、新しいファイルを開いておいてください。

2-3 オートフィル

2-3-1 連続データを入力する

セル「A1」をクリックして、数値の「1」を入力してください。

	A	B	C
1	1		
2			
3			

オートフィルとは、セルの右下にマウスを合わせてドラッグすることをいいます。 オートフィルを使うと、いろいろな機能が使えます。

セル「A1」の右下の緑色の四角の上にマウスを合わせ、マウスが ✚ の形に変わったら、セル「A5」までドラッグしてください。

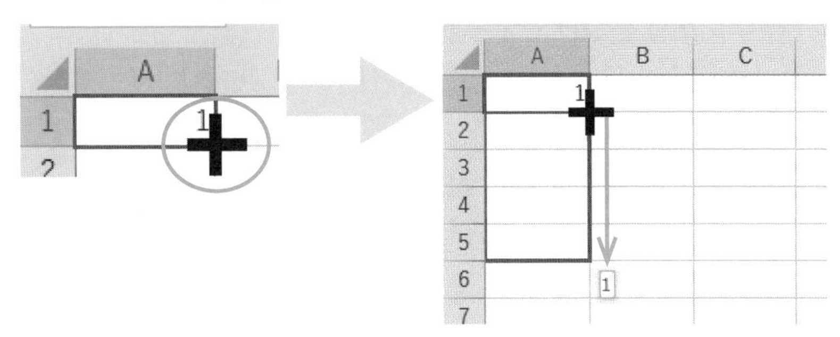

数字の「1」がコピーされました（オートフィルには元々「コピー」の意味があります）。 オートフィルした後に右下に表示される「オートフィルオプション」ボタンをクリックして、「連続データ」をクリックすると、「1」だけだった数値が「1～5」までの連続データに変わります。

	A	B
1	1	
2	1	
3	1	
4	1	
5	1	
6		
7		

	A	B	C	D
1	1			
2	2			
3	3			
4	4			
5	5			

セルのコピー(C)
連続データ(S)
書式のみコピー (フィル)(F)
書式なしコピー (フィル)(O)
フラッシュ フィル(F)

月の名前をオートフィルで入力するときは、1月から12月までが繰り返し入力できます。 試しに、セル「C1」に「1月」と入力して、セル「C15」までオートフィルしてみましょう。

	A	B	C	D
1	1		1月	
2	2			
3	3			
4	4			
5	5			
6				
7				
8				
9				
10				
11				
12				
13				
14				
15				
16				3月

	A	B	C	D
1	1		1月	
2	2		2月	
3	3		3月	
4	4		4月	
5	5		5月	
6			6月	
7			7月	
8			8月	
9			9月	
10			10月	
11			11月	
12			12月	
13			1月	
14			2月	
15			3月	
16				

2-3-2 数字に単位をつけてオートフィルする

セル「E1」に「営業1課」と入力して、セル「H1」まで右方向にオートフィルしてみましょう。

	A	B	C	D	E	F	G	H
1	1		1月		営業1課			
2	2		2月				営業4課	
3	3		3月					

数字に単位（課・本・冊など）をつけてオートフィルすると、自動的に連続データになります。

	A	B	C	D	E	F	G	H
1	1		1月		営業1課	営業2課	営業3課	営業4課
2	2		2月					
3	3		3月					

このときの数字「1課」の「1」は算用数字を使うようにしてください。 漢数字の「一」はオートフィルしても連続データにはなりません。

D	E	F	G	H	I
	営業一課	営業一課	営業一課	営業一課	

2-3-3 文字をオートフィルする

セル「E5」に「東京」と入力して、セル「H5」までオートフィルしてみましょう。

	A	B	C	D	E	F	G	H
1	1		1月		営業1課	営業2課	営業3課	営業4課
2	2		2月					
3	3		3月					
4	4		4月					
5	5		5月		東京			
6			6月					東京

文字のみでオートフィルを行うと、文字がコピーされます。

	A	B	C	D	E	F	G	H	I
1	1		1月		営業1課	営業2課	営業3課	営業4課	
2	2		2月						
3	3		3月						
4	4		4月						
5	5		5月		東京	東京	東京	東京	
6			6月						

2-3-4 いろいろな文字をオートフィルしてみる

任意の日付（以下では4月1日）を入力して、オートフィルしてみましょう。日付の場合は「連続した日にち」が入力されます。

	A	B	C	D	E	F	G	H	I	J	K
1	4月1日	4月2日	4月3日	4月4日	4月5日	4月6日	4月7日	4月8日	4月9日	4月10日	
2											
3											

「月」と入力してオートフィルしてみましょう。曜日は「月」～「日」曜日が繰り返し入力できます。

	A	B	C	D	E	F	G	H	I	J	K
1	4月1日	4月2日	4月3日	4月4日	4月5日	4月6日	4月7日	4月8日	4月9日	4月10日	
2											
3	月	火	水	木	金	土	日	月	火	水	
4											

確認

オートフィルの使い方

- 連続した数値を入力
- 「月」の名前を連続で入力
- 連続した日付を入力
- 曜日を入力
- 数字に単位を付けた文字をオートフィルすると連続した数値が入力される
- 文字をオートフィルするとコピーになる

2-4 計算式の入力

2-4-1 足し算の計算をする

以下のデータを入力してください。

	A	B	C	D
1				
2		東京	大阪	
3	1月	200	250	
4	2月	250	380	
5	3月	550	430	
6	合計			

セル「B6」に、セル「B3」から「B5」までの数値の合計を計算してみましょう。

1.セル「B6」をクリック
2.「ホーム」タブにある「オートSUM」をクリック（SUMは合計という意味）

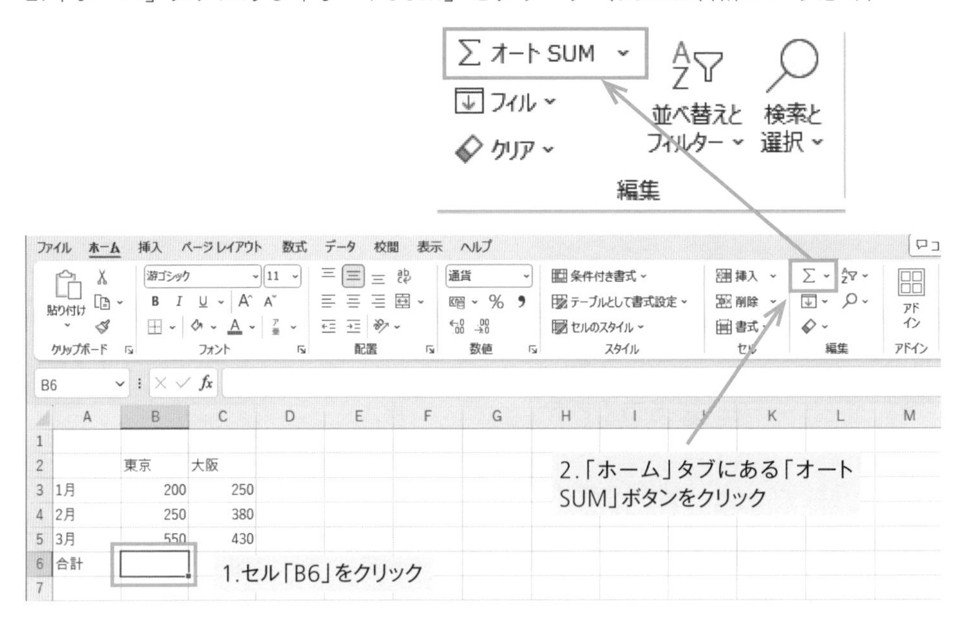

セル「B6」に「=SUM（B3:B5）」という計算式が入力されます。これは「B3」から「B5」にある数値を合計（SUM）する、という意味の計算式です。

ROUND... | =SUM(B3:B5)

	A	B	C	D
1				
2		東京	大阪	
3	1月	200	250	
4	2月	250	380	
5	3月	550	430	
6	合計	=SUM(B3:B5)		
7		SUM(数値1, [数値2], ...)		

このように、「オートSUM」ボタンを使うと、Excelが自動的に近くにある連続した数値を選択します。計算したい範囲が合っていれば、Enterキーを押して計算式を確定します。

B6 | =SUM(B3:B5)

	A	B	C	D
1				
2		東京	大阪	
3	1月	200	250	
4	2月	250	380	
5	3月	550	430	
6	合計	1000		

セル「B6」には、合計の数字が表示されます。

計算結果を表示したいセルをクリックしてから、オートSUMのボタンをクリックしてください。

ファイル　ホーム　挿入　ページレイアウト　数式　データ　校閲　表示　ヘルプ

B6

	A	B	C
1			
2		東京	大阪
3	1月	200	250
4	2月	250	380
5	3月	550	430
6	合計		

先に計算したい範囲をドラッグしてからオートSUMをクリックすると間違った計算をする場合があるので、避けましょう。

●セル「B4」に「600」と入力して、Enterキーを押してみましょう。

	A	B	C
1			
2		東京	大阪
3	1月	200	250
4	2月	600	380
5	3月	550	430
6	合計	1350	
7			

東京の2月の数値を「250」から「600」に変更すると、合計も「1000」から「1350」に変わります。このように、計算式に使ったセルの数値を変更すると、自動的に再計算されます。

●東京の2月と3月の数値だけを足し算してみましょう。
オートSUMボタンを使うと、自動的に1月から3月の数値を足し算しますが、どうすれば2月と3月の数値だけを足し算できるのでしょうか？

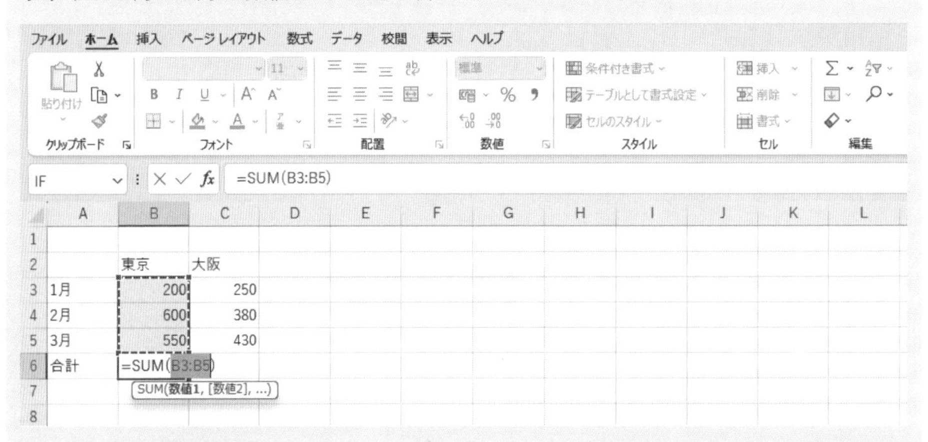

オートSUMボタンをクリックした後に、合計したい範囲をドラッグして、Enterキーを押せば、範囲を選択できます。セル「B6」→「オートSUM」ボタンをクリックし、セル「B4」から「B5」をマウスでドラッグして、Enterキーで確定してみましょう。
セルをドラッグするときは、マウスが ✚ の形になってからドラッグします。セルの中央からドラッグするようにしてください。

	A	B	C	D
1				
2		東京	大阪	
3	1月	200	250	
4	2月	600	380	
5	3月	550	430	
6	合計	=SUM(B4:B5)		
7		SUM(数値1, [数値2], ...)		

	A	B	C
1			
2		東京	大阪
3	1月	200	250
4	2月	600	380
5	3月	550	430
6	合計 ⚠	1150	
7			

「600」と「550」だけを合計したので、セル「B6」の数値が「1150」になりました。

セルをドラッグするときは、マウスが の形になってからドラッグします。セルの中央からドラッグするようにしてください。

2-4-2 引き算の計算をする

セル「D3」から「D5」に、以下の数値を入力してください。

	A	B	C	D
1				
2		東京	大阪	
3	1月	200	250	200
4	2月	600	380	2
5	3月	550	430	3
6	合計	1150		
7				

計算式を入力するときは、必ず「半角」で入力するようにしてください！

セル「E3」に、大阪の1月の数値「250」からセル「D3」の数値「200」を引き算してみましょう。

セル「E3」をクリックして、「=」（イコール）を入力します。

	A	B	C	D	E
1					
2		東京	大阪		
3	1月	200	250	200	=
4	2月	600	380	2	
5	3月	550	430	3	
6	合計	1150			
7					

セル「C3」をクリックしてください。

ROUND...　×　✓　fx　=C3

	A	B	C	D	E
1					
2		東京	大阪		
3	1月	200	250	200	=C3
4	2月	600	380	2	
5	3月	550	430	3	
6	合計	1150			
7					

引き算を表す「-」（マイナス）の記号を入力します。

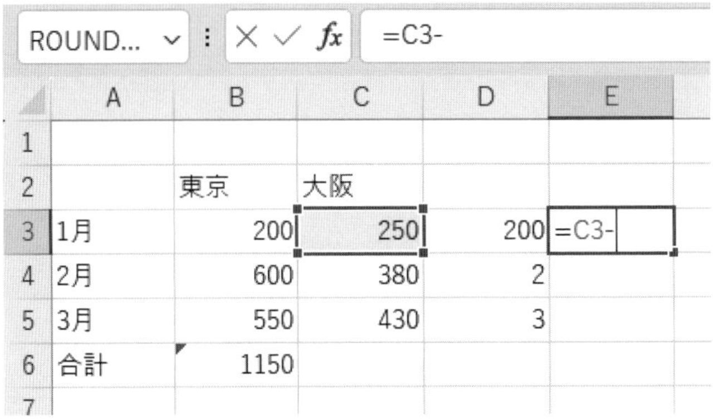

ROUND... | =C3-

	A	B	C	D	E
1					
2		東京	大阪		
3	1月	200	250	200	=C3-
4	2月	600	380	2	
5	3月	550	430	3	
6	合計	1150			
7					

セル「D3」をクリックし、Enterキーで確定します。

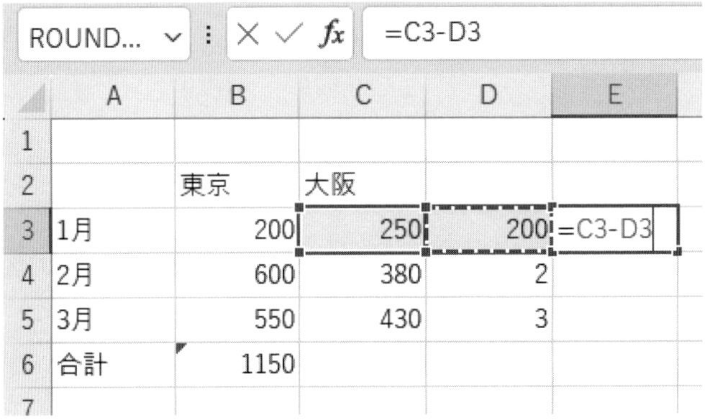

ROUND... | =C3-D3

	A	B	C	D	E
1					
2		東京	大阪		
3	1月	200	250	200	=C3-D3
4	2月	600	380	2	
5	3月	550	430	3	
6	合計	1150			
7					

セル「E3」には、引き算の答え「50」が表示されました。

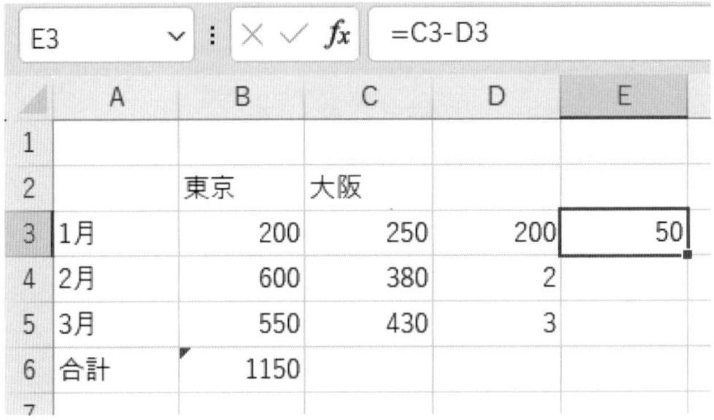

E3 | =C3-D3

	A	B	C	D	E
1					
2		東京	大阪		
3	1月	200	250	200	50
4	2月	600	380	2	
5	3月	550	430	3	
6	合計	1150			
7					

計算式に使うキーの位置

● キーボードにテンキーがある場合

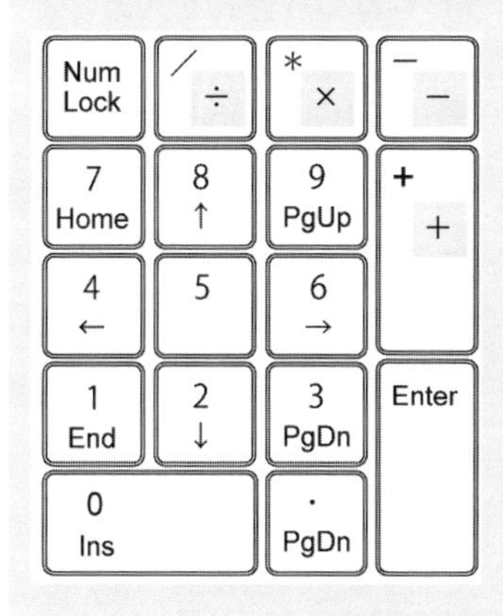

● キーボードにテンキーがない場合

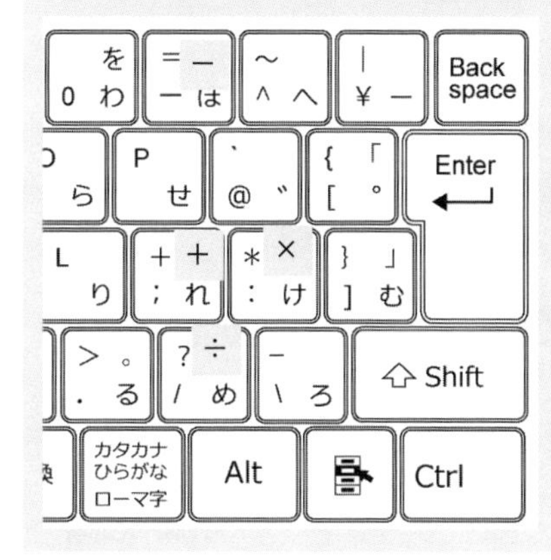

2-4-3 かけ算の計算をする

セル「E4」に、「C4×D4」というかけ算の計算式を入力してみましょう。

まず、セル「E4」をクリックして、「=」を入力してから、セル「C4」をクリックして、「*」を入力してください。最後にセル「D4」をクリックして、Enterキーを押すと、計算式が完成します。

ROUND... | =C4*D4

	A	B	C	D	E
1					
2		東京	大阪		
3	1月	200	250	200	50
4	2月	600	380	2	=C4*D4
5	3月	550	430	3	
6	合計	1150			

2-4-4 わり算の計算をする

セル「B5」に、「C5÷D5」というわり算の計算式を入力してみましょう。

まず、セル「E5」をクリックして、「=」を入力してから、セル「C5」をクリックして、「/」を入力してください。最後にセル「D5」をクリックして、Enterキーを押すと、計算式が完成します。

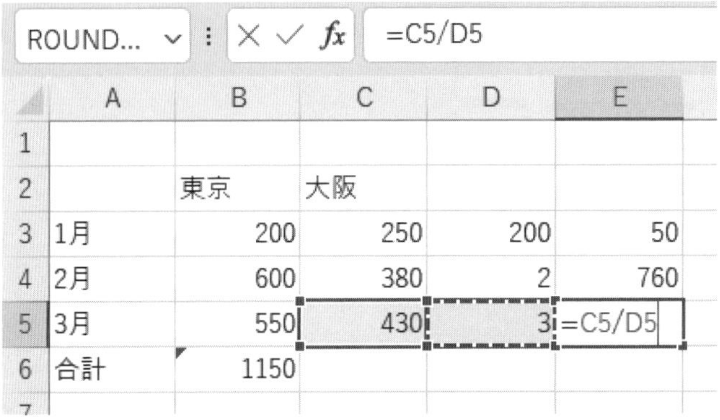

ROUND... | =C5/D5

	A	B	C	D	E
1					
2		東京	大阪		
3	1月	200	250	200	50
4	2月	600	380	2	760
5	3月	550	430	3	=C5/D5
6	合計	1150			

✓ チェック

引き算、かけ算、わり算の計算結果は正しく表示されましたか?
それぞれのセルの計算式を数字で表すと、「E3」は「=250-200」、「E4」は「=380*2」、「E5」は「=430/3」となります。

	A	B	C	D	E
1					
2		東京	大阪		
3	1月	200	250	200	50
4	2月	600	380	2	760
5	3月	550	430	3	143.3333
6	合計	1150			

2-4-5 計算式をオートフィルする

列Dと列Eのデータを削除してみましょう。範囲をドラッグしてDeleteキーを押してください。

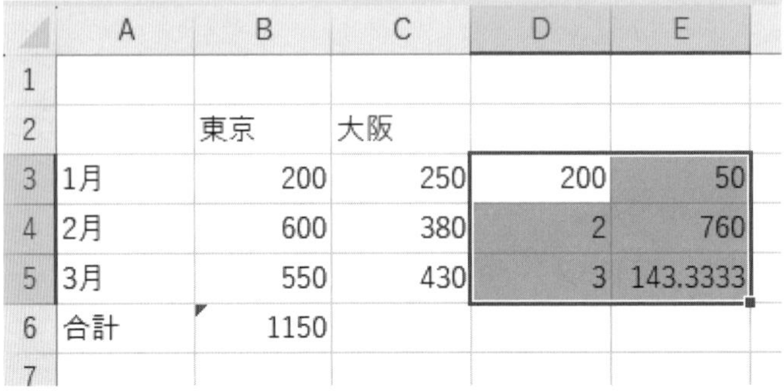

	A	B	C	D	E
1					
2		東京	大阪		
3	1月	200	250	200	50
4	2月	600	380	2	760
5	3月	550	430	3	143.3333
6	合計	1150			

Excelで複数のセルの「削除」をするときは、Deleteキーを使いましょう。Backspaceキーではひとつのデータしか削除できません。

東京の合計の計算式を、1月から3月までの合計を計算する式に修正しましょう。セル「B6」→「オートSUM」の順にクリックし、Enterキーを押してください。

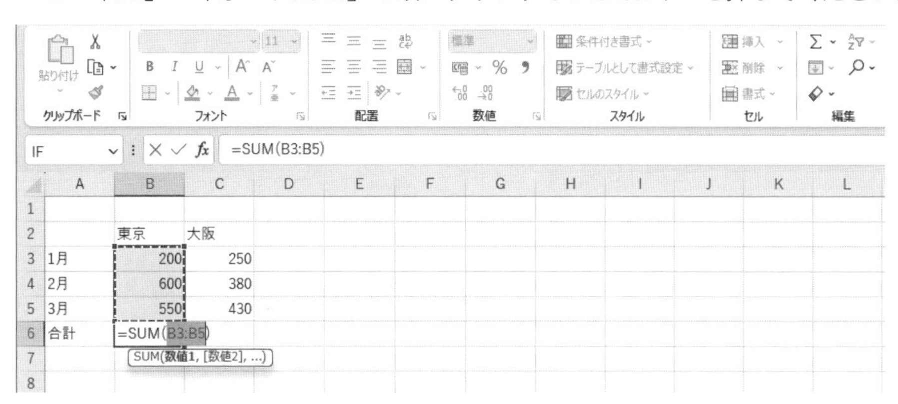

東京の合計の計算式を、セル「C6」にオートフィルしてみましょう。

	A	B	C	D
1				
2		東京	大阪	
3	1月	200	250	
4	2月	600	380	
5	3月	550	430	
6	合計	1350		
7				

セル「D6」には、大阪の数値の合計が計算されます。

C6　=SUM(C3:C5)

	A	B	C	D	E
1					
2		東京	大阪		
3	1月	200	250		
4	2月	600	380		
5	3月	550	430		
6	合計	1350	1060		
7					

計算式もオートフィルすることが可能です。セル「B6」に入れた計算式「=SUM(C3:C5)」は、1月から3月の数値を合計する式が入っています。それをオートフィル（コピー）したので、セル「C6」にも同じように1月から3月の数値を合計する式が入力されます。

2-5 表の並べ替え

2-5-1 データの準備

セル「D2」に「月合計」と入力して、「D3」から「D6」に月ごとの合計を計算してください。

1. セル「D3」をクリック
2. 「オートSUM」ボタンをクリック

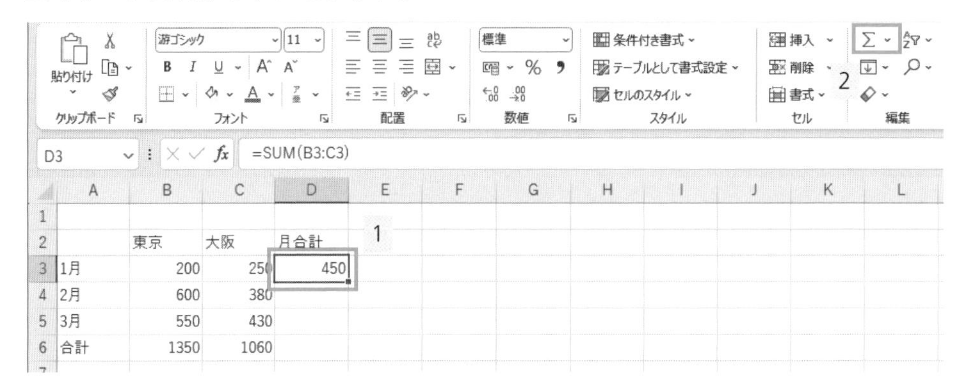

セル「D3」の計算式を、セル「D6」までオートフィルします。

	A	B	C	D
1				
2		東京	大阪	月合計
3	1月	200	250	450
4	2月	600	380	980
5	3月	550	430	980
6	合計	1350	1060	2410
7				

3月の大阪の数値を「400」に変更してください。 合計が再計算されます。

	A	B	C	D
1				
2		東京	大阪	月合計
3	1月	200	250	450
4	2月	600	380	980
5	3月	550	400	950
6	合計	1350	1030	2380

2-5-2 数値の大きい順（降順）に表の並べ替えを行う

月合計の大きい順に、表を並べ替えてみましょう。

1.表全体をドラッグ（一番下の「合計」の行は除いてください）

	A	B	C	D	E
1					
2		東京	大阪	月合計	
3	1月	200	250	450	
4	2月	600	380	980	
5	3月	550	400	950	
6	合計	1350	1030	2380	
7					

2.「ホーム」タブの画面右側にある「並べ替えとフィルター」ボタンをクリック
3.「ユーザー設定の並べ替え」をクリック

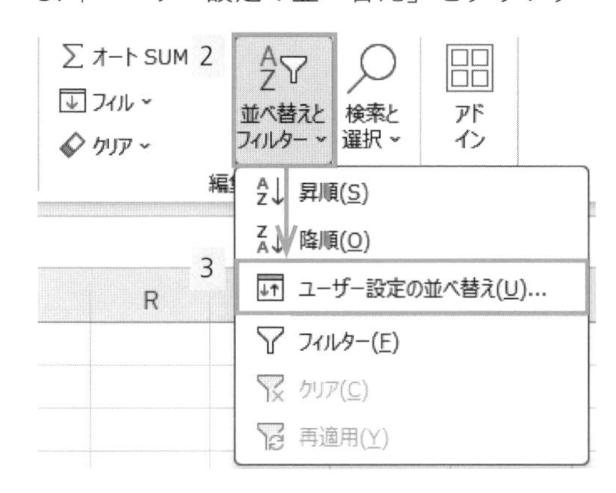

4.「最優先されるキー」に、「月合計」を選択
5.「順序」に「大きい順」（降順）を選択
6.「OK」をクリック

Excel 2021のポイント

Excel 2021では「降順」は「大きい順」、「昇順」は「小さい順」と表示されます。

月合計の大きい順（降順）に、表の並び順が変わりました。

	A	B	C	D
1				
2		東京	大阪	月合計
3	2月	600	380	980
4	3月	550	400	950
5	1月	200	250	450
6	合計	1350	1030	2380

2-5-3　数値の小さい順（昇順）に表の並べ替えを行う

月名の昇順に、表の並べ替えをしましょう。「最優先されるキー」は「(列A)」、順序は「昇順」を選択してください。 セル「A2」には文字が入力されていないため、「最優先されるキー」には「(列A)」と表示されます。

「月名」を基準に「昇順」に並べ替えることができました。

2-6 表示形式と、列・行の挿入・削除

2-6-1 列の挿入をする

1.列「B」の上にマウスを合わせ、マウスが ⬇ の形になったらクリックして、B列を選択

2.「ホーム」タブの「挿入」ボタンをクリック

列Aと列Bの間に1列追加されます。 元のデータは、右方向に1列移動になります。

	A	B	C	D	E
1					
2			東京	大阪	月合計
3	1月		200	250	450
4	2月		600	380	980
5	3月		550	400	950
6	合計		1350	1030	2380

追加されたB列に、以下のように入力してください。

	A	B	C	D	E
1					
2		目標	東京	大阪	月合計
3	1月	700	200	250	450
4	2月	1000	600	380	980
5	3月	800	550	400	950
6	合計		1350	1030	2380

セル「B6」には、オートSUMを使って、目標の合計額を計算してみましょう。

B6 =SUM(B3:B5)

	A	B	C	D	E
1					
2		目標	東京	大阪	月合計
3	1月	700	200	250	450
4	2月	1000	600	380	980
5	3月	800	550	400	950
6	合計	2500	1350	1030	2380
7					

2-6-2 数値に「桁区切りスタイル」を設定する

セル「B3」から「E6」をドラッグして選択し、「ホーム」タブにある「桁区切りスタイル」をクリックしてください。

B3 700

	A	B	C	D	E	F	G	H	I	J
1										
2		目標	東京	大阪	月合計					
3	1月	700	200	250	450					
4	2月	1,000	600	380	980					
5	3月	800	550	400	950					
6	合計	2,500	1,350	1,030	2,380					
7										

桁区切りスタイルでは、千の位に「,」（カンマ）が表示されます。 計算結果がマイナスになった場合は、マイナスの数字を赤字で表示します。 小数点以下の数値がある場合は、小数点以下の数値を四捨五入します。

1月	2月	1月-2月 過不足
30,000	28,000	2,000
20,000	25,000	-5,000

2024.6	2035.2
2,025	2,035

2-6-3 「パーセントスタイル」の設定

セル「F2」に「目標達成率」と入力し、目標達成率を計算してみましょう。

	A	B	C	D	E	F
1						
2		目標	東京	大阪	月合計	目標達成率
3	1月	700	200	250	450	
4	2月	1,000	600	380	980	
5	3月	800	550	400	950	
6	合計	2,500	1,350	1,030	2,380	

目標達成率の計算は「=月合計÷目標」で計算します。

ROUND... ⁝ × ✓ fx =E3/B3

	A	B	C	D	E	F
1						
2		目標	東京	大阪	月合計	目標達成率
3	1月	700	200	250	450	=E3/B3
4	2月	1,000	600	380	980	
5	3月	800	550	400	950	
6	合計	2,500	1,350	1,030	2,380	

目標達成率が計算されました。セル「F6」までオートフィルしてください。

	A	B	C	D	E	F	G
1							
2		目標	東京	大阪	月合計	目標達成率	
3	1月	700	200	250	450	0.64285714	
4	2月	1,000	600	380	980	0.98	
5	3月	800	550	400	950	1.1875	
6	合計	2,500	1,350	1,030	2,380	0.952	

目標達成率の数値を「パーセントスタイル」にしてみましょう。セル「F3」から「F6」までをドラッグして、「パーセントスタイル」ボタンをクリックしてください。

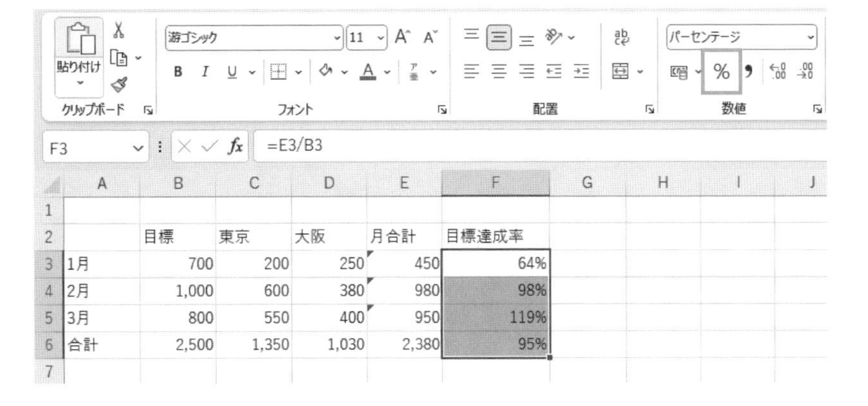

	A	B	C	D	E	F
1						
2		目標	東京	大阪	月合計	目標達成率
3	1月	700	200	250	450	64%
4	2月	1,000	600	380	980	98%
5	3月	800	550	400	950	119%
6	合計	2,500	1,350	1,030	2,380	95%

2-6-4 小数点以下の桁数の設定

目標達成率の数値を、小数点以下第1位までの表示にしてみましょう。「小数点以下の表示桁数を増やす」ボタンを1回クリックすると、小数点以下第1位までが表示されます。

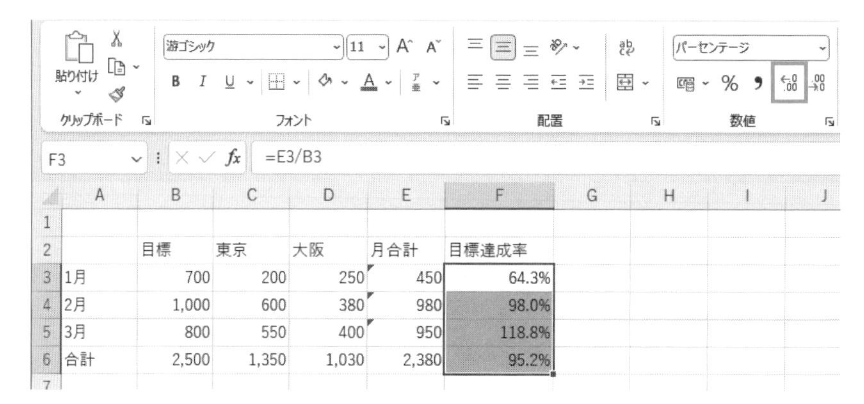

	A	B	C	D	E	F
1						
2		目標	東京	大阪	月合計	目標達成率
3	1月	700	200	250	450	64.3%
4	2月	1,000	600	380	980	98.0%
5	3月	800	550	400	950	118.8%
6	合計	2,500	1,350	1,030	2,380	95.2%

2回クリックすると、小数点以下第2位までが表示されるようになります。

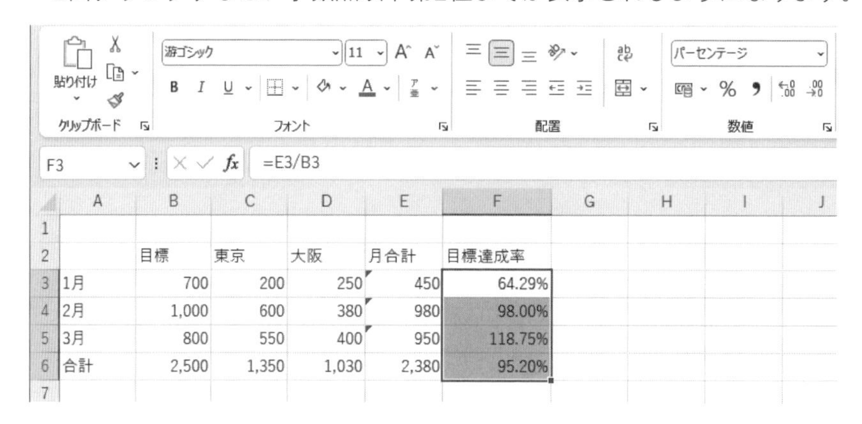

	A	B	C	D	E	F
1						
2		目標	東京	大阪	月合計	目標達成率
3	1月	700	200	250	450	64.29%
4	2月	1,000	600	380	980	98.00%
5	3月	800	550	400	950	118.75%
6	合計	2,500	1,350	1,030	2,380	95.20%

小数点以下の桁数を、1桁に減らしてみましょう。「小数点以下の表示桁数を減らす」ボタンを1回クリックしてください。

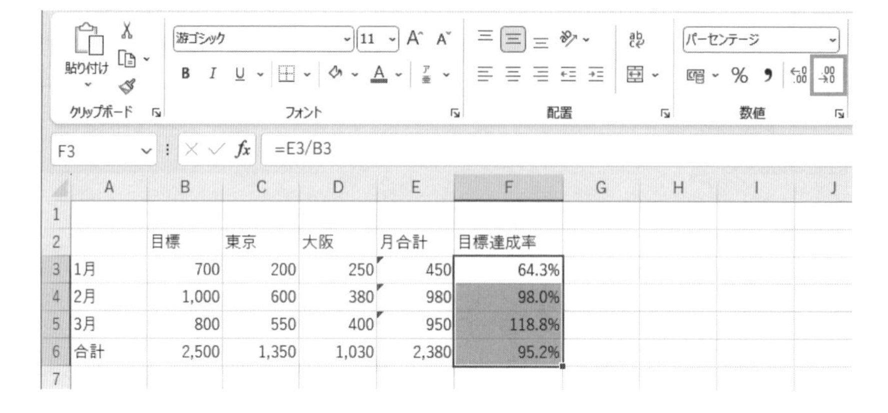

	A	B	C	D	E	F
1						
2		目標	東京	大阪	月合計	目標達成率
3	1月	700	200	250	450	64.3%
4	2月	1,000	600	380	980	98.0%
5	3月	800	550	400	950	118.8%
6	合計	2,500	1,350	1,030	2,380	95.2%

● 主な表示形式の一覧

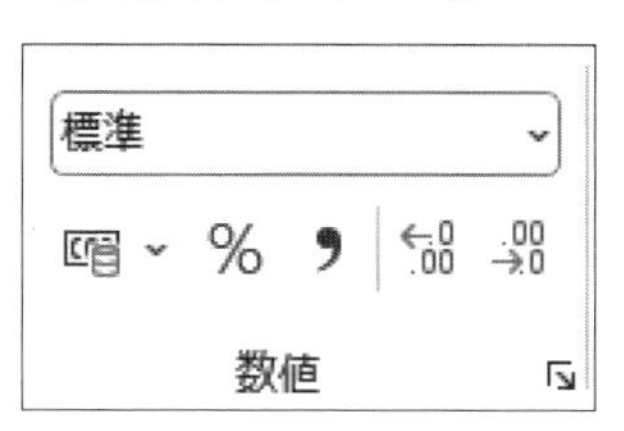

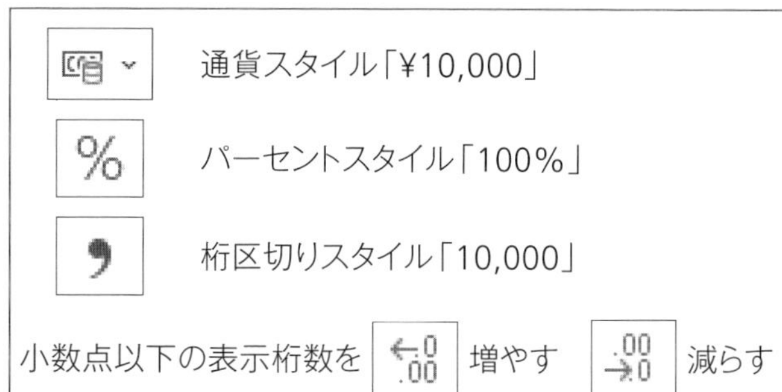

2-6-5 標準の表示形式に戻す

セル「F3」から「F6」までの目標達成率の数値をDeleteキーで削除してください。

	A	B	C	D	E	F
1						
2		目標	東京	大阪	月合計	目標達成率
3	1月	700	200	250	450	
4	2月	1,000	600	380	980	
5	3月	800	550	400	950	
6	合計	2,500	1,350	1,030	2,380	
7						

セル「F3」をクリックし、「100」と入力して、Enterキーを押してください。

	A	B	C	D	E	F
1						
2		目標	東京	大阪	月合計	目標達成率
3	1月	700	200	250	450	100.0%
4	2月	1,000	600	380	980	
5	3月	800	550	400	950	
6	合計	2,500	1,350	1,030	2,380	
7						

「100」と入力したはずなのに、「100.0%」と表示されてしまいます。これは、セルの表示形式が「パーセントスタイル」のままになっているからです。

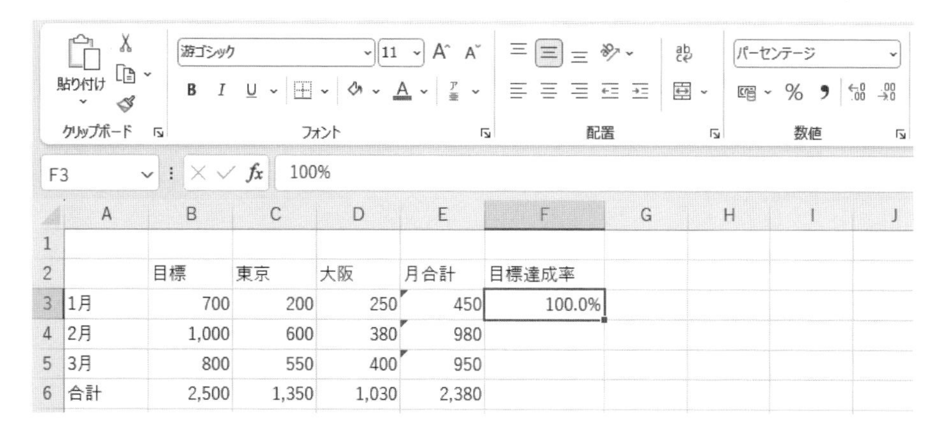

	A	B	C	D	E	F	G	H	I	J
1										
2		目標	東京	大阪	月合計	目標達成率				
3	1月	700	200	250	450	100.0%				
4	2月	1,000	600	380	980					
5	3月	800	550	400	950					
6	合計	2,500	1,350	1,030	2,380					

数値の「1」として表示したい場合は、セルの表示形式を「標準」に戻さなければいけません。

セルの値を削除しただけでは、表示形式は変わりません。元に戻すには「標準」に設定しなおす必要があります。

2-6-6 列・行の削除

「B」列の目標の列を削除してみましょう。まず、「B」列を選択し、「ホーム」タブの「削除」ボタンをクリックしましょう。

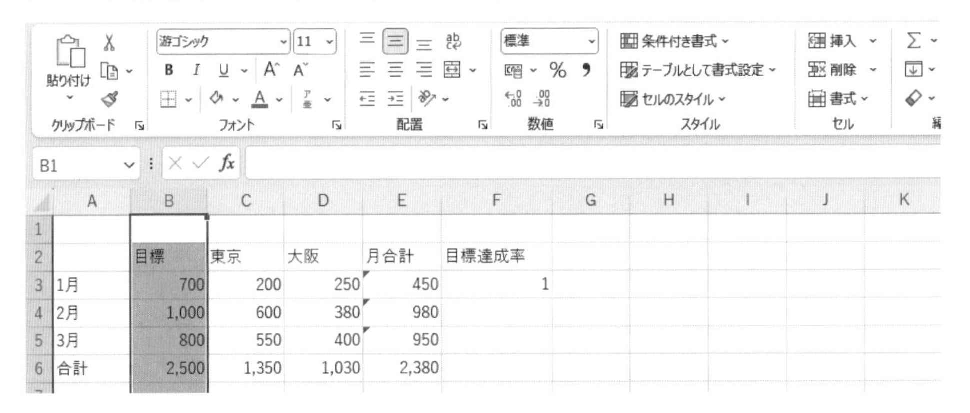

B列にあった目標の列が削除され、B列以降のデータが左側に移動になりました。

	A	B	C	D	E
1					
2		東京	大阪	月合計	目標達成率
3	1月	200	250	450	1
4	2月	600	380	980	

同様に、E列も、削除してください。

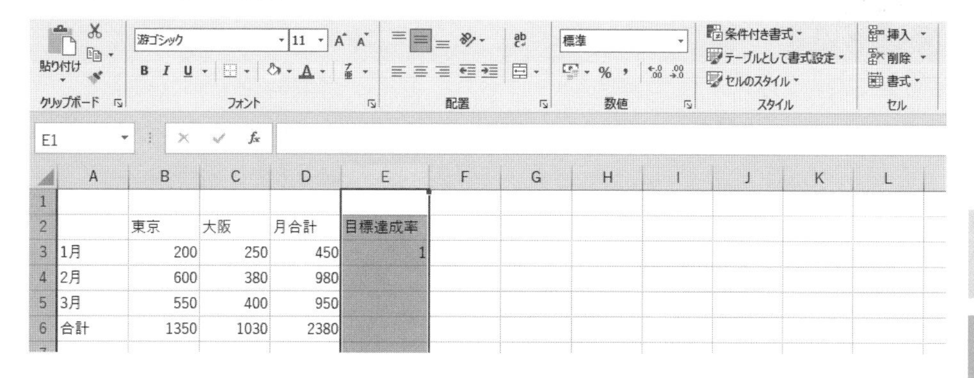

5行目の「3月」の行を削除してください。

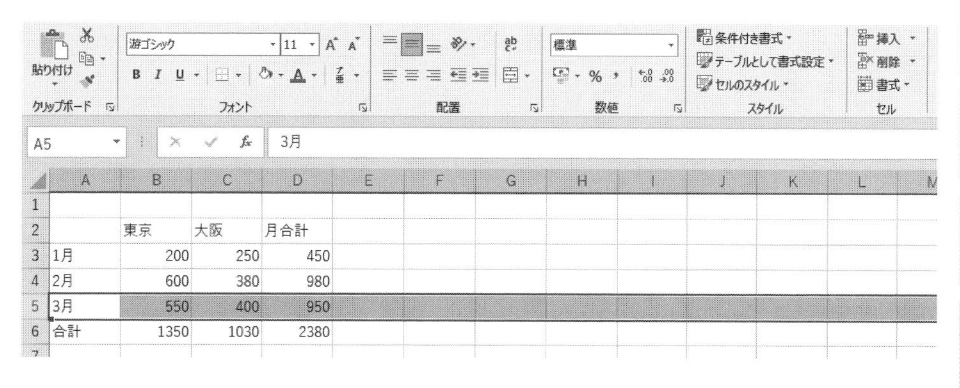

5行目にあった「3月」の行が削除され、合計行が上に移動しました。

	A	B	C	D
1				
2		東京	大阪	月合計
3	1月	200	250	450
4	2月	600	380	980
5	合計	800	630	1,430

2-7 絶対参照

セル「E2」に、「構成比（%）」と入力してください。

	A	B	C	D	E
1					
2		東京	大阪	月合計	構成比（%）
3	1月	200	250	450	
4	2月	600	380	980	
5	合計	800	630	1,430	
6					

構成比とは、ここでは月合計の全体に対する各月の割合のことです。1月の構成比は、1月の数値（450）を月合計（1,430）で割ると計算できます（＝D3÷D5）。同様に2月は、2月の数値（980）を月合計（1,430）で割って求めます（＝D4÷D5）。

2-7-1 絶対参照とは？

月合計の数値を使って、合計に対する1月・2月の数値の割合（構成比）を求めてみましょう。セル「E3」に、「=D3/D5」というわり算の計算式を入力して、Enterキーを押してください。

ROUND... | =D3/D5

	A	B	C	D	E
1					
2		東京	大阪	月合計	構成比（%）
3	1月	200	250	450	=D3/D5
4	2月	600	380	980	
5	合計	800	630	1,430	
6					

セル「E3」の計算式を、セル「E5」までオートフィルしてください。

	A	B	C	D	E
1					
2		東京	大阪	月合計	構成比（%）
3	1月	200	250	450	0.314685315
4	2月	600	380	980	
5	合計	800	630	1,430	
6					

計算結果がエラーになってしまったのではないでしょうか。

	A	B	C	D	E	F
1						
2		東京	大阪	月合計	構成比（%）	
3	1月	200	250	450	0.314685315	
4	2月	600	380	980	#DIV/0!	
5	合計	800	630	1,430	#DIV/0!	
6						

セル「E4」に入っている計算式を確認してみてください。

ROUND... =D4/D6

	A	B	C	D	E
1					
2		東京	大阪	月合計	構成比（%）
3	1月	200	250	450	0.314685315
4	2月	600	380	980	=D4/D6
5	合計	800	630	1,430	#DIV/0!
6					
7					

空白のセル「D6」で割ってしまっているため、正しい答えが表示されずエラーになっていることがわかります。「E4」は「=D4/D6」、「E5」は「=D5/D7」という計算式が入っており、2つとも空白のセルで割ってしまっています。どうしたら、正しい計算式になるのでしょうか?

	A	B	C	D	E	F
1						
2		東京	大阪	月合計	構成比（%）	
3	1月	200	250	450	0.314685315	
4	2月	600	380	980	#DIV/0!	
5	合計	800	630	1,430	#DIV/0!	
6						

通常、計算式をオートフィルすると、セルの番号というのは、ひとつずつ変わっていきます。

このようにセルの番号が変わってしまって正しい計算ができない場合に、セルの番号を動かないように「固定」させる、という計算方法があります。この計算方法を「絶対参照」といいます。

2-7-2 絶対参照の練習

セル「E3」をクリックして、「=」を入力し、「D3」をクリックして、わり算の「/」を入力してください。 続けて「D5」をクリックした後に、キーボードの上段にあるF4キーを押してください。

ROUND... | =D3/$D$5

	A	B	C	D	E	F
1						
2		東京	大阪	月合計	構成比（%）	
3	1月	200	250	450	=D3/$D$5	
4	2月	600	380	980	#DIV/0!	
5	合計	800	630	1,430	#DIV/0!	
6						

セル「D5」の「D」の前と「5」の前に、それぞれ「$」マークが付き、「$D$5」と表示されます。Enterキーを押して、計算式を確定してください。

この「$」マークの付いた計算式を、セル「E5」までオートフィルしてみましょう。

	A	B	C	D	E	F
1						
2		東京	大阪	月合計	構成比（%）	
3	1月	200	250	450	0.314685315	
4	2月	600	380	980	0.685314685	
5	合計	800	630	1,430	1	
6						

計算結果が正しく表示されました。

セル番号に「$」をつけておくと、オートフィルしたときにセル番号を固定させることができます。

セル番号に「$」を付けて計算する方法を「絶対参照」といいます。

セルをクリックした後に、F4キーを押すと、セル番号に「$」が付いた絶対参照の書式になります。

2-7-3 項目名に「%」がある場合の計算式

今回の計算結果を、そのまま「パーセントスタイル」にしてしまうと、以下のように表示されます。

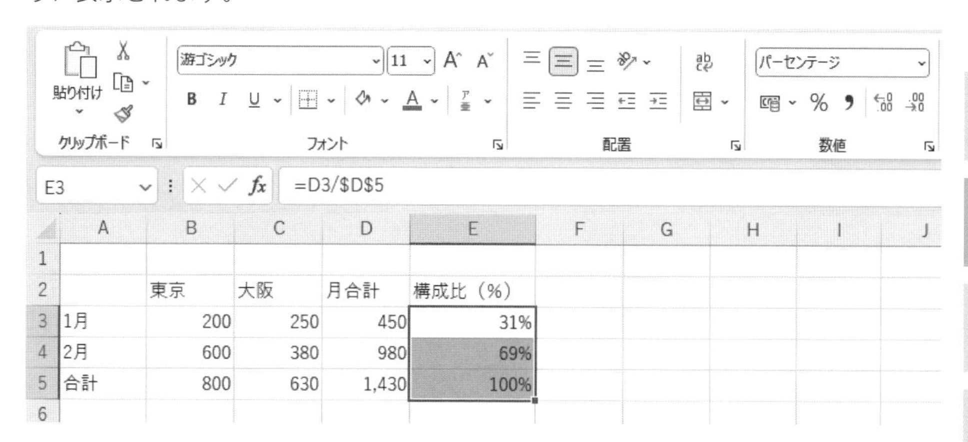

注意
日商PC検定では、表の項目に「構成比（%）」のように項目名に「%」が付いている場合は、数値についている「%」を省略して表示する必要があります。

「31%」という数値は、実際は「0.31468…」という小数です。計算式に「×100」をして、「31.468…」という表示にする必要があります。「パーセントスタイル」を「標準」に戻して、計算式を修正してみましょう。

セル「E3」から「E5」までをドラッグして、表示形式の一覧から「標準」をクリックします。

E3　=D3/$D$5　標準

	A	B	C	D	E
1					
2		東京	大阪	月合計	構成比（%）
3	1月	200	250	450	0.314685315
4	2月	600	380	980	0.685314685
5	合計	800	630	1,430	1

数式バーの「$D$5」の後ろをクリックして、「×100」という計算式を追加で入力してください。

ROUND... =D3/$D$5*100

	A	B	C	D	E
1					
2		東京	大阪	月合計	構成比（%）
3	1月	200	250	450	100
4	2月	600	380	980	0.685314685
5	合計	800	630	1,430	1
6					

セル「E5」までオートフィルします。 構成比の計算式に「×100」をすることによって、計算結果が小数の「0.31468…」ではなく、「31.468…」という数値になります。

E3 =D3/$D$5*100

	A	B	C	D	E	F
1						
2		東京	大阪	月合計	構成比（%）	
3	1月	200	250	450	31.46853147	
4	2月	600	380	980	68.53146853	
5	合計	800	630	1,430	100	
6						

小数点以下第1位までの表示にしてみましょう。「小数点以下の表示桁数を減らす」ボタンを、小数点以下が1桁になるまでクリックします。

E3 =D3/$D$5*100

	A	B	C	D	E	F	G	H	I	J
1										
2		東京	大阪	月合計	構成比（%）					
3	1月	200	250	450	31.5					
4	2月	600	380	980	68.5					
5	合計	800	630	1,430	100.0					
6										

通常、計算式をオートフィルすると、セルの番号はひとつずつ移動になります。 このように、セルの番号が動いてしまって正しい計算ができない場合に、「絶対参照」を使います。 セルの番号を固定させることができます。

絶対参照とは、「絶対」に「このセルの数値」を使って計算するもの、と覚えるとよいでしょう。 オートフィルしても、セルの番号がずれることはありません。

第3章 トレーニング

この章では、日商PC検定の試験に必要なスキル（ピボットテーブル、関数、グラフ）の学習をします。ここからの問題は、ダウンロードファイルから指示されたExcelファイルを開いて、データを集計して、表とグラフを作成していく形式のものです。

●ファイルをダウンロードする

まず、Microsoft Edgeを起動してください（Webブラウザであればなんでもかまいません）。

次に、「検索またはWebアドレスを入力」と表示されている欄に以下のURLを入力して、Enterキーで確定します。

https://gihyo.jp/book/2024/978-4-297-13973-5

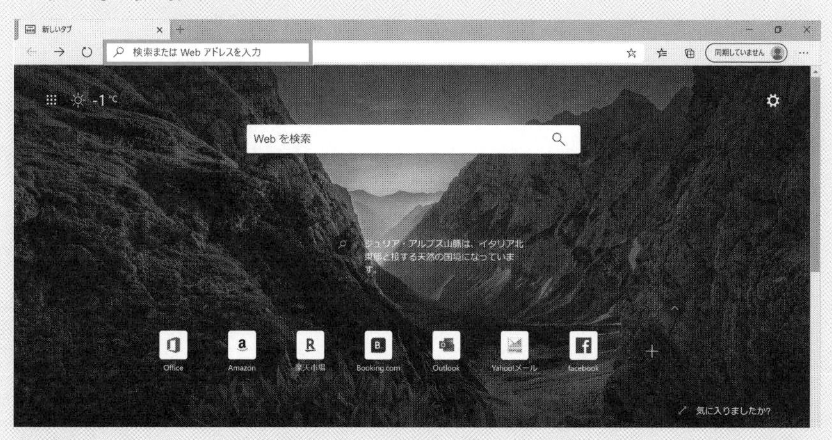

本書のサポートページの「nissho_data3.zip」をクリックして、「保存」ボタンをクリックしてください。ダウンロードが完了したら、「フォルダーを開く」ボタンをクリックして、ダウンロード先のフォルダーを開きます（通常であれば「ダウンロード」フォルダーが開きます）。

●ダウンロードファイルを展開する

ダウンロードした「nissho_data3」を右クリックします。表示されたメニューのうち、「すべて展開」をクリックし、「展開」ボタンをクリックしてください。展開すると「nissho_data3」フォルダーが作成されるので、このフォルダーを「ドキュメント」フォルダーにコピーしてください。

●ファイルを開く

「nissho_data3」フォルダーの中に練習問題で使うファイルが保存されていますので、該当のフォルダーからExcelファイルを開いてください。「第3章　トレーニング」のフォルダーには、以下のExcelファイルが入っています。

- 1 ピボットテーブル
- 2 関数
- 3 計算
- 4 IF関数
- 5 VLOOKUP関数
- 6 グラフ

● Excel から開く

Excelから開く場合は、2章の「2-1-2　ファイルを開く」を参考に、「ファイル」タブより「開く」を選択し、「参照」をクリックします。ファイルの場所が「ドキュメント」になっているので、「nissho_data3」を選択し、練習問題の入っているフォルダーを開きます。

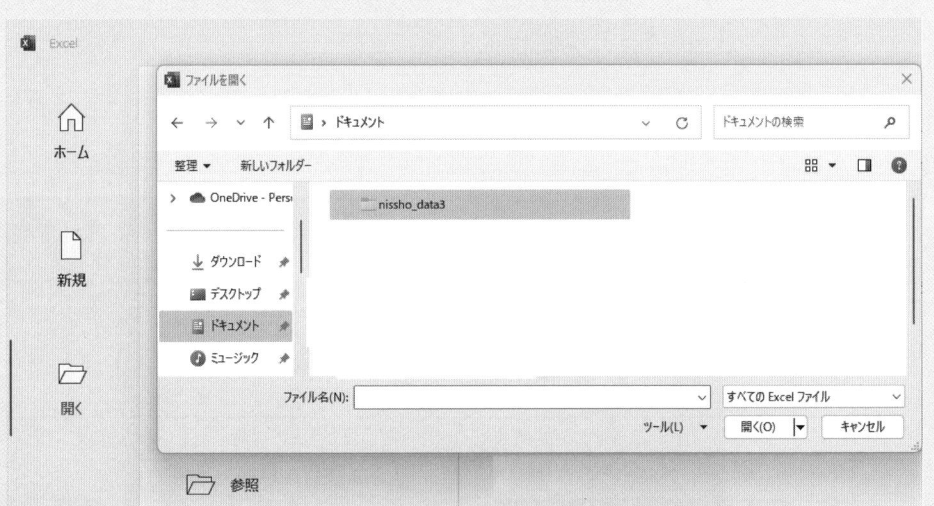

3-1 ピボットテーブルの作成、操作

3-1-1 ピボットテーブルとは？

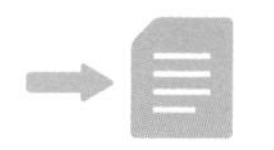

「1 ピボットテーブル」のシート「機器売上データ」を開いてください。

以下のような売上表に対して、次のような設問があったとき、あなたはどのように回答しますか?

- 4月の複合機の売上金額はいくらでしょうか?
- 6月の清水さんの売上金額はいくらになりましたか?
- 7月にインクジェットプリンタは何個売れましたか?

	A	B	C	D	E	F
1						
2						
3	日付	担当者	取引先	商品名	単価	数量
4	4月1日	伊藤	ABC株式会社	レーザープリンタ	128,000	5
5	4月10日	清水	有限会社STU	インクジェットプリンタ	24,800	4
6	4月20日	津田	株式会社MPC	複合機	78,000	10
7	4月30日	野崎	株式会社MPC	複合機	78,000	5
8	5月1日	山下	ABC株式会社	レーザープリンタ	128,000	2
9	5月10日	野崎	ABC株式会社	インクジェットプリンタ	24,800	3
10	5月20日	伊藤	有限会社STU	複合機	78,000	5
11	5月30日	山下	有限会社STU	複合機	78,000	8
12	6月1日	津田	WP商事株式会社	レーザープリンタ	128,000	10
13	6月10日	清水	WP商事株式会社	インクジェットプリンタ	24,800	6
14	6月20日	山下	株式会社MPC	複合機	78,000	4
15	6月30日	清水	ABC株式会社	インクジェットプリンタ	24,800	2
16	7月1日	伊藤	ABC株式会社	レーザープリンタ	128,000	8
17	7月10日	津田	WP商事株式会社	インクジェットプリンタ	24,800	5
18	7月20日	野崎	有限会社STU	インクジェットプリンタ	24,800	11
19						

このような場合に、必要なデータのみをピックアップして集計するのに便利な機能、それが「ピボットテーブル」です。 データ活用の試験では、このピボットテーブルを使って、与えられたデータを集計します。 ピボットテーブルをきっちり習得することで試験問題の半分はできた、と思ってもよいくらい重要なポイントです。まずは、この「ピボットテーブル」の使い方をしっかり覚えましょう!

3-1-2 ピボットテーブルの作成

上の表を元に、どの担当者がどの商品をいくら売り上げたのかを集計をしてみましょう。 まずは、「いくら売り上げたか」を集計したいので、元の表に「売上金額」を計算します。

	A	B	C	D	E	F
1						
2						
3	日付	担当者	取引先	商品名	単価	数量
4	4月1日	伊藤	ABC株式会社	レーザープリンタ	128,000	5
5	4月10日	清水	有限会社STU	インクジェットプリンタ	24,800	4
6	4月20日	津田	株式会社MPC	複合機	78,000	10
7	4月30日	野崎	株式会社MPC	複合機	78,000	5

●列「G」に、「売上金額」の項目を追加して、売上金額の計算をしてください。

売上金額は「=単価×数量」で計算します。

IF　=E4*F4

	A	B	C	D	E	F	G
1							
2							
3	日付	担当者	取引先	商品名	単価	数量	売上金額
4	4月1日	伊藤	ABC株式会社	レーザープリンタ	128,000	5	=E4*F4
5	4月10日	清水	有限会社STU	インクジェットプリンタ	24,800	4	
6	4月20日	津田	株式会社MPC	複合機	78,000	10	

セル「G18」までオートフィルしておきます。 このとき、セル「G4」の右下にマウスを合わせてダブルクリックすると、一番下のセルまで一気にオートフィルができます。

	A	B	C	D	E	F	G	H
1								
2								
3	日付	担当者	取引先	商品名	単価	数量	売上金額	
4	4月1日	伊藤	ABC株式会社	レーザープリンタ	128,000	5	640000	
5	4月10日	清水	有限会社STU	インクジェットプリンタ	24,800	4	99200	
6	4月20日	津田	株式会社MPC	複合機	78,000	10	780000	
7	4月30日	野崎	株式会社MPC	複合機	78,000	5	390000	
8	5月1日	山下	ABC株式会社	レーザープリンタ	128,000	2	256000	
9	5月10日	野崎	ABC株式会社	インクジェットプリンタ	24,800	3	74400	
10	5月20日	伊藤	有限会社STU	複合機	78,000	5	390000	
11	5月30日	山下	有限会社STU	複合機	78,000	8	624000	
12	6月1日	津田	WP商事株式会社	レーザープリンタ	128,000	10	1280000	
13	6月10日	清水	WP商事株式会社	インクジェットプリンタ	24,800	6	148800	
14	6月20日	山下	株式会社MPC	複合機	78,000	4	312000	
15	6月30日	清水	ABC株式会社	インクジェットプリンタ	24,800	2	49600	
16	7月1日	伊藤	ABC株式会社	レーザープリンタ	128,000	8	1024000	
17	7月10日	津田	WP商事株式会社	インクジェットプリンタ	24,800	5	124000	
18	7月20日	野崎	有限会社STU	インクジェットプリンタ	24,800	11	272800	
19								

セル「G4」の右下にマウスを合わせて、セル「G18」までドラッグしてオートフィルする方法もありますが、データが多いときに表の一番下の方までドラッグするのは大変です。 セルの右下にマウスを合わせてダブルクリックすると、一気に表の最終行までオートフィルができます。

集計に必要なデータがそろいました。いよいよ「ピボットテーブル」で集計してみましょう。

1.表内のセルをクリック　（表内ならどのセルでもOKです）
2.「挿入」タブをクリック
3.「ピボットテーブル」ボタンをクリック

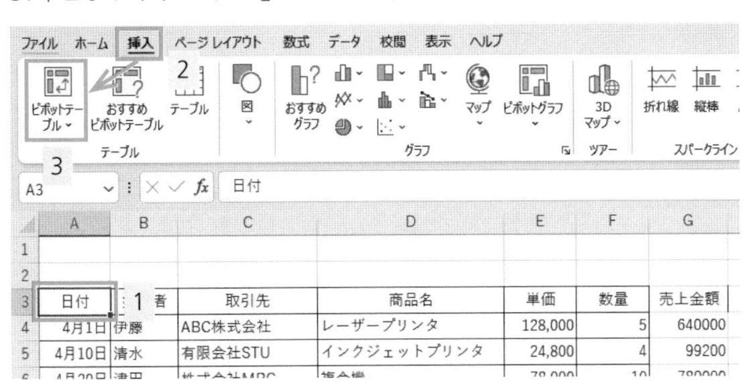

データ範囲は点線で表示されるので、範囲を確認します。データ範囲が間違っている場合は、マウスで正しいデータ範囲をドラッグして、データ範囲を選択しなおします。

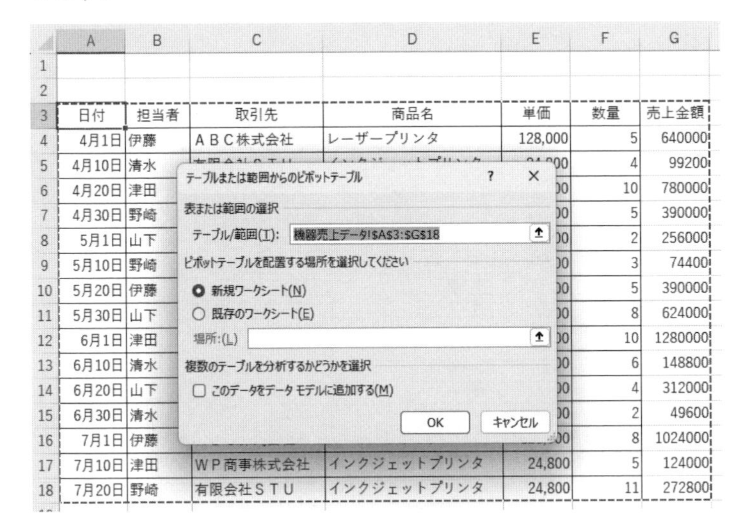

●**ピボットテーブルの作成場所を選択しましょう。**

今回のピボットテーブルの作成位置は、セル「J3」を開始位置として作成してください。

1.「既存のワークシート」にチェックを入れる
2.セル「J3」をクリック
3.「OK」をクリック

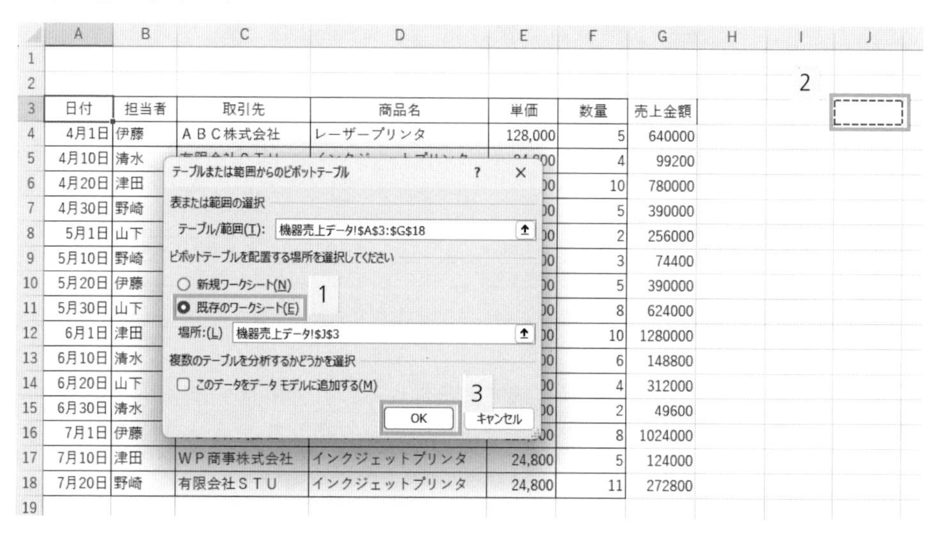

セル「J3」を開始位置としてピボットテーブルが設定されました。

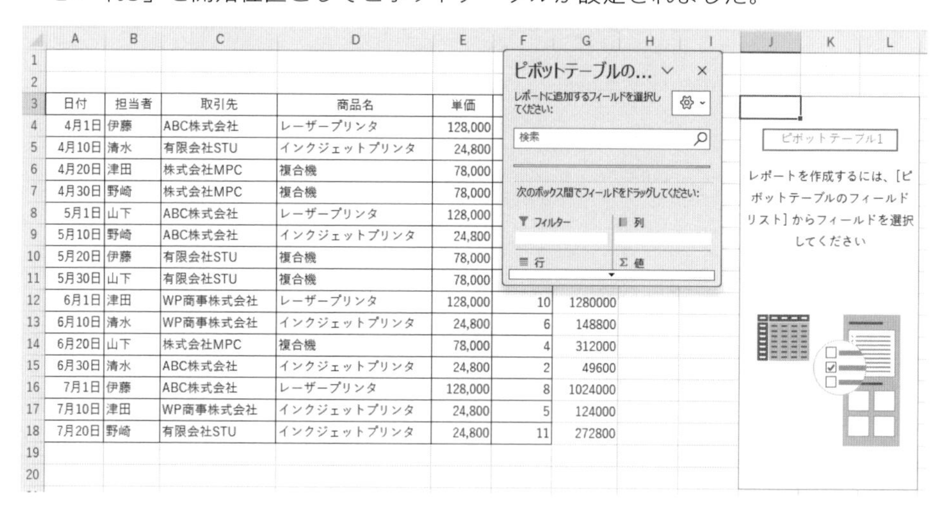

日付	担当者	取引先	商品名	単価	数量	売上金額
4月1日	伊藤	ABC株式会社	レーザープリンタ	128,000	5	640000
4月10日	清水	有限会社STU	インクジェットプリンタ	24,800	4	99200
4月20日	津田	株式会社MPC	複合機	78,000	10	780000
4月30日	野崎	株式会社MPC	複合機	78,000	5	390000
5月1日	山下	ABC株式会社	レーザープリンタ	128,000	2	256000
5月10日	野崎	ABC株式会社	インクジェットプリンタ	24,800	3	74400
5月20日	伊藤	有限会社STU	複合機	78,000	5	390000
5月30日	山下	有限会社STU	複合機	78,000	8	624000
6月1日	津田	WP商事株式会社	レーザープリンタ	128,000	10	1280000
6月10日	清水	WP商事株式会社	インクジェットプリンタ	24,800	6	148800
6月20日	山下	株式会社MPC	複合機	78,000	4	312000
6月30日	清水	ABC株式会社	インクジェットプリンタ	24,800	2	49600
7月1日	伊藤	ABC株式会社	レーザープリンタ	128,000	8	1024000
7月10日	津田	WP商事株式会社	インクジェットプリンタ	24,800	5	124000
7月20日	野崎	有限会社STU	インクジェットプリンタ	24,800	11	272800

●フィールドリストのサイズを変更、移動してみましょう。

リストのサイズを変えたり、自由に移動したりできるようにしておきましょう。

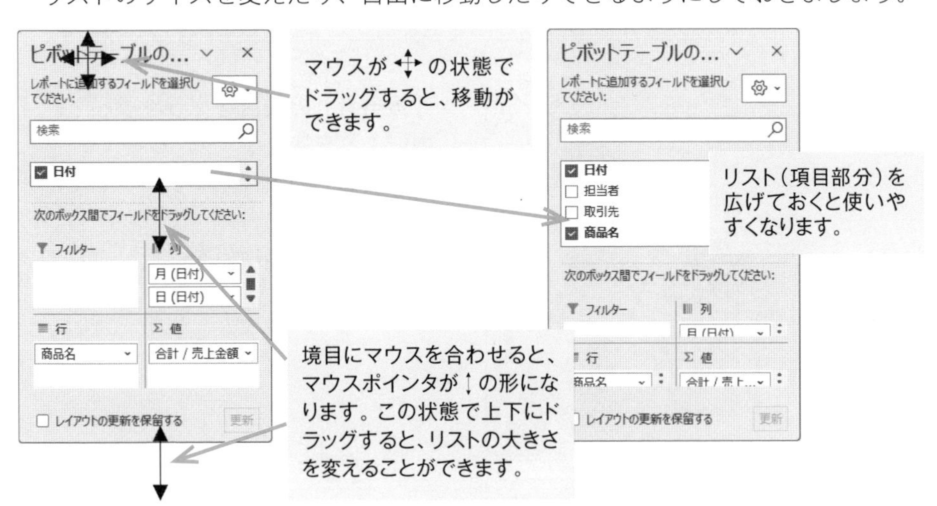

フィールドリストが狭いままだと使いにくいので、下図のように上下に広げて使うことをお勧めします。

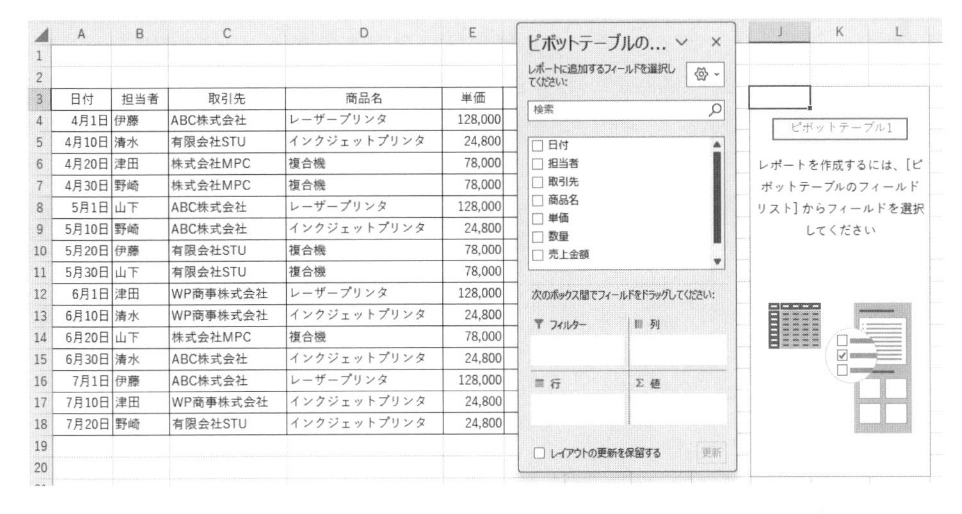

日付	担当者	取引先	商品名	単価
4月1日	伊藤	ABC株式会社	レーザープリンタ	128,000
4月10日	清水	有限会社STU	インクジェットプリンタ	24,800
4月20日	津田	株式会社MPC	複合機	78,000
4月30日	野崎	株式会社MPC	複合機	78,000
5月1日	山下	ABC株式会社	レーザープリンタ	128,000
5月10日	野崎	ABC株式会社	インクジェットプリンタ	24,800
5月20日	伊藤	有限会社STU	複合機	78,000
5月30日	山下	有限会社STU	複合機	78,000
6月1日	津田	WP商事株式会社	レーザープリンタ	128,000
6月10日	清水	WP商事株式会社	インクジェットプリンタ	24,800
6月20日	山下	株式会社MPC	複合機	78,000
6月30日	清水	ABC株式会社	インクジェットプリンタ	24,800
7月1日	伊藤	ABC株式会社	レーザープリンタ	128,000
7月10日	津田	WP商事株式会社	インクジェットプリンタ	24,800
7月20日	野崎	有限会社STU	インクジェットプリンタ	24,800

●集計しましょう。

ピボットテーブルのフィールド（集計する項目）を設定します。ここでは、「どの担当者がどの商品をいくら売り上げたか」を集計してみます。

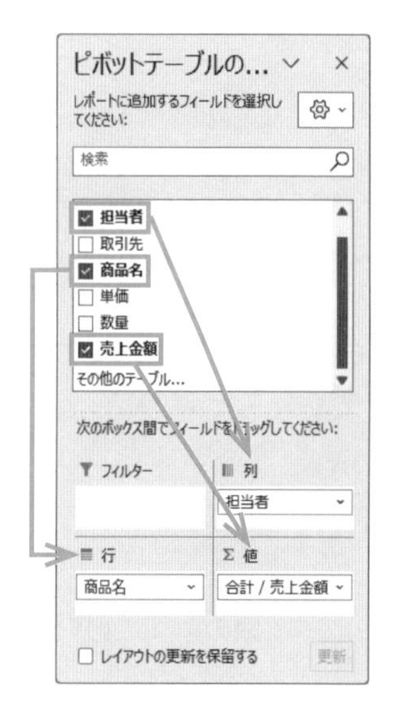

● 「担当者」の項目をドラッグして、「列」のボックスの中に入れます。
● 「商品名」の項目をドラッグして、「行」のボックスの中に入れます。
● 「売上金額」の項目をドラッグして、「値」のボックスの中に入れます。

ピボットテーブルに集計結果が表示され、どの担当者が、どの商品を、いくら売ったか、という集計ができました。

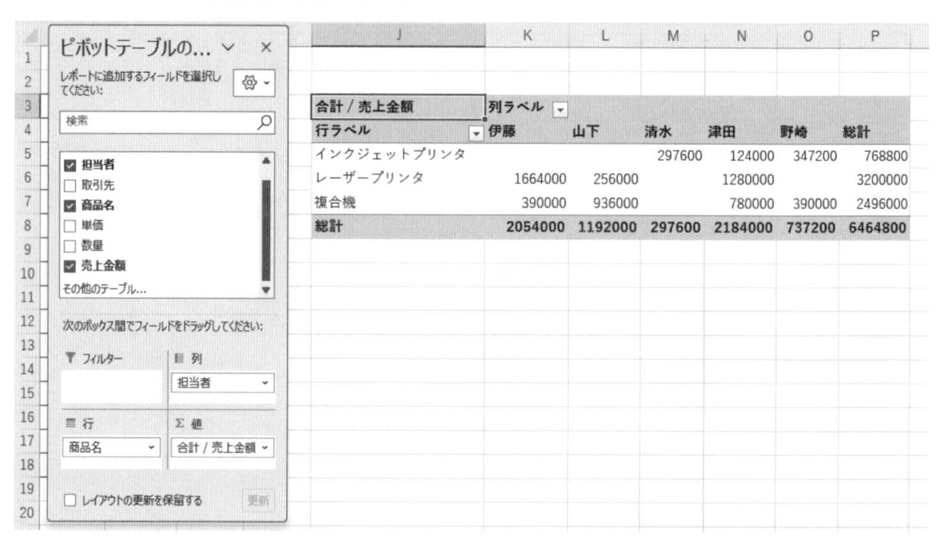

合計 / 売上金額	列ラベル					
行ラベル	伊藤	山下	清水	津田	野崎	総計
インクジェットプリンタ			297600	124000	347200	768800
レーザープリンタ	1664000	256000		1280000		3200000
複合機	390000	936000		780000	390000	2496000
総計	2054000	1192000	297600	2184000	737200	6464800

もしも、操作を誤って違うボックスにドラッグしてしまった場合は、そこからさらに別の場所にドラッグして移動できます。間違って違う項目をドラッグしてしまった場合は、チェックを外せば削除できます。

ピボットテーブルの表以外のセルをクリックすると、「フィールドリスト」は自動的に非表示になります。

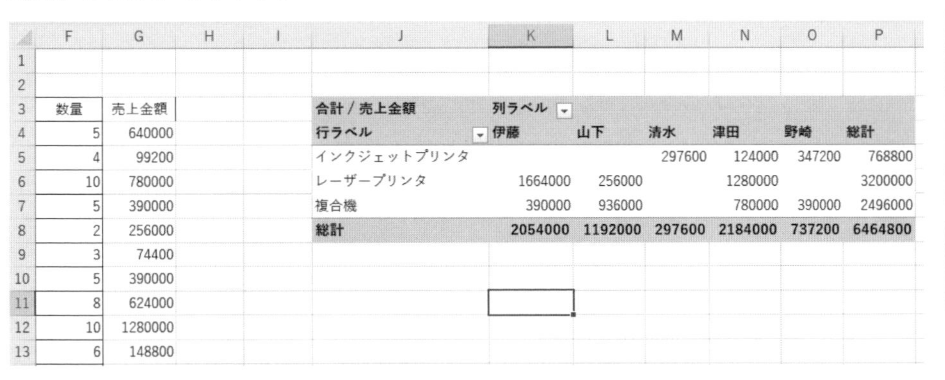

ピボットテーブル内のセルをクリックすると、「フィールドリスト」が表示されます。

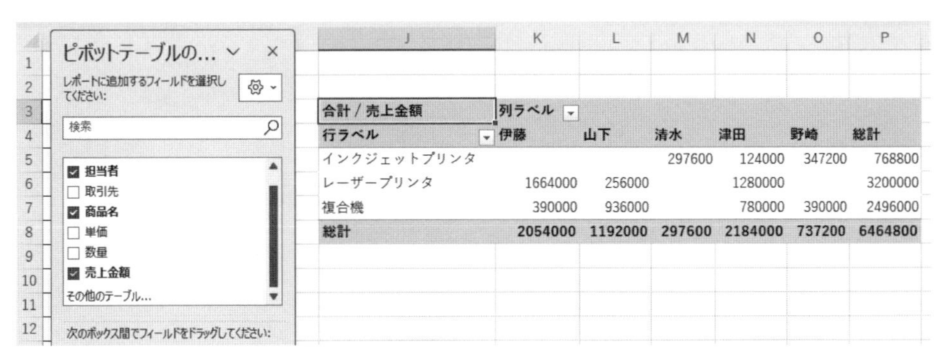

フィールドリストのウィンドウそのものが表示されない場合は、「ピボットテーブル分析」タブ→「フィールドリスト」をクリックすると表示できます。

3-1-3　ピボットテーブル内で項目を並べ替える

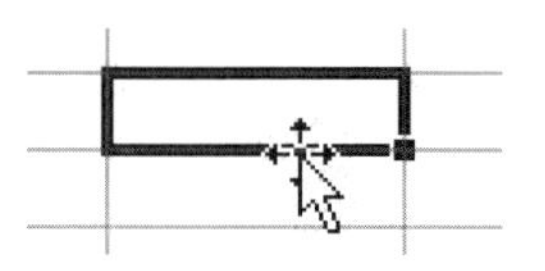

ピボットテーブルの中にある項目（フィールド）の並べ替えをしてみましょう。項目の順序を移動するには、右図のように、セルの枠線上にマウスを合わせます。するとマウスポインタが十字に変わるので、この状態でドラッグすると移動ができます。この方法をピボットテーブル内で活用すると、列単位、行単位での移動ができるようになります。

左右上下に移動するときは、セルの下側にマウスを合わせてドラッグするのがコツです。

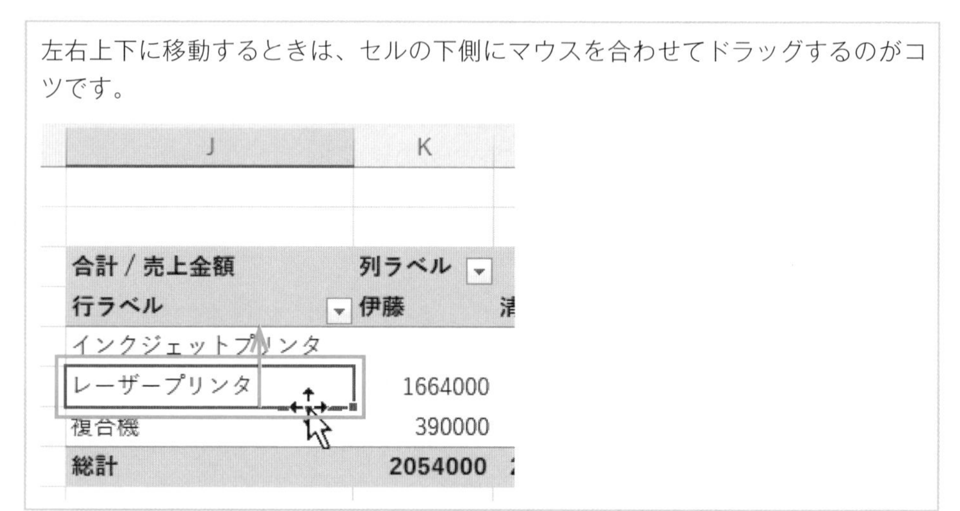

●担当者「山下」の項目を、最後尾に移動してみましょう。

セル「山下」の枠線上にマウスを合わせ、「野崎」と「総計」の間までドラッグします。

J	K	L	M	N	O	P
合計 / 売上金額	列ラベル					
行ラベル	伊藤	山下	清水	津田	野崎	総計
インクジェットプリンタ			297600	124000	347200	768800
レーザープリンタ	1664000	256000		1280000		3200000
複合機	390000	936000		780000	390000	2496000
総計	2054000	1192000	297600	2184000	737200	6464800

担当者「山下」のデータが、最後尾に移動しました。

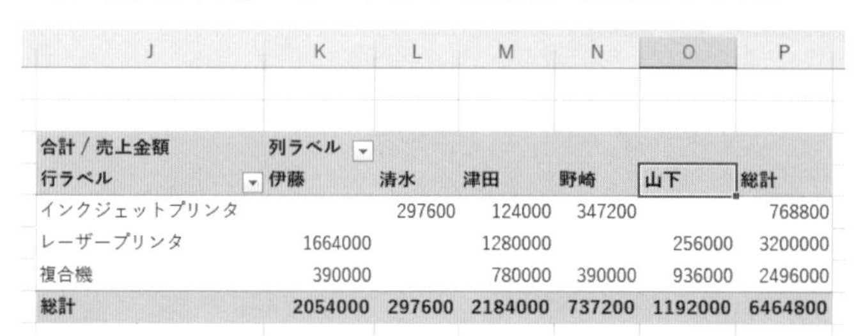

J	K	L	M	N	O	P
合計 / 売上金額	列ラベル					
行ラベル	伊藤	清水	津田	野崎	山下	総計
インクジェットプリンタ		297600	124000	347200		768800
レーザープリンタ	1664000		1280000		256000	3200000
複合機	390000		780000	390000	936000	2496000
総計	2054000	297600	2184000	737200	1192000	6464800

● **「レーザープリンタ」が商品名の一番上になるように移動してみましょう。**

セル「レーザープリンタ」の枠線上にマウスを合わせ、「インクジェットプリンタ」の上までドラッグします。

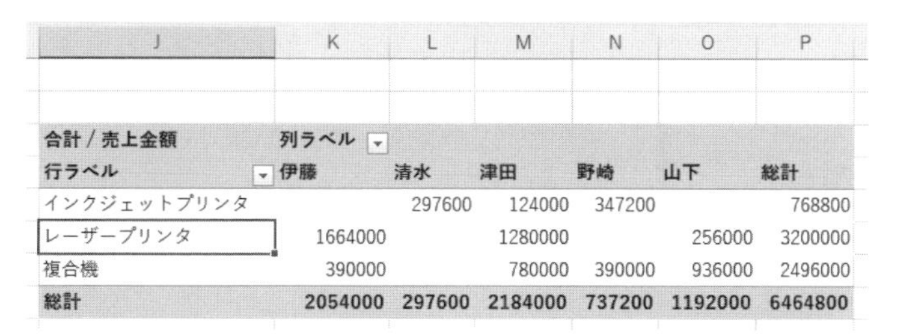

合計 / 売上金額	列ラベル					
行ラベル	伊藤	清水	津田	野崎	山下	総計
インクジェットプリンタ		297600	124000	347200		768800
レーザープリンタ	1664000		1280000		256000	3200000
複合機	390000		780000	390000	936000	2496000
総計	**2054000**	**297600**	**2184000**	**737200**	**1192000**	**6464800**

「レーザープリンタ」の項目が、一番上に移動になりました。

合計 / 売上金額	列ラベル					
行ラベル	伊藤	清水	津田	野崎	山下	総計
レーザープリンタ	1664000		1280000		256000	3200000
インクジェットプリンタ		297600	124000	347200		768800
複合機	390000		780000	390000	936000	2496000
総計	**2054000**	**297600**	**2184000**	**737200**	**1192000**	**6464800**

3-1-4 ピボットテーブルで集計する項目を変更する

ピボットテーブル内の集計する項目を変更することを「フィールドの変更」といいます。

● **「担当者」ごとの集計を、「日付」ごとの集計に変更してみましょう。**

フィールドを変更するには、まず変更したいフィールド（項目）のチェックを外します。

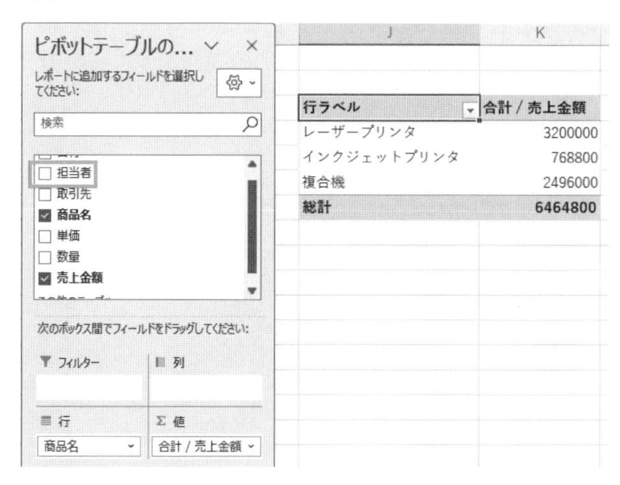

行ラベル	合計 / 売上金額
レーザープリンタ	3200000
インクジェットプリンタ	768800
複合機	2496000
総計	**6464800**

新しい項目「日付」を「列」のボックスにドラッグします。

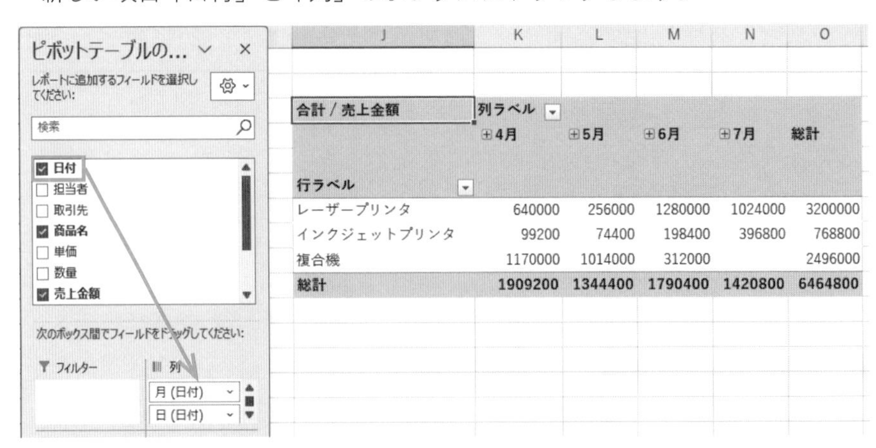

「担当者」ごとの集計が、「日付」ごとの集計に変わりました。

合計 / 売上金額	列ラベル				
	⊞4月	⊞5月	⊞6月	⊞7月	総計
行ラベル					
レーザープリンタ	640000	256000	1280000	1024000	3200000
インクジェットプリンタ	99200	74400	198400	396800	768800
複合機	1170000	1014000	312000		2496000
総計	1909200	1344400	1790400	1420800	6464800

3-1-5

ピボットテーブルの項目をグループ化する

日付ごとの集計を、「月」ごとの集計に変更します（日付のグループ化）。

Excel 2021のポイント

Excel 2021では、日付を集計すると、自動的に「月」ごとにグループ化されます。この操作は今回は必要ないですが、別の問題でグループ化をする問題がありますので、スキルとして覚えておいてください。

「日付」欄のセルの上で右クリックして、「グループ化」をクリックします。「4月1日」などのセルの上でも右クリックできます。

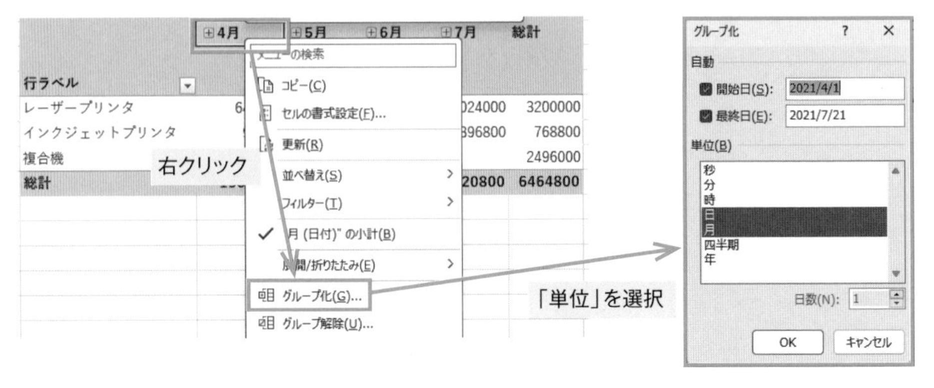

3-1-6 集計結果に該当する値がない場合、空白セルに「0」を表示する

集計した数値に該当するデータがない場合、セルが空白になっています。日商PC検定では、空白セルはそのままにせず、「0」を表示させるようにしてください。

まず、集計された数値のセルの上で右クリックし、「ピボットテーブルオプション」をクリックします。

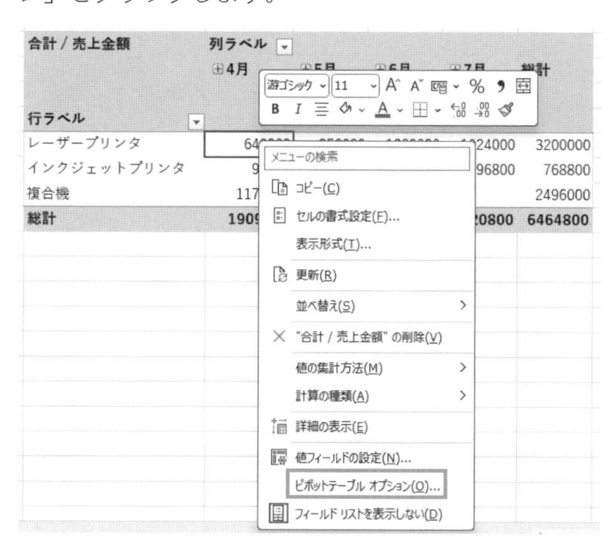

次に「空白セルに表示する値」のボックス内に、数値の「0」ゼロを入力します。

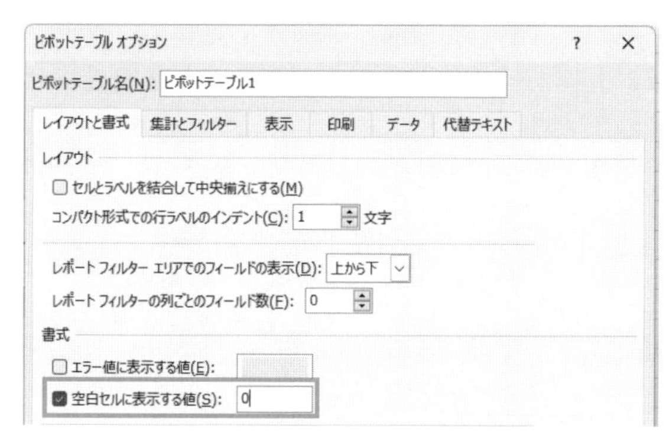

ピボットテーブル内のすべての空白セルに、ゼロの値が表示されました。

合計 / 売上金額	列ラベル				
	⊞4月	⊞5月	⊞6月	⊞7月	総計
行ラベル					
レーザープリンタ	640000	256000	1280000	1024000	3200000
インクジェットプリンタ	99200	74400	198400	396800	768800
複合機	1170000	1014000	312000	0	2496000
総計	**1909200**	**1344400**	**1790400**	**1420800**	**6464800**

注意

ピボットテーブルの内の空白のセルには、自分で「0」の数値を入力するのではなく、必ず「ピボットテーブルオプション」から「0」を表示させてください。

3-1-7 ピボットテーブルで集計した数値を、集計表にコピー・貼り付ける

「1 ピボットテーブル」のシート「売上集計」を開いてください。

前問で作成したピボットテーブルを元にして、シート「売上集計」にある、以下の表を完成させましょう。

	A	B	C	D	E	F
1	月別売上金額集計表					
2		4月	5月	6月	7月	
3	レーザープリンタ					
4	インクジェットプリンタ					
5	複合機					
6						
7						
8	担当者別　売上金額					
9		伊藤	清水	津田	野崎	山下
10	レーザープリンタ					
11	インクジェットプリンタ					
12	複合機					
13						
14						
15	担当者別　売上数量					
16		伊藤	清水	津田	野崎	山下
17	レーザープリンタ					
18	インクジェットプリンタ					
19	複合機					

集計表は、全部で3つあります。 表ごとに集計する項目が違うため、表に合わせてピボットテーブルのフィールド（集計する項目）を変更していく必要があります。

シート「売上集計」にある「月別売上金額集計表」を完成させるために、ピボットテーブルで集計した「月ごとの売上金額」をコピーします。「4月」から「7月」までの売上金額をドラッグして「コピー」ボタンをクリックします。

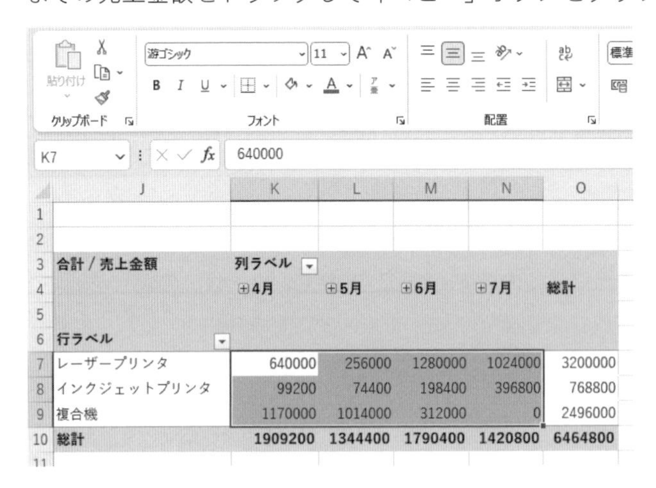

	J	K	L	M	N	O
1						
2						
3	合計 / 売上金額	列ラベル				
4		⊞4月	⊞5月	⊞6月	⊞7月	総計
5						
6	行ラベル					
7	レーザープリンタ	640000	256000	1280000	1024000	3200000
8	インクジェットプリンタ	99200	74400	198400	396800	768800
9	複合機	1170000	1014000	312000	0	2496000
10	総計	1909200	1344400	1790400	1420800	6464800

コピーした数値を貼り付ける開始位置として、シート「売上集計」のセル「B3」をクリックしておきます。

	A	B	C	D	E
1	月別売上金額集計表				
2		4月	5月	6月	7月
3	レーザープリンタ				
4	インクジェットプリンタ				
5	複合機				

コピーした数値をそのまま貼り付けると、計算式（ピボットテーブルの内容を参照した式）が残ってしまいます。ピボットテーブルは、業務上変更されたり削除されたりする可能性があるので、（試験問題でも、後で変更される可能性があります）ピボットテーブルで集計された数字のみを貼り付けるために、「値の貼り付け」という方法を使います（「形式を選択して貼り付け」から「値」を選択しても可）。

注意 試験の練習問題では、常に「値の貼り付け」を使うようにしてください。

「貼り付け」ボタンの下にある「∨」をクリックし、「値」をクリックします。

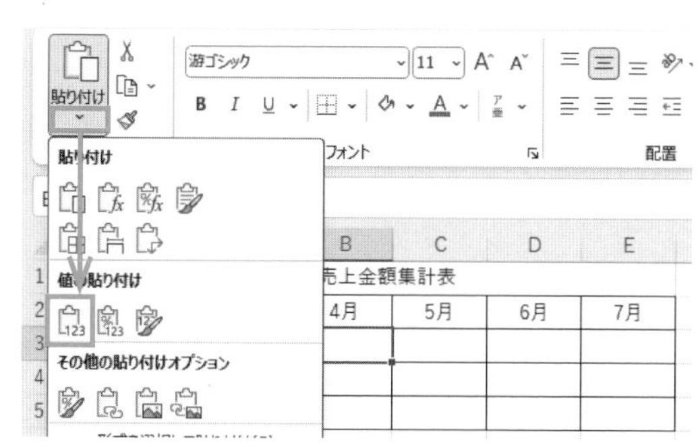

値の貼り付けができたら、「桁区切りスタイル」を設定しておきます（以降、単に「桁区切り」と表記します）。

	A	B	C	D	E
1	月別売上金額集計表				
2		4月	5月	6月	7月
3	レーザープリンタ	640,000	256,000	1,280,000	1,024,000
4	インクジェットプリンタ	99,200	74,400	198,400	396,800
5	複合機	1,170,000	1,014,000	312,000	0

「月別売上金額集計表」が完成しました。
次に、「担当者別　売上金額」を集計します。

8	担当者別　売上金額					
9		伊藤	清水	津田	野崎	山下
10	レーザープリンタ					
11	インクジェットプリンタ					
12	複合機					

「月別」の売上集計から、「担当者別」の売上集計にフィールド（項目）を変更します。 最初に、「日付」と「日（日付）」「月（日付）」の3ヶ所のチェックを外します。

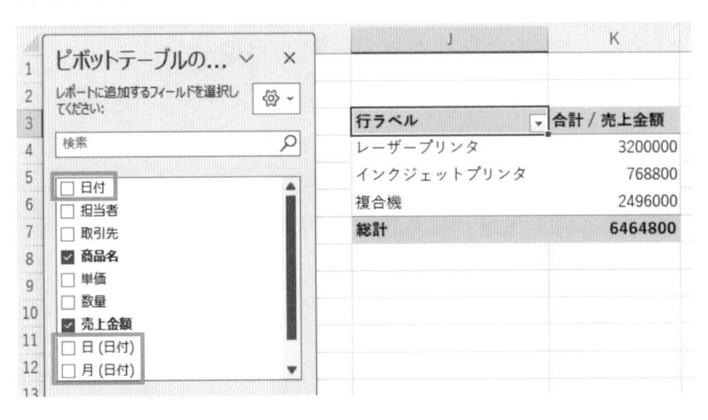

Excel 2021のポイント

Excel 2021では、日付が自動でグループ化になるため、「日付」フィールド以外に「日」と「月」というフィールドが表示されています。 この「日」と「月」のフィールドのチェックも外してください。

次に、「担当者」の項目を「列」へドラッグします。

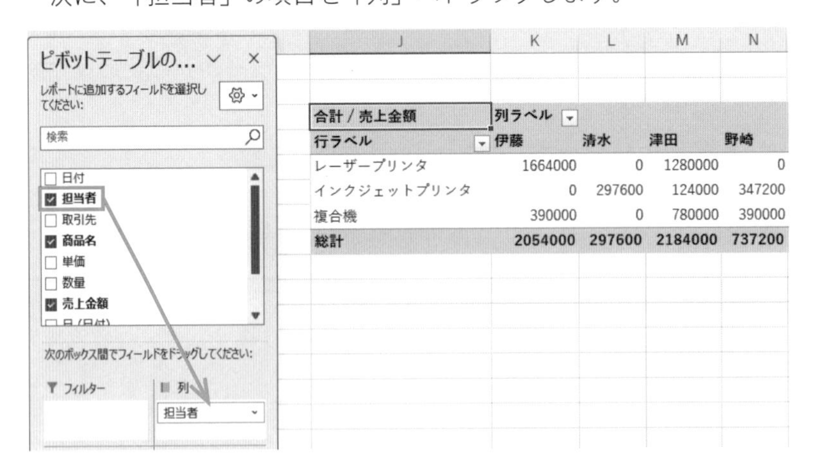

「担当者」別に集計をするピボットテーブルに変わりました。先ほどと同様に、集計されたピボットテーブルの値をコピーします。

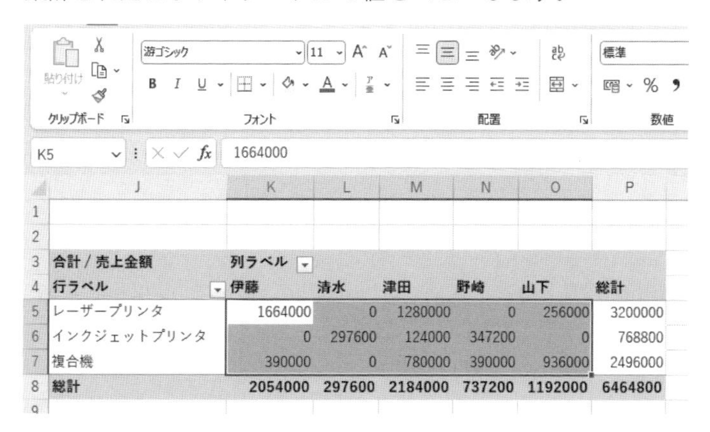

	J	K	L	M	N	O	P
3	合計 / 売上金額	列ラベル					
4	行ラベル	伊藤	清水	津田	野崎	山下	総計
5	レーザープリンタ	1664000	0	1280000	0	256000	3200000
6	インクジェットプリンタ	0	297600	124000	347200	0	768800
7	複合機	390000	0	780000	390000	936000	2496000
8	総計	2054000	297600	2184000	737200	1192000	6464800

シート「売上集計」の「担当者別売上金額」の表のセル「B10」をクリックして、値を貼り付けます。貼り付けた値には、「桁区切り」を設定します。

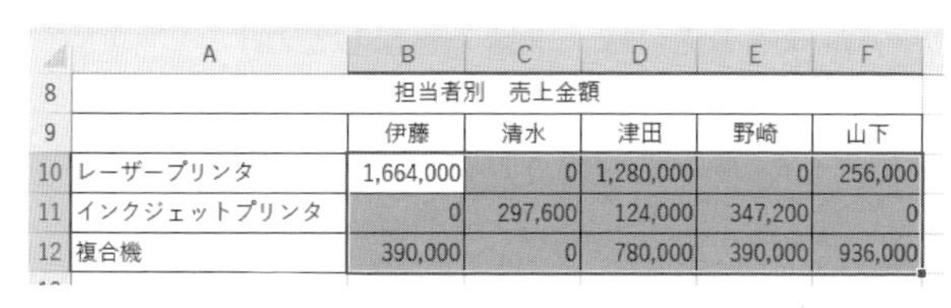

	A	B	C	D	E	F
8		担当者別　売上金額				
9		伊藤	清水	津田	野崎	山下
10	レーザープリンタ	1,664,000	0	1,280,000	0	256,000
11	インクジェットプリンタ	0	297,600	124,000	347,200	0
12	複合機	390,000	0	780,000	390,000	936,000

次に、「売上金額」から「売上数量」を集計するために、フィールド（項目）を変更します。「売上金額」のチェックを外して「数量」を「値」にドラッグしてください。

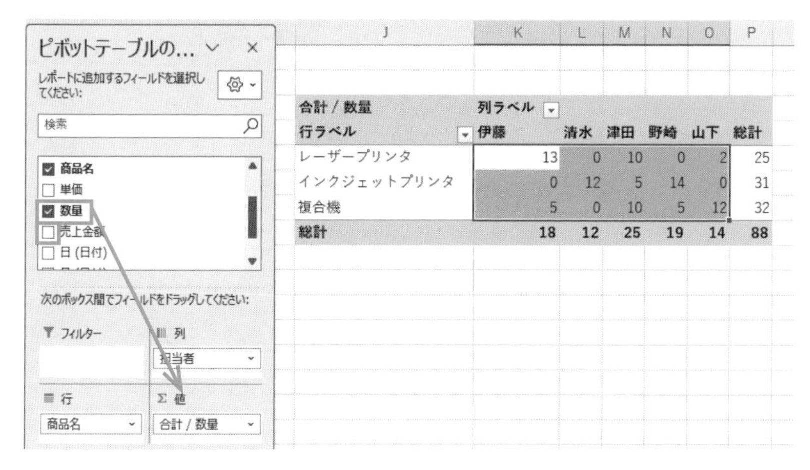

J	K	L	M	N	O	P
合計 / 数量	列ラベル					
行ラベル	伊藤	清水	津田	野崎	山下	総計
レーザープリンタ	13	0	10	0	2	25
インクジェットプリンタ	0	12	5	14	0	31
複合機	5	0	10	5	12	32
総計	18	12	25	19	14	88

集計した値をコピーします。

合計 / 数量	列ラベル					
行ラベル	伊藤	清水	津田	野崎	山下	総計
レーザープリンタ	13	0	10	0	2	25
インクジェットプリンタ	0	12	5	14	0	31
複合機	5	0	10	5	12	32
総計	18	12	25	19	14	88

「担当者別売上数量」の表のセル「B17」をクリックして、値を貼り付けます。

	A	B	C	D	E	F
15		担当者別　売上数量				
16		伊藤	清水	津田	野崎	山下
17	レーザープリンタ	13	0	10	0	2
18	インクジェットプリンタ	0	12	5	14	0
19	複合機	5	0	10	5	12

●ピボットテーブル作成の流れは、学習できましたか？

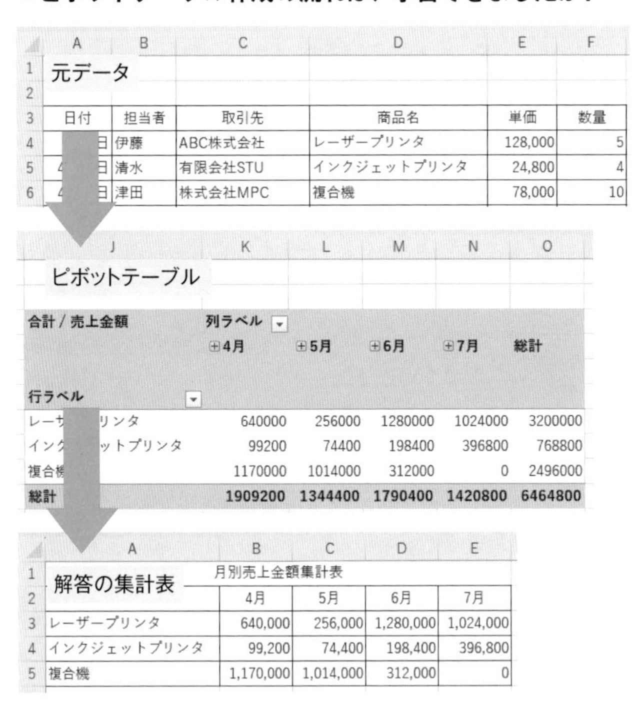

✓ チェック

- 解答となる集計表に必要なデータをそろえる
- ピボットテーブルを解答の表の形に合わせて作成できる
- ピボットテーブル内で並べ替えができる
- ピボットテーブルのフィールド（項目）の変更ができる
- ピボットテーブル内のデータをグループ化できる
- 空白セルの扱い
- 値の貼り付け

3-1-8 ピボットテーブルの集計　練習問題

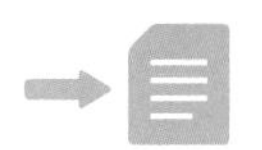

「1 ピボットテーブル」のシート「美容品売上データ」を開いてください。

先ほど練習したピボットテーブルの作成を、別のデータを使って練習してみましょう。

まず、集計に必要なデータを追加します。「セット商品担当者別売上実績表」を元に、営業所ごとの商品の売上高を集計してください。その際、集計に必要なピボットテーブルは、セル「J3」を開始位置として作成してください。

	A	B	C	D	E	F
1	セット商品担当者別売上実績表					
2						(単位円)
3	日　付	営業所	担当者	商品名	数量	単価
4	4月1日	東京	渡辺　恵子	美白セットA	1	39,800
5	4月1日	東京	下中　喜美子	メイクアップセット	1	78,000
6	4月1日	大阪	松野　栄子	メイクアップセット	1	78,000
7	4月1日	名古屋	岡本　順子	ホームエステセット	1	49,800
8	4月1日	東京	渡辺　恵子	スペシャルパックセット	2	36,000
9	4月1日	大阪	篠田　ゆきえ	美白セットA	1	39,800
10	4月1日	東京	下中　喜美子	メイクアップセット	1	78,000
11	4月1日	東京	渡辺　恵子	美白セットA	1	39,800
12	4月1日	大阪	松野　栄子	ホームエステセット	2	49,800
13	4月1日	東京	下中　喜美子	美白セットA	1	39,800
14	4月1日	名古屋	岡本　順子	美白セットA	2	39,800
15	4月1日	大阪	篠田　ゆきえ	スペシャルパックセット	1	36,000
16	4月1日	東京	渡辺　恵子	美白セットA	1	39,800
17	4月1日	名古屋	岡本　順子	ホームエステセット	1	49,800
18	4月2日	東京	渡辺　恵子	美白セットA	3	39,800
19	4月2日	東京	下中　喜美子	スペシャルパックセット	2	36,000
20	4月2日	東京	清水　真世	メイクアップセット	1	78,000
21	4月2日	大阪	篠田　ゆきえ	メイクアップセット	1	78,000
22	4月2日	名古屋	岡本　順子	美白セットA	2	39,800
23	4月3日	東京	清水　真世	ホームエステセット	1	49,800

列「G」に「売上金額」の項目を追加して、売上金額の計算をします。計算式は「=数量×単価」です。

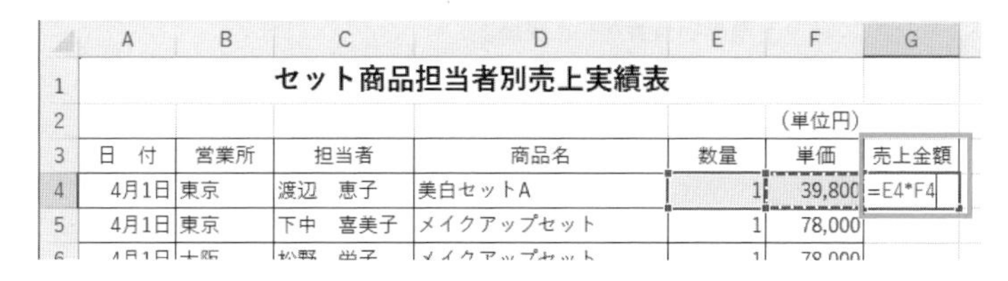

	A	B	C	D	E	F	G
1	セット商品担当者別売上実績表						
2						(単位円)	
3	日　付	営業所	担当者	商品名	数量	単価	売上金額
4	4月1日	東京	渡辺　恵子	美白セットA	1	39,800	=E4*F4
5	4月1日	東京	下中　喜美子	メイクアップセット	1	78,000	

計算式は、セル「G23」までオートフィルしておきます。

●**ピボットテーブルを作成してみましょう。**

集計の対象となるデータ範囲「A3:G23」をドラッグしてから、ピボットテーブルを作成します（表のタイトルと「単位 ： 円」を範囲に含めないためです）。

データ範囲にタイトルや単位、合計行があると正しい集計ができません。範囲に含めないように、先にデータ範囲をドラッグしてからピボットテーブルを作成しましょう。

ピボットテーブルの作成場所は、セル「J3」を開始位置として作成します。

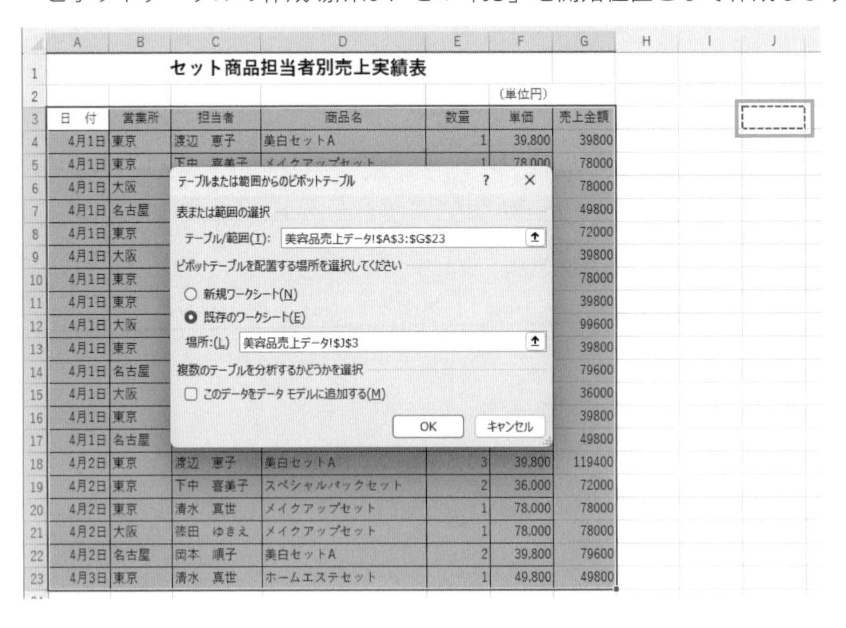

営業所を「行」に、商品名を「列」に、売上金額を「値」にドラッグしてください。

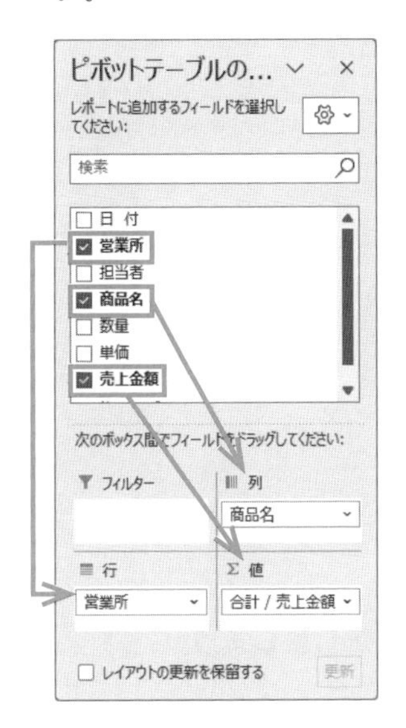

営業所別に商品の売上金額を集計したピボットテーブルができました。

合計 / 売上金額	列ラベル				
行ラベル	スペシャルパックセット	ホームエステセット	メイクアップセット	美白セットA	総計
大阪	36000	99600	156000	39800	331400
東京	144000	49800	234000	278600	706400
名古屋		99600		159200	258800
総計	180000	249000	390000	477600	1296600

●ピボットテーブル内でデータを並べ替えましょう。

ピボットテーブルの商品名の並び順を、「美白セットA」が一番左端になるように並べ替えてください。 また、営業所の並び順を、「東京」が一番上になるように並べ替えてください。

それぞれの枠線上にマウスを合わせ、「美白セットA」は一番左端まで、「東京」は一番上までドラッグします。

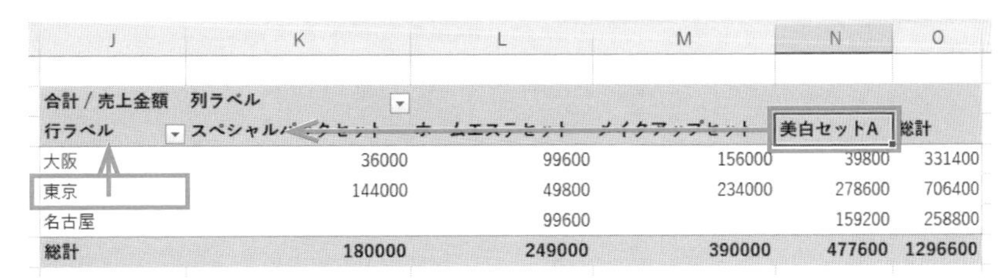

J	K	L	M	N	O
合計 / 売上金額	列ラベル				
行ラベル	スペシャルパックセット	ホームエステセット	メイクアップセット	美白セットA	総計
大阪	36000	99600	156000	39800	331400
東京	144000	49800	234000	278600	706400
名古屋		99600		159200	258800
総計	180000	249000	390000	477600	1296600

●**ピボットテーブルのフィールド（項目）を変更しましょう。**

営業所ごとの集計を、「担当者」ごとの集計に変更してください。

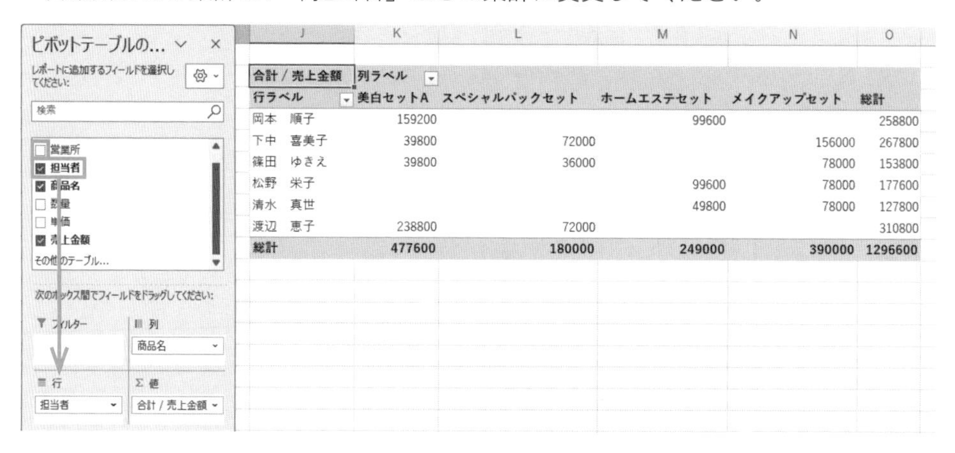

合計 / 売上金額	列ラベル				
行ラベル	美白セットA	スペシャルパックセット	ホームエステセット	メイクアップセット	総計
岡本　順子	159200		99600		258800
下中　喜美子	39800	72000		156000	267800
篠田　ゆきえ	39800	36000		78000	153800
松野　栄子			99600	78000	177600
清水　真世			49800	78000	127800
渡辺　恵子	238800	72000			310800
総計	477600	180000	249000	390000	1296600

●**ピボットテーブルの空白セルに「0」を表示しましょう。**

ピボットテーブル内の空白セルの上で右クリックし、「ピボットテーブルオプション」をクリックし、「空白セルに表示する値」の欄に、「0」と入力して「OK」をクリックします。

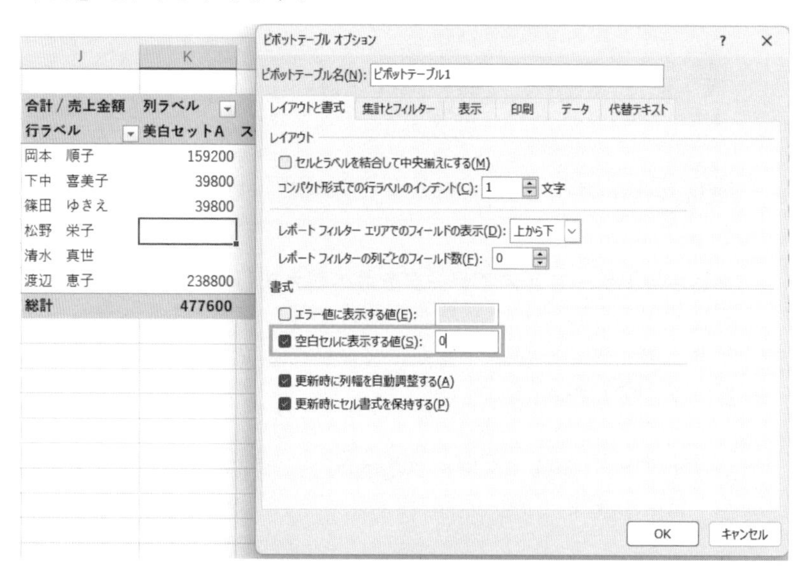

●ピボットテーブルで集計した数値を、集計表にコピー・貼り付けしましょう。

作成したピボットテーブルを元に、シート「売上金額集計」にある「担当者別売上金額集計表」を完成させてください。

	A	B	C	D	E
1	担当者別売上金額集計表				
2					
3		美白セットA	スペシャルパックセット	ホームエステセット	メイクアップセット
4	岡本　順子				
5	下中　喜美子				
6	篠田　ゆきえ				
7	松野　栄子				
8	清水　真世				
9	渡辺　恵子				

ピボットテーブルで集計した数値をコピーします。

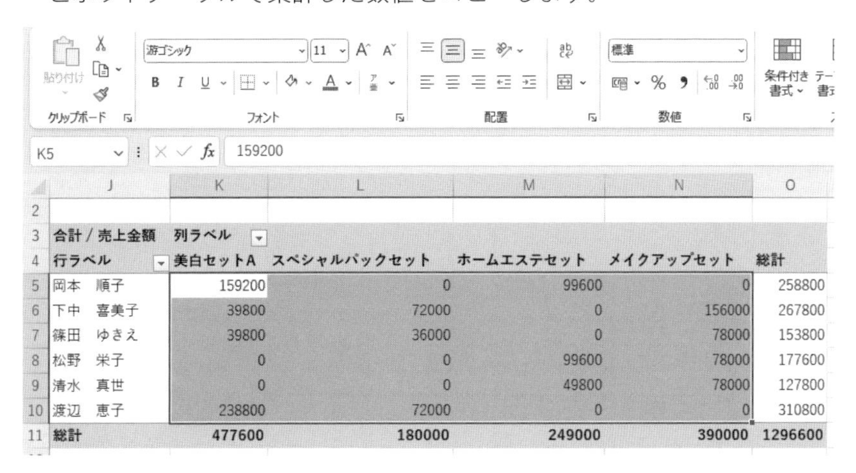

K5　159200

	J	K	L	M	N	O
2						
3	合計 / 売上金額	列ラベル				
4	行ラベル	美白セットA	スペシャルパックセット	ホームエステセット	メイクアップセット	総計
5	岡本　順子	159200	0	99600	0	258800
6	下中　喜美子	39800	72000	0	156000	267800
7	篠田　ゆきえ	39800	36000	0	78000	153800
8	松野　栄子	0	0	99600	78000	177600
9	清水　真世	0	0	49800	78000	127800
10	渡辺　恵子	238800	72000	0	0	310800
11	総計	477600	180000	249000	390000	1296600

ピボットテーブルで集計した数値をコピー・貼り付けする際は、ピボットテーブルの項目の並び順と、集計する表の項目の並び順が合っていることを確認しましょう。
今回の問題では、担当者と商品名の並び順が集計先の表と合っていることを確認してからコピー・貼り付けをします。違う場合は、並べ替えてからコピーします。

シート「売上金額集計」のセル「B4」をクリックして、「貼り付け」ボタンの下の「V」をクリックし、「値」をクリックします。

貼り付けた数値には、「桁区切り」を設定してください。担当者別売上金額集計表が完成しました。

	A	B	C	D	E
1	担当者別売上金額集計表				
2					
3		美白セットA	スペシャルパックセット	ホームエステセット	メイクアップセット
4	岡本　順子	159,200	0	99,600	0
5	下中　喜美子	39,800	72,000	0	156,000
6	篠田　ゆきえ	39,800	36,000	0	78,000
7	松野　栄子	0	0	99,600	78,000
8	清水　真世	0	0	49,800	78,000
9	渡辺　恵子	238,800	72,000	0	0

✓チェック

- 解答となる集計表に必要なデータをそろえる
- ピボットテーブルを解答の表の形に合わせて作成できる
- ピボットテーブル内で並べ替えができる
- ピボットテーブルのフィールド（項目）の変更ができる
- ピボットテーブル内のデータをグループ化できる
- 空白セルに「0」を表示することができる
- 値の貼り付けができる

3-1-9 アンケートの回答結果を集計するためのピボットテーブル

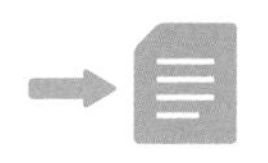

「1 ピボットテーブル」のシート「集計結果」を開いてください。

アンケート結果を集計する方法を練習します。今までに練習したピボットテーブルとは集計方法が異なります。違いをしっかり覚えてください。

セル「A6」から「C26」には、20人の人に、ある飲食店の「味について」と「店内の雰囲気」についてアンケートを実施した回答結果を表示しています。回答結果は、「1.良い」「2.普通」「3.悪い」の数字を使って表示しています。例えば、回答者No.1の人は、「味について」は「2.普通」、「店内の雰囲気」は「3.悪い」と回答していたということです。

	A	B	C	D	E	F
1			集計結果			
2		1．良い	2．普通	3．悪い	回答人数	
3	味について				20	
4						
5						
6	回答者No.	味について	店内の雰囲気			
7	1	2	3			
8	2	3	2			
9	3	1	3			
10	4	1	3			
11	5	2	2			
12	6	2	1			
13	7	3	3			
14	8	1	2			

●このアンケート結果を元に、「味について」の回答を集計してみましょう。

「味について」の回答結果を集計してください。それぞれの回答を出した人数は何人でしょうか？ 回答結果は、セル「B3」から「D3」に集計してください。なお、集計の元になるピボットテーブルは、セル「F8」を開始位置として作成してください。

●ピボットテーブルを作成しましょう。

回答結果の表内をクリックして、「挿入」タブより「ピボットテーブル」をクリックします。作成場所は「既存のワークシート」にチェックを入れ、セル「F8」をクリックします。

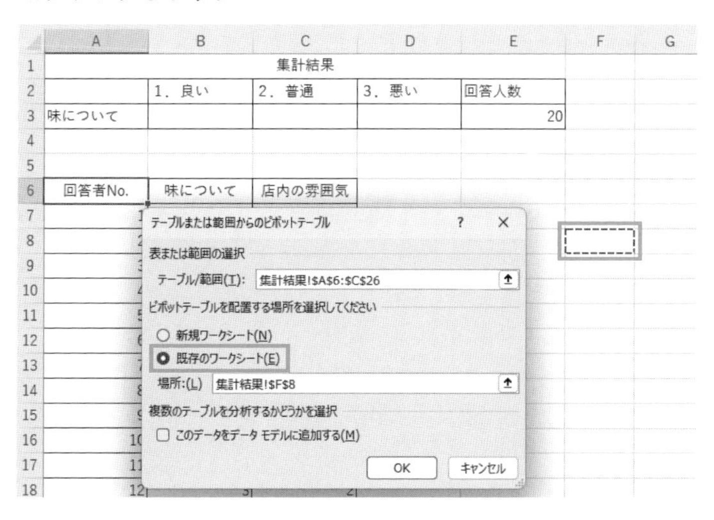

3-1-10 アンケート結果の集計に使うフィールド（項目）

集計したい項目は、「味について」です。使うフィールド（項目）は、ひとつだけです。

この問題では、「味について」を「列」と「値」の両方へドラッグします。

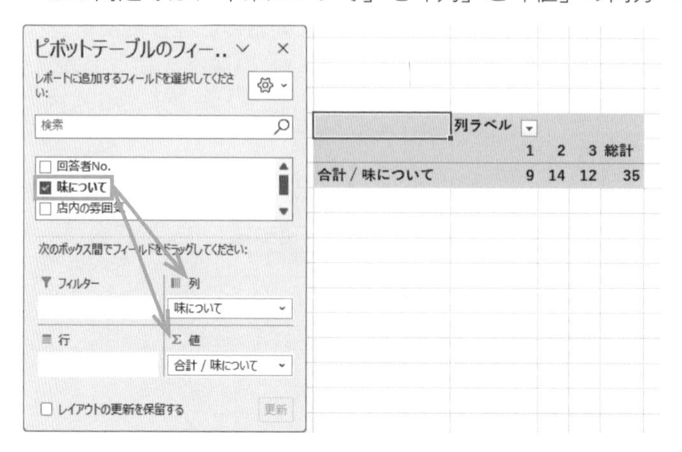

アンケートを集計する問題では、集計に使う項目は「ひとつだけ」です。今回は、「味について」だけを使います。

3-1-11 集計方法を「個数」に変更する

アンケートの回答人数は「20人」なので、総計は「20」になるはずですが、総計欄を見ると、「35」となっています。これは、回答した「2」という番号を、数字の「2」という意味にとり、「1」「2」「3」の数字をすべて合計（たし算）してしまうからです。そこで…回答した数字「1」「2」「3」がそれぞれいくつあるのか、その数字の個数を数えるという集計方法に変更しなければなりません。

ピボットテーブルの「合計／味について」のセルの上で右クリックして、「値の集計方法」にマウスを合わせ、「データの個数」を選択します。

注　意

右クリックするのは、必ず「合計／味について」のセルの上で右クリックするようにしてください。他のセルで右クリックすると、別の右クリックメニューが表示されてしまい、「値の集計方法」が表示されません。

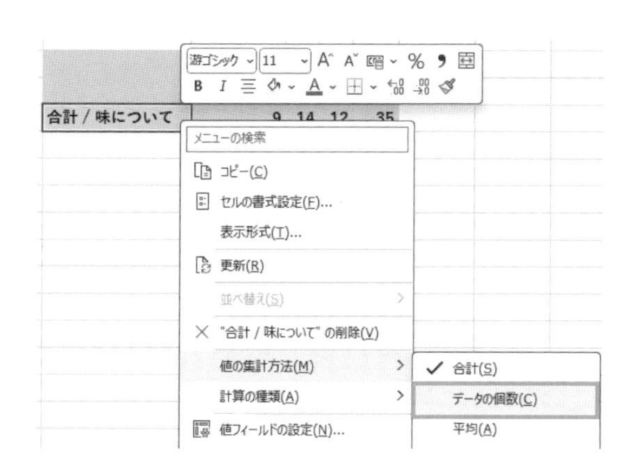

アンケートの集計結果が正しく表示されました。総計が「20人」になっていることを確認してください。

注　意

アンケート結果を集計する問題は、「データの個数」という集計方法を使います。「合計」は使わないように!

3-1-12 集計結果を解答の表にコピーして値を貼り付ける

集計した数値をコピーして、セル「B3」から「D3」に値を貼り付けます。

	A	B	C	D	E	F	G	H	I	J
1			集計結果							
2		1．良い	2．普通	3．悪い	回答人数					
3	味について	9	7	4	20					
4					(Ctrl)					
5										
6	回答者No.	味について	店内の雰囲気							
7	1	2	3				列ラベル			
8	2	3	2					1	2	3 総計
9	3	1	3			個数 / 味について		9	7	4 20
10	4	1	3							

アンケートの回答結果の集計ができました。

	A	B	C	D	E
1	集計結果				
2		1．良い	2．普通	3．悪い	回答人数
3	味について	9	7	4	20

✓ チェック

- 集計に使うフィールド（項目）はひとつだけ
- 集計方法を「データの個数」に変更する
- 売上金額を集計する場合との違いをしっかり覚えましょう

3-1-13 アンケートの集計方法　練習問題

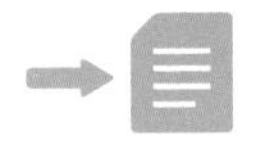

「1 ピボットテーブル」のシート「インターネット利用状況」を開いてください。

アンケートの集計方法を、別のデータを使ってもう一度練習してみましょう。

以下の表は、インターネット利用状況のアンケート結果を表したものです。回答No.は、「1.パソコン」「2.携帯電話」「3.その他の機器」「0.利用していない」の4項目を「1」「2」「3」「0」の数字で表示しています。

	A	B	C	D	E
1	インターネット利用状況アンケート結果				
2	受付No	性別	年齢	職業別	回答No.
3	1	男性	58	自営業	0
4	5	女性	18	高校生	1
5	7	男性	18	高校生	1
6	10	男性	22	大学生	2
7	16	男性	46	その他	0
8	23	男性	47	自営業	0
9	34	女性	21	大学生	2
10	39	女性	18	高校生	2
11	45	男性	30	会社員	3
12	49	女性	21	大学生	2
13	50	女性	31	主婦	2
14	55	男性	52	会社員	0
15	67	男性	48	会社員	1
16	71	女性	28	会社員	1
17	77	女性	22	大学生	2
18	80	男性	34	会社員	3
19	85	男性	45	自営業	0
20	89	男性	26	会社員	1
21	91	女性	46	主婦	0
22	92	男性	34	自営業	0
23	103	男性	45	自営業	0
24	110	男性	32	自営業	1
25	116	男性	30	会社員	0
26	125	男性	22	その他	1
27	131	男性	50	自営業	1
28	145	女性	39	主婦	0
29	166	男性	51	自営業	1
30	172	男性	42	自営業	0
31	184	男性	52	自営業	1
32	189	男性	46	会社員	0
33	回答者合計人数				

	G	H	I
3	インターネット利用状況集計表		
5	回答No.		人数
6	1	パソコン	
7	2	携帯電話	
8	3	その他の機器	
9	0	利用していない	

●適切な関数を使って、セル「C33」に回答者の合計人数を求めてください。

「数値の個数」を求める関数「COUNT関数」の使い方を練習します。セル「C33」をクリックして、ホームタブの「オートSUM」の横にある「∨」をクリック、「数値の個数」を選択すると、「=COUNT」という関数が挿入されます。

データ範囲が「C3:C32」となっていることを確認して、Enterキーを押します。「=COUNT（C3:C32）」という計算式が入ります。セル「C3」から「C32」までの範囲内に、いくつの数値があるでしょうか？

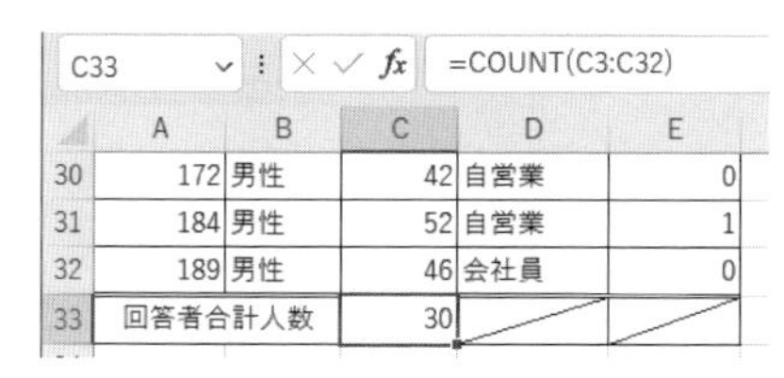

	A	B	C	D	E
30	172	男性	42	自営業	0
31	184	男性	52	自営業	1
32	189	男性	46	会社員	0
33	回答者合計人数		30		

セル「C33」に「30」と表示されました。アンケートに回答した人数は、「30人」ということです。

●インターネット利用状況の集計をしてみましょう。

集計結果は、セル「I6」から「I9」に表示させてください。ピボットテーブルの作成場所は、任意のセルとします。

ピボットテーブルを作成します。セル「A2」から「E32」をドラッグしてから、「挿入」より「ピボットテーブル」をクリックします。表のタイトルと合計行を、ピボットテーブルの範囲に含めないよう、先に集計するデータ範囲をドラッグで選択してからピボットテーブルを作成します。

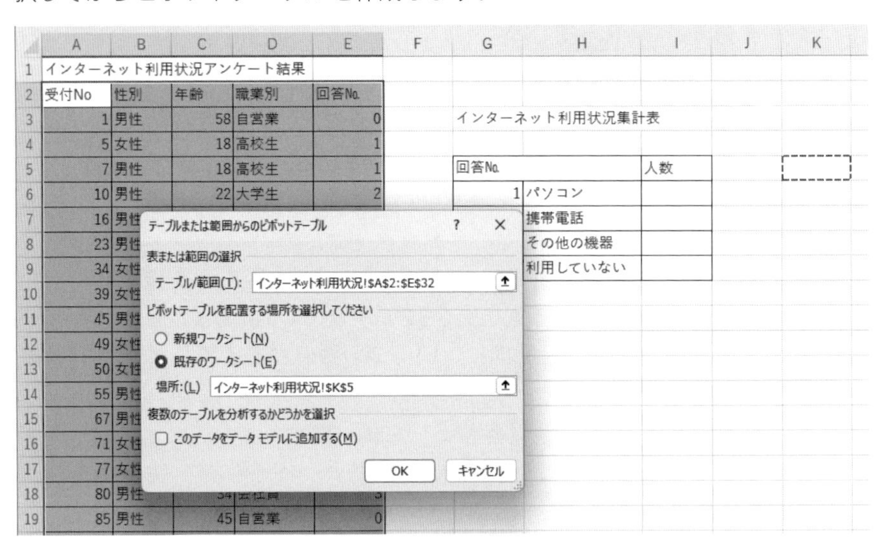

作成場所について指示がなければ、任意のセルに作成します。その際、解答の表の下に作成すると、ピボットテーブルの項目によっては、列幅が変わってしまいますので、列幅に関係しない、右横の空いているセルを使うようにしてください。解答となる表の大きさを変えないことがポイントです。

「行」と「値」の両方に、「回答No.」の項目をドラッグします。

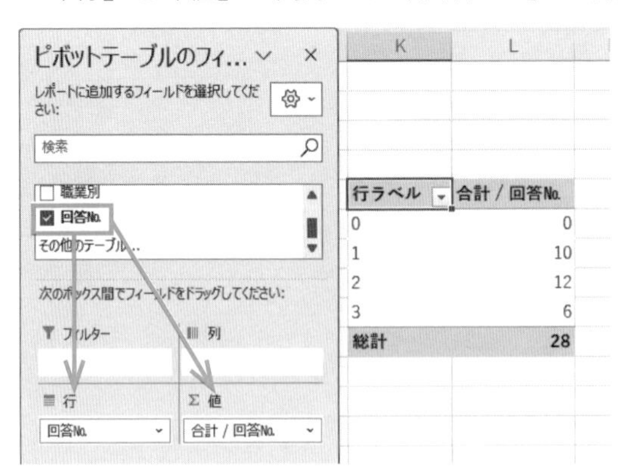

総計を確認すると「30人」になっていません。集計方法を「データの個数」に変更する必要があります。

「合計／回答No.」のセルの上で右クリックして、「値の集計方法」にマウスを合わせ、「データの個数」をクリックします。

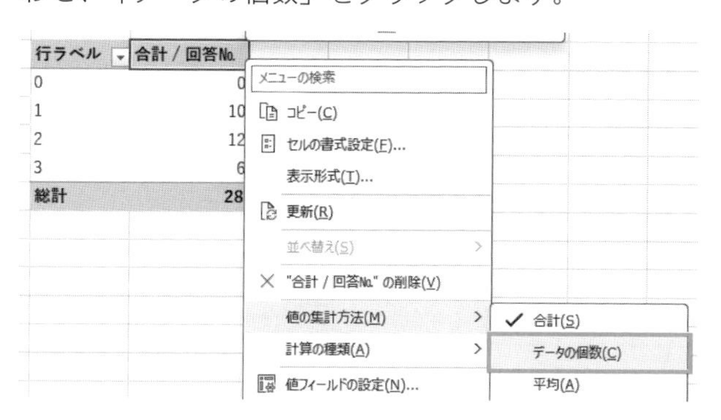

回答した総計が「30人」になったことを確認してください。

行ラベル	個数 / 回答No.
0	12
1	10
2	6
3	2
総計	**30**

回答No.の並び順を、解答の表の順番と同じになるように並べ替えます。「0」を一番下に移動します。

インターネット利用状況集計表

回答No.		人数
1	パソコン	
2	携帯電話	
3	その他の機器	
0	利用していない	

行ラベル	個数 / 回答No.
0	12
1	10
2	6
3	2
総計	**30**

●集計した数値を、解答の表にコピー・値の貼り付けをします。

集計表のセル「I6」から「I9」に、値を貼り付けて完成です。

インターネット利用状況集計表

回答No.		人数
1	パソコン	10
2	携帯電話	6
3	その他の機器	2
0	利用していない	12

行ラベル	個数 / 回答No.
1	10
2	6
3	2
0	12
総計	**30**

3-1-14 「請求書」を作成するためのピボットテーブルを作る

「1 ピボットテーブル」のシート「菓子売上データ」を開いてください。

「請求書」を作成するためのピボットテーブルの使い方を練習します。今まで練習してきた「売上金額の集計」「アンケート結果の集計」と、どのように違うのか、違いをしっかり覚えましょう。列「F」には、売上金額を計算してください。

	A	B	C	D	E	F
1						
2	日付	商品名	商品コード	数量	単価	売上金額
3	2月1日	ショートケーキ	S25	3	450	=D3*E3
4	2月2日	チョコレートケーキ	C20	10	380	
5	2月2日	モンブラン	M32	2	400	
6	2月2日	プリン	P37	2	280	
7	2月3日	ミルフィーユ	R42	2	480	
8	2月3日	ショートケーキ	S25	3	450	
9	2月3日	ミルフィーユ	R42	2	480	
10	2月4日	ショートケーキ	S25	4	450	
11	2月4日	ミルフィーユ	R42	3	480	
12	2月4日	ミルフィーユ	R42	5	480	
13	2月5日	チョコレートケーキ	C20	5	380	
14	2月5日	プリン	P37	3	280	
15	2月5日	ショートケーキ	S25	3	450	
16	2月6日	プリン	P37	5	280	

16行目までオートフィルしてください。

	A	B	C	D	E	F
1						
2	日付	商品名	商品コード	数量	単価	売上金額
3	2月1日	ショートケーキ	S25	3	450	1350
4	2月2日	チョコレートケーキ	C20	10	380	3800
5	2月2日	モンブラン	M32	2	400	800
6	2月2日	プリン	P37	2	280	560
7	2月3日	ミルフィーユ	R42	2	480	960
8	2月3日	ショートケーキ	S25	3	450	1350
9	2月3日	ミルフィーユ	R42	2	480	960
10	2月4日	ショートケーキ	S25	4	450	1800
11	2月4日	ミルフィーユ	R42	3	480	1440
12	2月4日	ミルフィーユ	R42	5	480	2400
13	2月5日	チョコレートケーキ	C20	5	380	1900
14	2月5日	プリン	P37	3	280	840
15	2月5日	ショートケーキ	S25	3	450	1350
16	2月6日	プリン	P37	5	280	1400

●「請求書」を作成するためのピボットテーブルを作る

シート「菓子売上データ」を元に、シート「請求書」にある、以下の表を完成させてみましょう。

	A	B	C	D	E	F
1						
2	〇〇店　　御中					
3						
4		下記のとおり、ご請求申し上げます				
5						
6		日付	商品名	単価	数量	金額
7						
8						
9						
10						
11						
12						
13						
14						
15						
16						
17						
18						
19					合計	

請求書の問題では、「日付」「商品名」「単価」が横並びになっています。 この表を完成させるためのピボットテーブルは、どのようにして作ったらよいでしょうか?

「行」の欄に1「日付」2「商品名」3「単価」の順番に、3つのフィールド（項目）をドラッグ、「値」には、「数量」のみをドラッグしたピボットテーブルを作成してください。

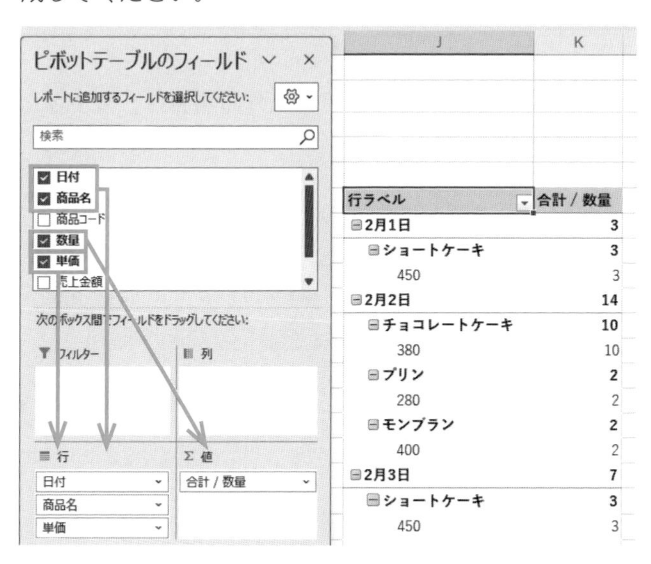

! 注　意

請求書を集計する問題では、ピボットテーブルに「売上金額」を使わないようにしましょう。

このままでは、請求書の表に集計した値をコピー・貼り付けするのに適していません。

	B	C	D	E	F	G	H	I	J	K
4	下記のとおり、ご請求申し上げます									
5										
6	日付	商品名	単価	数量	金額				行ラベル	合計 / 数量
7									⊟2月1日	3
8									⊟ショートケーキ	3
9									450	3
10									⊟2月2日	14
11									⊟チョコレートケーキ	10
12									380	10

そんなときは、ピボットテーブルのデザインで、「表形式」という方法を使います。どこでもいいのでピボットテーブル内をクリックして、「デザイン」タブ→「レポートのレイアウト」→「表形式で表示」をクリックします。

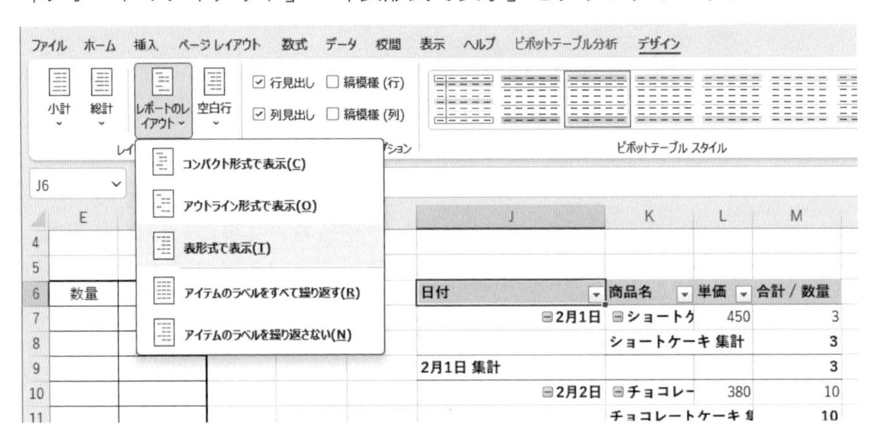

請求書を集計する問題に限り、ピボットテーブルのデザインを「表形式で表示」に変更します（請求書を集計する問題以外の場合は、変更する必要はありません）。

請求書の表と同じように、ピボットテーブルの行ラベルの項目が横方向に並びました。これで、集計した値のコピー・貼り付けができるようになります。

	B	C	D	E	F	G	H	I	J	K	L	M
4	下記のとおり、ご請求申し上げます											
5												
6	日付	商品名	単価	数量	金額				日付	商品名	単価	合計 / 数量
7									⊟2月1日	⊟ショートケ	450	3
8										ショートケーキ 集計		3
9									2月1日 集計			3
10									⊟2月2日	⊟チョコレー	380	10

集計した「日付」の列が「#####」のように表示される場合があります。これは、列の幅が狭くて日付の数字を表示できないためです。列の幅を広げれば、表示されるようになります。

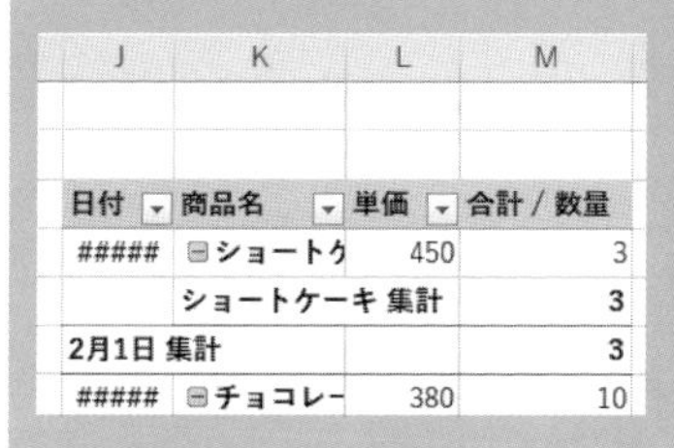

列「J」の幅を広げてみましょう。

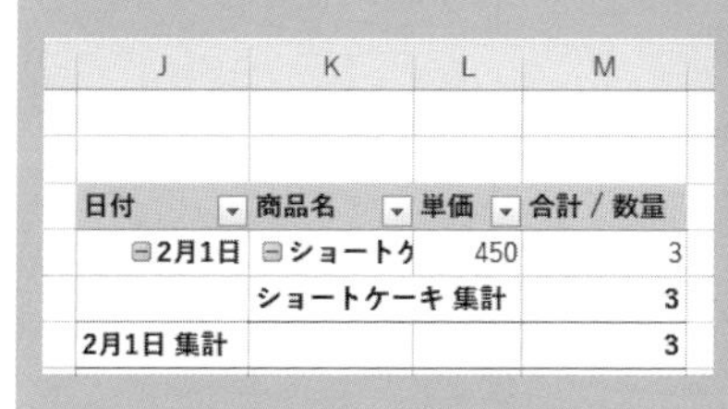

日付が表示されました。

3-1-15 ピボットテーブルの小計を非表示にする

できたピボットテーブルの表は、日付や商品名ごとの「小計」が入っていて、一度にコピーして請求書に貼り付けるのに適していません。集計欄「2月1日集計」のセルの上で右クリックして、「“日付”の小計」のチェックを外します。日付ごとの小計行を、非表示にすることができます。

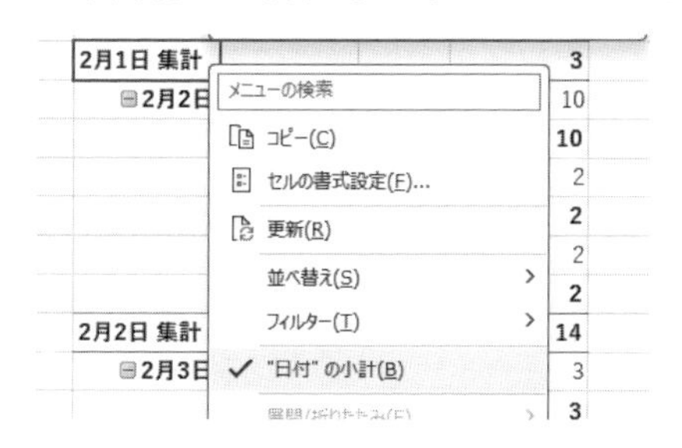

同様に、商品名の集計も「“商品名”の小計」をクリックし、チェックを外します。

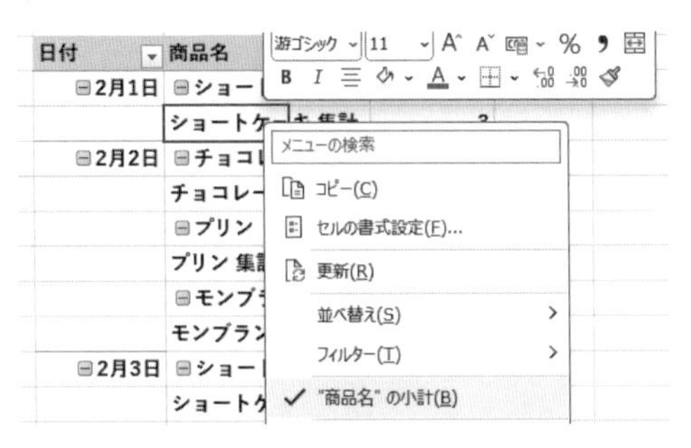

これで、コピーするのに必要なデータのみが、ピボットテーブルに表示されました。

日付や商品名の左にある折りたたみボタン「－」はクリックしないように!

日付	商品名	単価	合計 / 数量
⊟2月1日	⊟ショートケーキ	450	3
⊟2月2日	⊟チョコレートケーキ	380	10
	⊟プリン	280	2
	⊟モンブラン	400	2
⊟2月3日	⊟ショートケーキ	450	3
	⊟ミルフィーユ	480	4
⊟2月4日	⊟ショートケーキ	450	4
	⊟ミルフィーユ	480	8
⊟2月5日	⊟ショートケーキ	450	3
	⊟チョコレートケーキ	380	5
	⊟プリン	280	3
⊟2月6日	⊟プリン	280	5
総計			52

「－」の表示が「＋」になり、後ろのデータが非表示になってしまいます（再度「＋」のボタンをクリックすると表示されます）。

日付	商品名	単価	合計 / 数量
⊞2月1日			3
⊟2月2日	⊟チョコレートケーキ	380	10
	⊟プリン	280	2

完成したピボットテーブルのデータをコピーし、値を請求書に貼り付けます。

	B	C	D	E	F
4	下記のとおり、ご請求申し上げます				
5					
6	日付	商品名	単価	数量	金額
7	44593	ショートケーキ	450	3	
8	44594	チョコレートケーキ	380	10	
9		プリン	280	2	
10		モンブラン	400	2	
11	44595	ショートケーキ	450	3	
12		ミルフィーユ	480	4	
13	44596	ショートケーキ	450	4	
14		ミルフィーユ	480	8	
15	44597	ショートケーキ	450	3	
16		チョコレートケーキ	380	5	
17		プリン	280	3	
18	44598	プリン	280	5	
19				合計	(Ctrl)▾
20					

日付	商品名	単価	合計 / 数量
⊟2月1日	⊟ショートケーキ	450	3
⊟2月2日	⊟チョコレートケーキ	380	10
	⊟プリン	280	2
	⊟モンブラン	400	2
⊟2月3日	⊟ショートケーキ	450	3
	⊟ミルフィーユ	480	4
⊟2月4日	⊟ショートケーキ	450	4
	⊟ミルフィーユ	480	8
⊟2月5日	⊟ショートケーキ	450	3
	⊟チョコレートケーキ	380	5
	⊟プリン	280	3
⊟2月6日	⊟プリン	280	5
総計			52

3-1-16 日付の表示形式を変更する

日付をコピーして値を貼り付けると、図のように日付欄が数値になっている場合があります。 これはシリアル値と呼ばれる日付の2進法による表示結果です。「セルの書式設定」で、表示形式を「日付」に変更する必要があります。

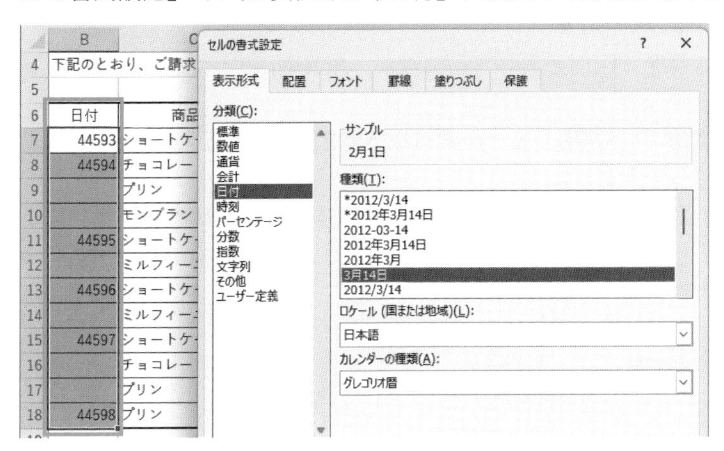

金額は「単価×数量」で計算し、合計金額を計算して完成です。 桁区切りを設定します。

	A	B	C	D	E	F
4		下記のとおり、ご請求申し上げます				
5						
6		日付	商品名	単価	数量	金額
7		2月1日	ショートケーキ	450	3	1,350
8		2月2日	チョコレートケーキ	380	10	3,800
9			プリン	280	2	560
10			モンブラン	400	2	800
11		2月3日	ショートケーキ	450	3	1,350
12			ミルフィーユ	480	4	1,920
13		2月4日	ショートケーキ	450	4	1,800
14			ミルフィーユ	480	8	3,840
15		2月5日	ショートケーキ	450	3	1,350
16			チョコレートケーキ	380	5	1,900
17			プリン	280	3	840
18		2月6日	プリン	280	5	1,400
19					合計	20,910

✓ チェック

日商PC検定では、以下の3パターンのピボットテーブルの使い方が問われます。違いをしっかり理解し、繰り返し練習してパターンを覚えるようにしましょう。

- 数値を集計するピボットテーブル
- アンケート結果を集計するピボットテーブル
- 請求書を作成するためのピボットテーブル

3-2 ROUND関数、ROUNDDOWN関数、ROUNDUP関数

3-2-1 四捨五入の計算

「2 関数」のシート「関数」を開いてください。

数値を「四捨五入」するには、「ROUND（ラウンド）関数」を使います。

●数値「1.5678」を、小数点以下第2位を四捨五入して小数点以下第1位までの表示にしてみましょう。

答えを出すセル「C3」→「関数の挿入」（fx）ボタンの順にクリックしてください。

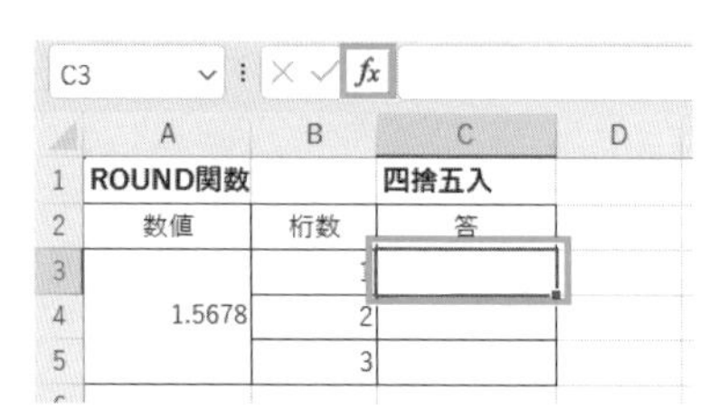

続いて、「関数名」の一覧から「ROUND」を選択します。その際、「関数の分類」で「最近使った関数」の中に「ROUND」があれば、ここで「ROUND」を選択するのが早いでしょう（現在お使いのExcelで最近使った関数が一覧で表示されています）。

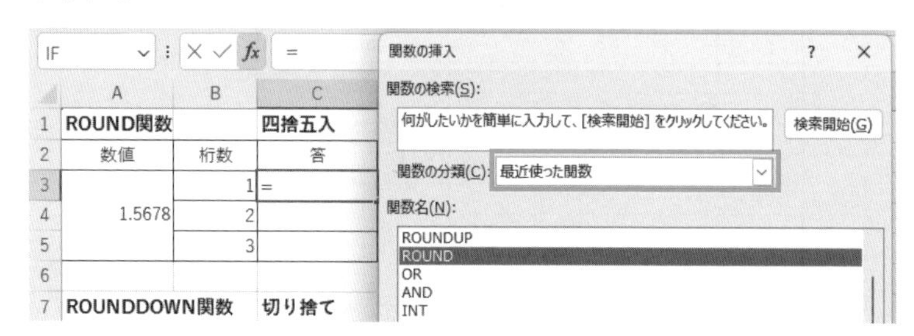

「最近使った関数」の一覧の中に「ROUND」がない場合は、「関数の分類」を「すべて表示」にすると、すべての関数がABC順に表示されます。「R」までスクロールして「ROUND」を探してください。関数「ROUND」を選んだら、「OK」をクリックします。

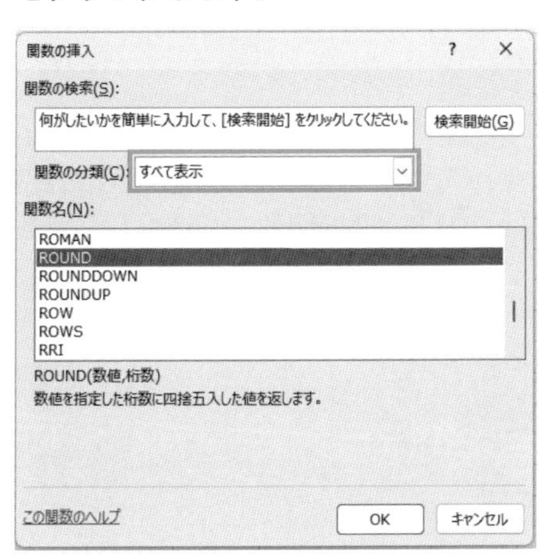

関数のダイアログボックスが表示されました。「数値」の欄をクリックして、「1.5678」の数値が入力されているセル「A3」をクリックすると、セル番号「A3」が表示されます。

「桁数」の欄をクリックして、数字の「1」を入力します。「桁数1」というのは、小数点以下第1位までの表示、という意味です。

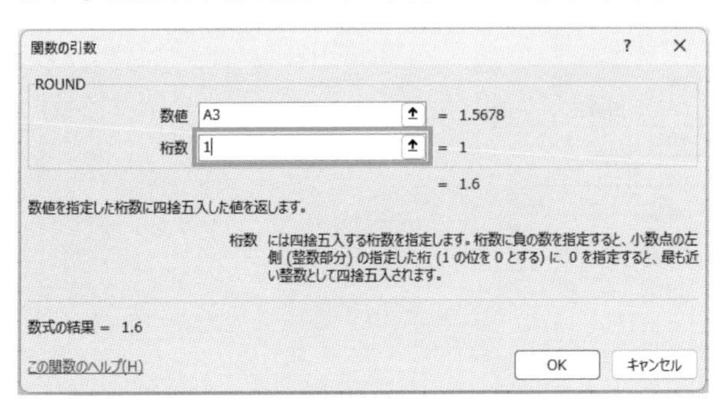

計算結果に「1.6」と表示されました。「OK」ボタンをクリックし、ダイアログボックスを閉じます。

「数値」には、四捨五入したいセルや数値、または計算式を入力します。「桁数」には、表示させたい「小数点以下の桁」の「数」を入力します。

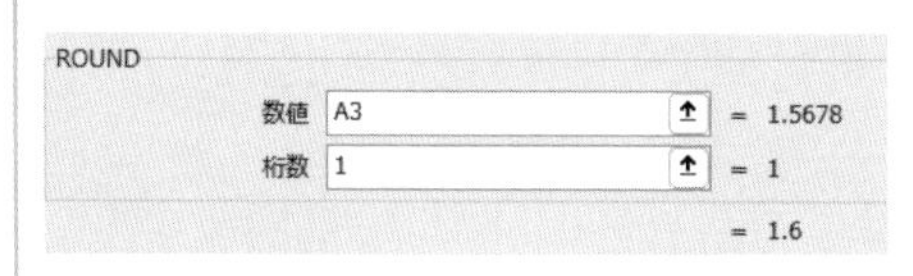

同様に、ROUND関数を使って、「桁数」を「2」にした計算をしてみましょう。セル「C4」をクリックして「ROUND関数」を選択し、「数値」の欄にカーソルを置いて「A3」をクリック、「桁数」の欄をクリックして「2」と入力、「OK」をクリックします。

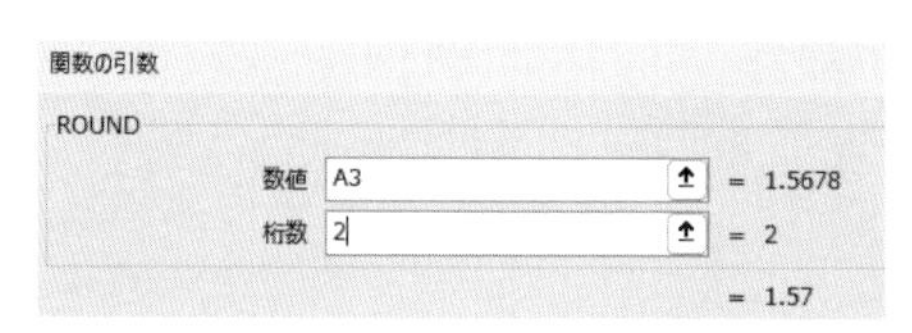

「桁数」を「3」にして計算してみましょう。セル「C5」をクリックして「ROUND関数」を選択し、「数値」の欄にカーソルを置いて「A3」をクリック、「桁数」の欄をクリックして「3」と入力、「OK」をクリックしてください。

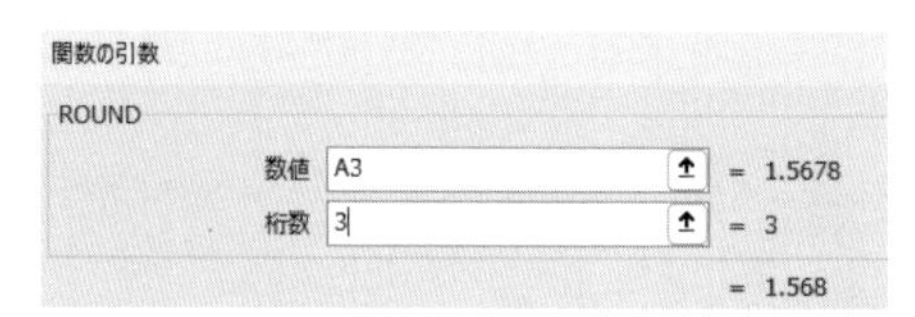

小数点以下の表示桁数の違いがわかりましたか?

✓ チェック

- 「桁数2」は、小数点以下第3位を四捨五入して、小数点以下第2位までの表示となる。
- 「桁数3」は、小数点以下第4位を四捨五入して、小数点以下第3位までの表示となる。

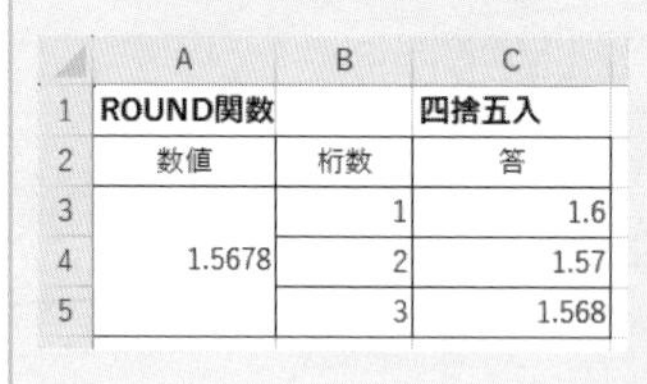

	A	B	C
1	ROUND関数		四捨五入
2	数値	桁数	答
3		1	1.6
4	1.5678	2	1.57
5		3	1.568

3-2-2 切り捨ての計算

数値を「切り捨て」にするには、「ROUNDDOWN（ラウンドダウン）関数」を使います。

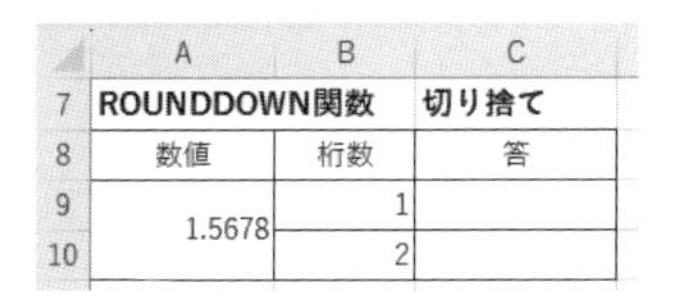

	A	B	C
7	ROUNDDOWN関数		切り捨て
8	数値	桁数	答
9	1.5678	1	
10		2	

●セル「A9」の数値「1.5678」を、小数点以下第2位を切り捨てにして、小数点以下第1位までの表示とします。

まず、セル「C9」→「関数の挿入」→関数の一覧から「ROUNDDOWN」を選択してください。

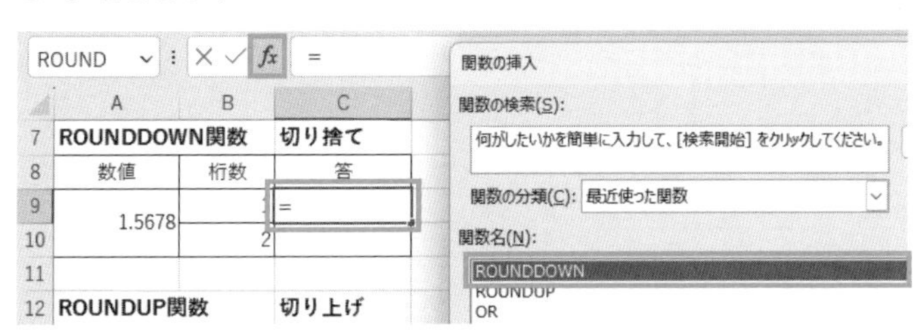

関数のダイアログボックスが表示されました。「数値」の欄をクリックして、「1.5678」の数値が入力されているセル「A9」をクリックすると、セル番号「A9」が表示されます。「桁数」の欄には数字の「1」を入力します。小数点以下第1位までを表示する、という意味です。

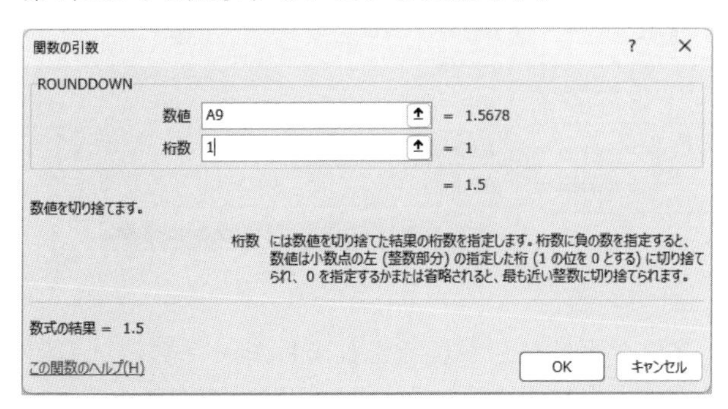

数値「1.5678」を、小数点以下第2位を切り捨てて小数点以下第1位までの表示としました。

同様に、ROUNDDOWN関数を使って、「桁数」を「2」にした計算をしてみましょう。セル「C10」をクリックして「ROUNDDOWN」を選択し、「数値」の欄にカーソルを置いて「A9」をクリック、「桁数」の欄をクリックして「2」と入力、「OK」をクリックします。

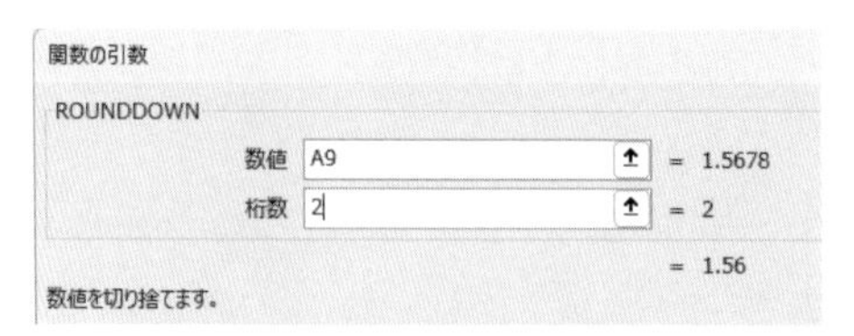

小数点以下第3位を切り捨てにして、小数点以下第2位までの表示となりました。

3-2-3 切り上げの計算

数値を「切り上げ」にするには、「ROUNDUP（ラウンドアップ）関数」を使います。

	A	B	C
12	ROUNDUP関数		切り上げ
13	数値	桁数	答
14	1.5678	1	
15		2	

セル「A14」の数値「1.5678」を、小数点以下第2位を切り上げにして、小数点以下第1位までの表示とします。

セル「C14」→「関数の挿入」→関数の一覧から「ROUNDUP」を選択してください。

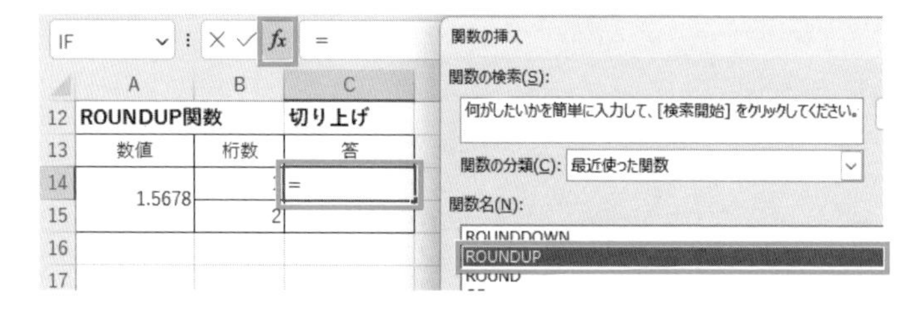

関数のダイアログボックスが表示されました。「数値」の欄をクリックして、「1.5678」の数値が入力されているセル「A14」をクリックします。「桁数」の欄には数字の「1」を入力します。小数点以下第1位までを表示する、という意味です。

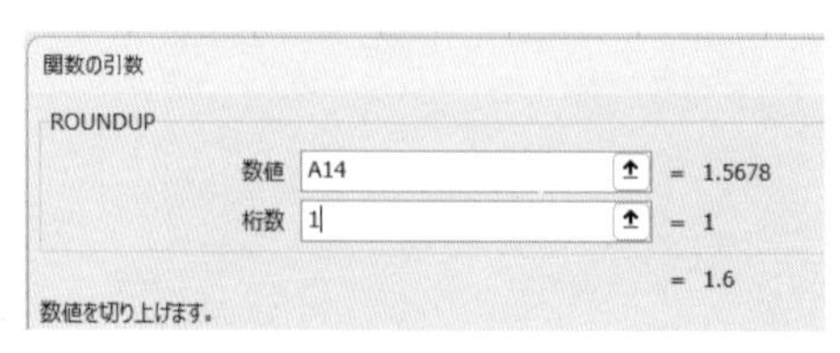

数値「1.5678」を、小数点以下第2位を切り上げて小数点以下第1位までの表示としました。

同様に、ROUNDUP関数を使って、「桁数」を「2」にした計算をしてみましょう。 セル「C15」をクリックして「ROUNDUP」を選択し、「数値」の欄にカーソルを置いて「A14」をクリック、「桁数」の欄をクリックして「2」と入力、「OK」をクリックします。

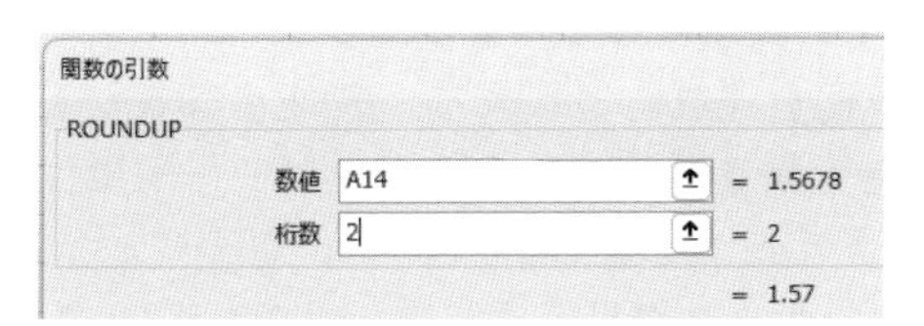

小数点以下第3位を切り上げにして、小数点以下第2位までの表示となりました。

ROUND関数（四捨五入）、ROUNDDOWN関数（切り捨て）、ROUNDUP関数（切り上げ）と桁数の関係は以下のようになります。

	A	B	C
1	**ROUND関数**		**四捨五入**
2	数値	桁数	答
3		1	1.6
4	1.5678	2	1.57
5		3	1.568
6			
7	**ROUNDDOWN関数**		**切り捨て**
8	数値	桁数	答
9	1.5678	1	1.5
10		2	1.56
11			
12	**ROUNDUP関数**		**切り上げ**
13	数値	桁数	答
14	1.5678	1	1.6
15		2	1.57

3-2-4 「千」の位までを表示するには？

ROUND／ROUNDDOWN／ROUNDUP関数で、小数点以下の桁数を指定する場合は、「1,2,3,...」という数字を使いました。では計算結果を「千の位」「百の位」までの表示にするには、どうしたらよいのでしょうか？

●計算結果を「千」の位までの表示にしてみましょう。

「980円」の商品が「27個」売れたとします。売上金額を計算するには「980×27」ですが、計算した売上金額を「百の位を切り上げて千円単位の金額」で表示してみましょう。

どこでもいいので、任意のセルをクリックして、「ROUNDUP」を選択します。数値の欄には、計算式「980*27」と入力します。かけ算の答えは「26460」と表示されます。桁数の欄には、「-3」と入力してみてください。計算結果はどうなりましたか？

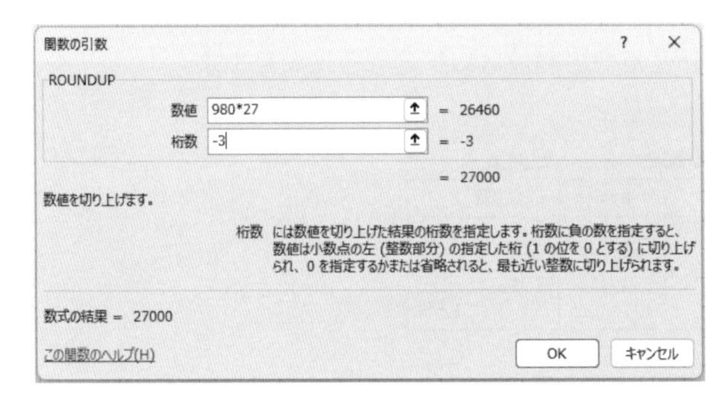

桁数に「-」（マイナス）の記号をつけることで、「十の位」「百の位」「千の位」までの表示にすることができます。

3-2-5 ROUND ／ ROUNDDOWN ／ ROUNDUP 関数の練習問題

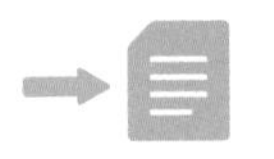

「2 関数」のシート「練習問題」を開いてください。

以下のデータを使って、「売上金額」「小計」「消費税額」「税込金額」を計算してみましょう。なお、「消費税」は10%とし、小数点以下を切り捨てて1円の位までで計算してください。金額の数値には桁区切りを設定してください。

	A	B	C	D
1		単価	数量	売上金額
2	みかん1袋	298	20	
3	いちご1パック	498	16	
4		小　計		
5		消費税（10%）		
6		税込金額		

「単価×数量」で「売上金額」を計算します。

	A	B	C	D
1		単価	数量	売上金額
2	みかん1袋	298	20	=B2*C2
3	いちご1パック	498	16	
4		小　計		
5		消費税（10%）		
6		税込金額		

セル「D3」までオートフィルします。

	A	B	C	D
1		単価	数量	売上金額
2	みかん1袋	298	20	5960
3	いちご1パック	498	16	7968
4		小　計		
5		消費税（10%）		
6		税込金額		

セル「D4」の「小計」は、オートSUMを使って計算します。

ROUNDUP　=SUM(D2:D3)

	A	B	C	D	E
1		単価	数量	売上金額	
2	みかん1袋	298	20	5960	
3	いちご1パック	498	16	7968	
4		小　計		=SUM(D2:D3)	
5		消費税（10%）		SUM(数値1, [数値2], ...)	
6		税込金額			

「消費税（10%）」の金額を計算します。　計算式は「小計×10%」です。 このとき、ROUNDDOWN関数を使って、小数点以下を切り捨てます。

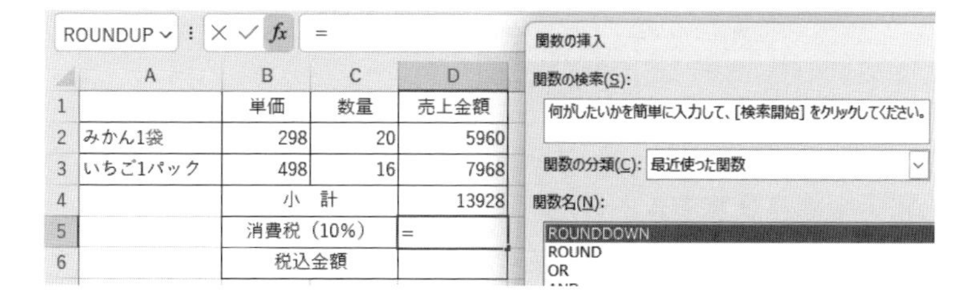

「数値」欄には「D4*10%」という計算式を入力し、「桁数」欄には「0」と入力します。

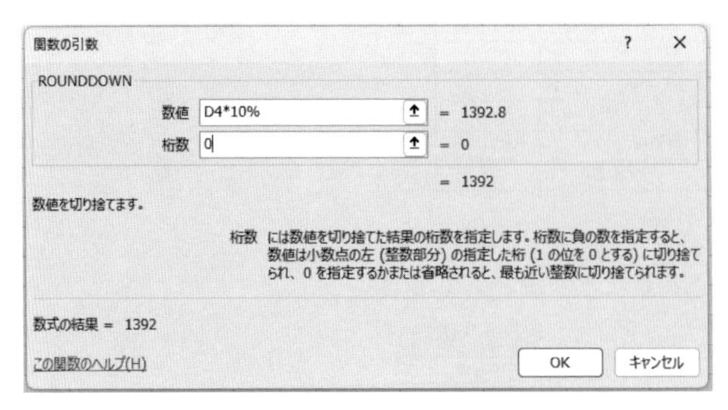

「1392.8」円の小数点以下の数値が切り捨てになり、「1392」円となりました。

消費税の計算を、単純にかけ算で「D4*10%」と計算すると、「桁区切り」にした際に四捨五入されて1円繰り上がってしまう場合があります。それを避けるために、切り捨てにするROUNDDOWN関数を使います。

「税込金額」は、オートSUMを使って計算します。セル「D6」をクリックして、オートSUMボタンをクリック、セル「D4」から「D5」までをドラッグして、Enterキーを押します。

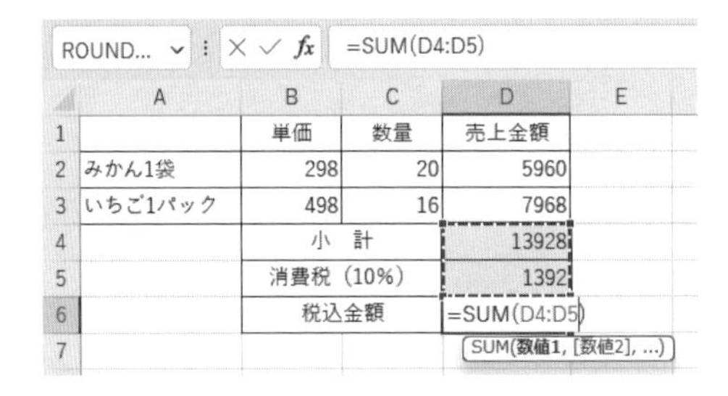
ROUND... =SUM(D4:D5)

	A	B	C	D	E
1		単価	数量	売上金額	
2	みかん1袋	298	20	5960	
3	いちご1パック	498	16	7968	
4		小　計		13928	
5		消費税（10%）		1392	
6		税込金額		=SUM(D4:D5)	
7				SUM(数値1, [数値2], ...)	

税込金額が計算できました。

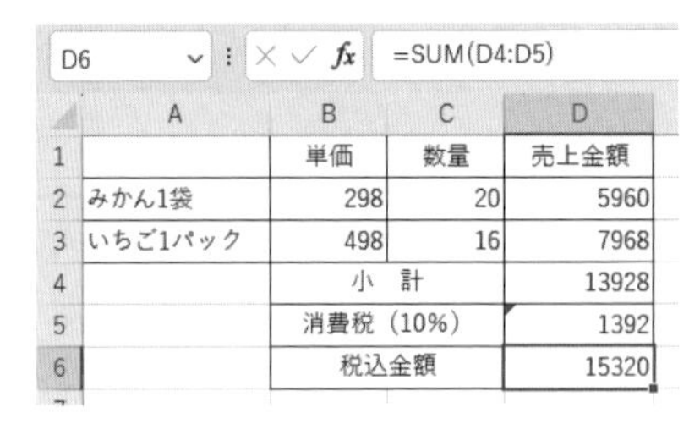
D6 =SUM(D4:D5)

	A	B	C	D
1		単価	数量	売上金額
2	みかん1袋	298	20	5960
3	いちご1パック	498	16	7968
4		小　計		13928
5		消費税（10%）		1392
6		税込金額		15320

金額の数値に「桁区切り」を設定します。

	A	B	C	D
1		単価	数量	売上金額
2	みかん1袋	298	20	5,960
3	いちご1パック	498	16	7,968
4		小　計		13,928
5		消費税（10%）		1,392
6		税込金額		15,320

確　認

Excelを使って、次のような計算が正しくできますか?

- セールで20%OFFは何割引ですか?　　答：2割引
- 1,000円の商品の2割引はいくらですか?　　答：800円
- 1,000円の2割引を求める計算をExcelを使ってできますか?

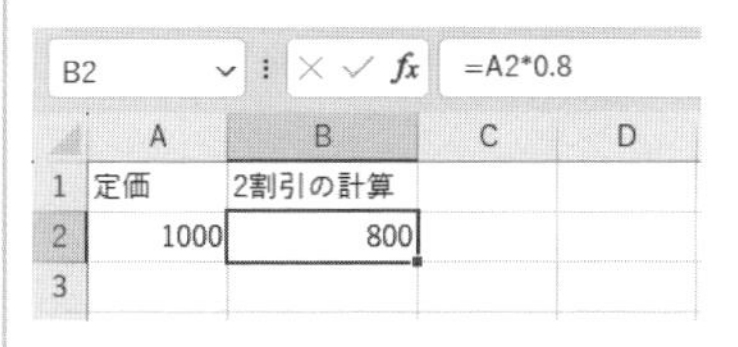

B2　=A2*0.8

	A	B	C	D
1	定価	2割引の計算		
2	1000	800		
3				

- 2割増を求めるのはどんな計算式になるでしょうか?

B2　=A2*1.2

	A	B	C	D
1	定価	2割増の計算		
2	1000	1200		
3				

✓チェック

「○割」「○%」「小数」、それぞれの表示方法を整理しておきましょう。

- 2割=20%=0.2
- 5割=50%=0.5
- 100%は ○割?　　答：10割
- 1.2は　○○○%　　答：120%

3-3 試験によく出る値の計算

日商PC検定では、割合の計算は小数点以下第1位までの表示とします。

3-3-1 対前年比の計算

「3 計算」のシート「対前年比」を開いてください。

	A	B	C	D
1	2023年度　出荷数			
2				
3		前年度実績	本年度実績	対前年比
4	バラ	1,680	1,950	
5	カーネーション	2,680	2,400	
6	ユリ	1,940	1,980	
7	パンジー	1,300	1,450	

今年度の数字と前年度の数字を使って、「対前年比」を計算してみましょう。対前年比は「本年度実績÷前年度実績」で求められます。

ROUND... | =C4/B4

	A	B	C	D
1	2023年度　出荷数			
2				
3		前年度実績	本年度実績	対前年比
4	バラ	1,680	1,950	=C4/B4
5	カーネーション	2,680	2,400	
6	ユリ	1,940	1,980	
7	パンジー	1,300	1,450	

「前」の数字で割る、と覚えましょう!

- 対前年比　「前年」の数字で割る　=今年÷前年
- 対前月比　「前月」の数字で割る　=今月÷前月
- 対前期比　「前期」の数字で割る　=今期÷前期

セル「D4」の計算式を、セル「D7」までオートフィルして、小数点以下第1位までのパーセントスタイルにしてください。

D4 | =C4/B4

	A	B	C	D
1	2023年度　出荷数			
2				
3		前年度実績	本年度実績	対前年比
4	バラ	1,680	1,950	116.1%
5	カーネーション	2,680	2,400	89.6%
6	ユリ	1,940	1,980	102.1%
7	パンジー	1,300	1,450	111.5%

3-3-2 達成率の計算

「3 計算」のシート「達成率」を開いてください。

	A	B	C	D
1	4月　販売台数実績			
2				
3		販売目標台数	販売台数実績	目標達成率（%）
4	軽自動車	250	289	
5	普通乗用車	200	197	
6	ワゴン車	130	146	

●販売目標台数に対して実際にどれだけ販売したか？　目標達成率を計算してみましょう。

目標達成率は「実績÷目標」で求められます。

ROUND...　=C4/B4

	A	B	C	D
1	4月　販売台数実績			
2				
3		販売目標台数	販売台数実績	目標達成率（%）
4	軽自動車	250	289	=C4/B4
5	普通乗用車	200	197	
6	ワゴン車	130	146	

今回の問題では、「D3」のセルに「目標達成率（%）」と「%」が入力されています。この場合、達成率の数字には「○○.○%」のように「%」の記号は付けないで、「○○.○」と数字のみを表示させます。どのような計算をすれば、「%」の記号を付けなくてもいい計算ができるでしょうか？

ROUND...　=C4/B4*100

	A	B	C	D
1	4月　販売台数実績			
2				
3		販売目標台数	販売台数実績	目標達成率（%）
4	軽自動車	250	289	=C4/B4*100
5	普通乗用車	200	197	
6	ワゴン車	130	146	

表の項目に「%」があるときは「×100」をします。

できあがった計算式をセル「D6」までオートフィルします。

	A	B	C	D
1	4月　販売台数実績			
2				
3		販売目標台数	販売台数実績	目標達成率（%）
4	軽自動車	250	289	115.6
5	普通乗用車	200	197	98.5
6	ワゴン車	130	146	112.3076923
7				

●小数点以下の桁数を、第1位までの表示にしてみましょう。

「小数点以下の表示桁数を増やす」ボタンを1回クリックすると、全体の桁が揃います。

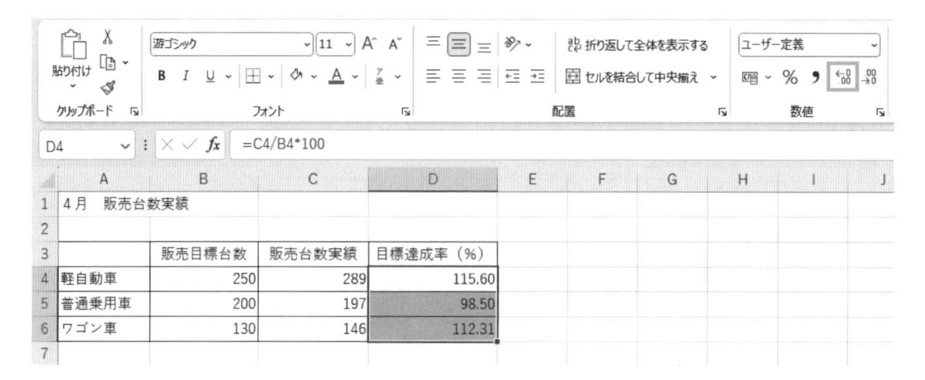

続けて、「小数点以下の表示桁数を減らす」ボタンを1回クリックして桁を減らします。

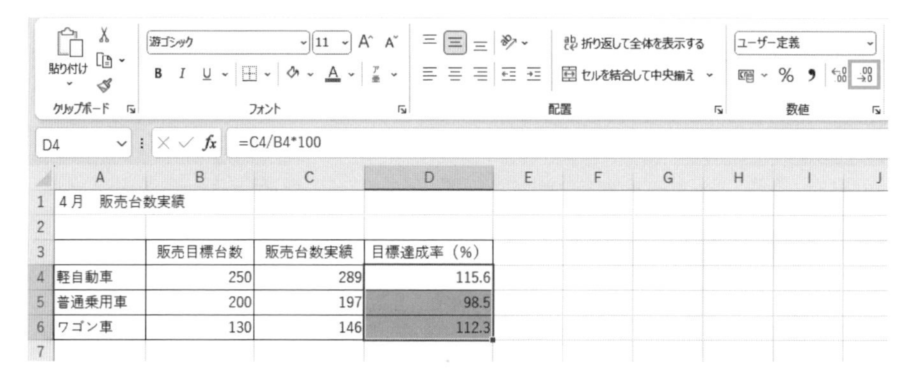

3-3-3 伸び率の計算

「3 計算」のシート「対前年比」を開いてください。

セル「E3」に「伸び率（%）」と入力して、伸び率を計算してみましょう。

	A	B	C	D	E
1	2023年度　出荷数				
2					
3		前年度実績	本年度実績	対前年比	伸び率（%）
4	バラ	1,680	1,950	116.1%	
5	カーネーション	2,680	2,400	89.6%	
6	ユリ	1,940	1,980	102.1%	
7	パンジー	1,300	1,450	111.5%	

「伸び率」とは、本年度の実績から前年度の実績を引いて、その差が前年度の実績に対して、どれくらい伸びたか、または減ったか、を割合で表したものをいいます。計算式は、「（本年度実績－前年度実績）÷前年度実績×100」です。

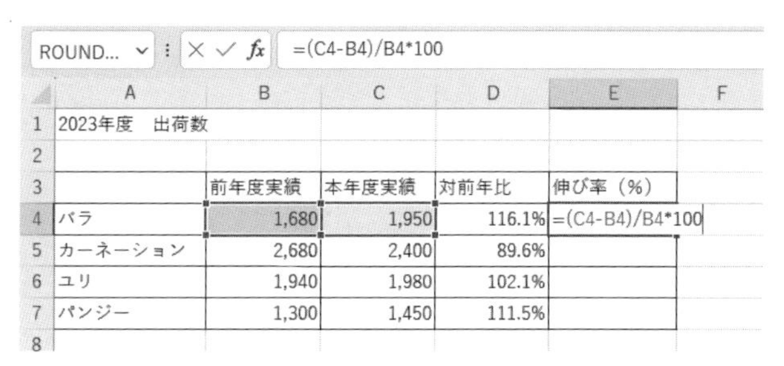

	A	B	C	D	E	F
1	2023年度　出荷数					
2						
3		前年度実績	本年度実績	対前年比	伸び率（%）	
4	バラ	1,680	1,950	116.1%	=(C4-B4)/B4*100	
5	カーネーション	2,680	2,400	89.6%		
6	ユリ	1,940	1,980	102.1%		
7	パンジー	1,300	1,450	111.5%		
8						

セル「E7」までオートフィルして、小数点以下の桁数を第1位までの表示にします。

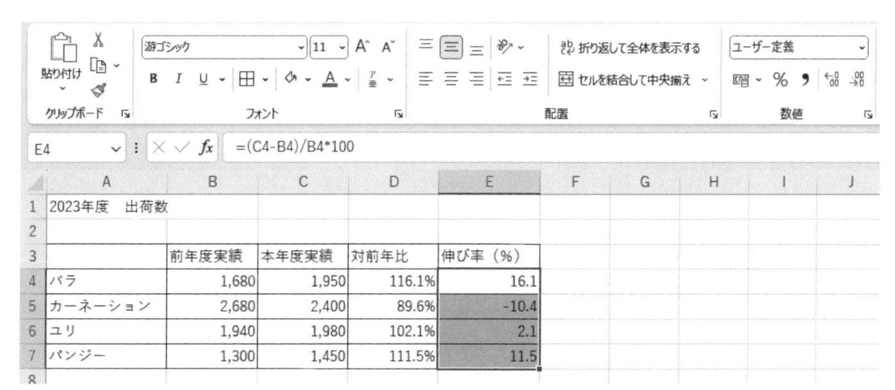

	A	B	C	D	E	F	G	H	I	J
1	2023年度　出荷数									
2										
3		前年度実績	本年度実績	対前年比	伸び率（%）					
4	バラ	1,680	1,950	116.1%	16.1					
5	カーネーション	2,680	2,400	89.6%	-10.4					
6	ユリ	1,940	1,980	102.1%	2.1					
7	パンジー	1,300	1,450	111.5%	11.5					

本年度の実績の方が多ければ、伸び率は「プラス」になります。逆に、本年度の実績が前年度よりも少ないと、伸び率は「マイナス」となります。

3-3-4 構成比の計算

「3 計算」のシート「達成率」を開いてください。

●セル「E3」に「構成比（%）」と入力して、販売台数実績の構成比（%）を計算してみましょう。

	A	B	C	D	E
1	4月　販売台数実績				
2					
3		販売目標台数	販売台数実績	目標達成率（%）	構成比（%）
4	軽自動車	250	289	115.6	
5	普通乗用車	200	197	98.5	
6	ワゴン車	130	146	112.3	

構成比（%）を計算する際に、必ず必要なものである「販売台数実績」の「合計」を計算します。表に、下図のように「合計」の行を追加します。セル「C7」には、オートSUMを使って販売台数実績の合計を計算してください。

C7　=SUM(C4:C6)

	A	B	C	D	E
1	4月　販売台数実績				
2					
3		販売目標台数	販売台数実績	目標達成率（%）	構成比（%）
4	軽自動車	250	289	115.6	
5	普通乗用車	200	197	98.5	
6	ワゴン車	130	146	112.3	
7	合計		632		

セル「E4」に、構成比の計算をします。「合計」のセルは「絶対参照」にします。

ROUND...　=C4/$C$7*100

	A	B	C	D	E
1	4月　販売台数実績				
2					
3		販売目標台数	販売台数実績	目標達成率（%）	構成比（%）
4	軽自動車	250	289	115.6	=C4/$C$7*100
5	普通乗用車	200	197	98.5	
6	ワゴン車	130	146	112.3	
7	合計		632		

注意 「合計」のセルには絶対参照の「$」を忘れないようにしましょう。

セル「E7」までオートフィルして、小数点以下の桁数を第1位までの表示にします。

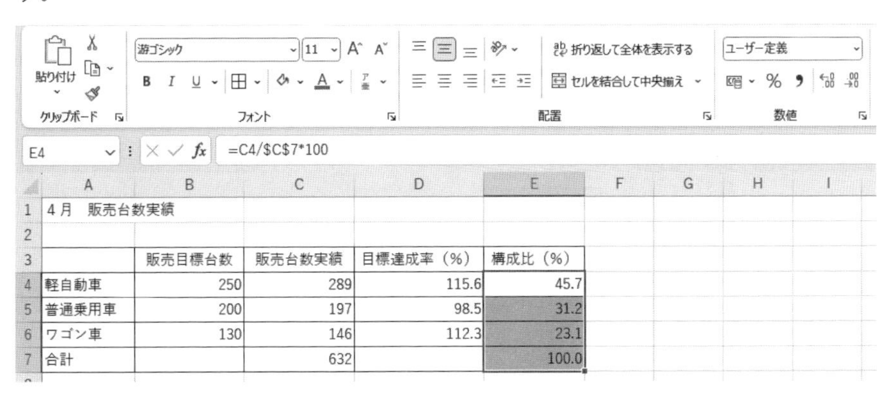

	A	B	C	D	E
1	4月　販売台数実績				
2					
3		販売目標台数	販売台数実績	目標達成率（%）	構成比（%）
4	軽自動車	250	289	115.6	45.7
5	普通乗用車	200	197	98.5	31.2
6	ワゴン車	130	146	112.3	23.1
7	合計		632		100.0

3-3-5 原価率の計算

「利益」「原価」「売上金額」を計算してみましょう。

「3 計算」のシート「原価と利益」を開いてください。

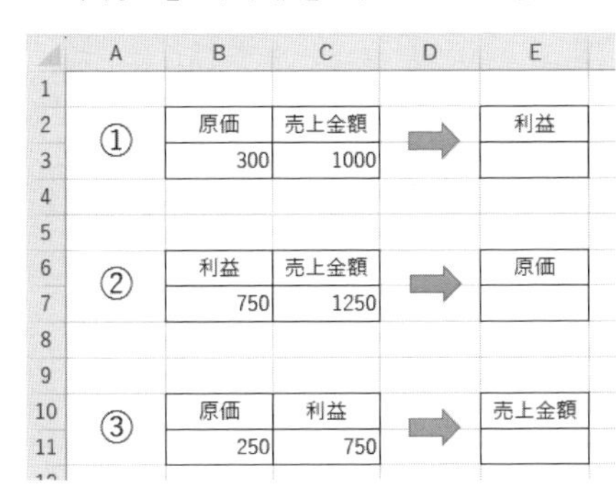

	A	B	C	D	E
2	①	原価	売上金額	➡	利益
3		300	1000		
6	②	利益	売上金額	➡	原価
7		750	1250		
10	③	原価	利益	➡	売上金額
11		250	750		

それぞれの計算式は、以下の通りになります。原価と利益・売上金額の関係を覚えましょう。

- 利益＝売上金額－原価
- 原価＝売上金額－利益
- 売上金額＝原価＋利益

	A	B	C	D	E
2	①	原価	売上金額	➡	利益
3		300	1000		=C3-B3
6	②	利益	売上金額	➡	原価
7		750	1250		=C7-B7
10	③	原価	利益	➡	売上金額
11		250	750		=B11+C11

計算結果は、次の通りです。正しい計算ができましたか?

	A	B	C	D	E
1					
2	①	原価	売上金額	➡	利益
3		300	1000		700
4					
5					
6	②	利益	売上金額	➡	原価
7		750	1250		500
8					
9					
10	③	原価	利益	➡	売上金額
11		250	750		1,000

次に、以下の表を使って、「原価率(%)」を計算してみましょう。

「3 計算」のシート「原価率」を開いてください。

	A	B	C	D
1				
2		売上金額(円)	売上原価(円)	原価率(%)
3	パソコン	3,419,000	2,624,500	
4	OAデスク	897,000	657,000	
5	プリンタ	1,876,000	1,359,000	
6	FAX	892,000	744,000	

原価率とは、原価を売上金額で割ったものです。「売上原価÷売上金額」で計算します。

ROUND... | =C3/B3*100

	A	B	C	D
1				
2		売上金額(円)	売上原価(円)	原価率(%)
3	パソコン	3,419,000	2,624,500	=C3/B3*100
4	OAデスク	897,000	657,000	
5	プリンタ	1,876,000	1,359,000	
6	FAX	892,000	744,000	

セル「D6」までオートフィルして、小数点以下第1位までの表示にしてください。

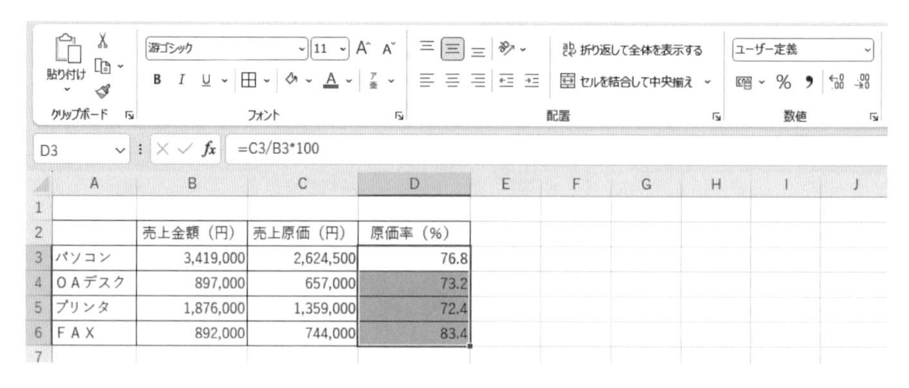

	A	B	C	D
1				
2		売上金額(円)	売上原価(円)	原価率(%)
3	パソコン	3,419,000	2,624,500	76.8
4	OAデスク	897,000	657,000	73.2
5	プリンタ	1,876,000	1,359,000	72.4
6	FAX	892,000	744,000	83.4

3-3-6 利益率の計算

列「E」に、「利益率（%）」の項目を追加して、利益率を計算してみましょう。 利益率とは、利益を売上金額で割ったものです。「利益÷売上金額」という計算式になります。

	A	B	C	D	E
1					
2		売上金額（円）	売上原価（円）	原価率（%）	利益率（%）
3	パソコン	3,419,000	2,624,500	76.8	
4	ＯＡデスク	897,000	657,000	73.2	
5	プリンタ	1,876,000	1,359,000	72.4	
6	ＦＡＸ	892,000	744,000	83.4	

今回の表は、売上金額と売上原価しかわかっていませんので、まず、利益金額を計算しなければいけません。 利益の計算式は「売上金額ー売上原価」ですから、利益率は「（売上金額ー売上原価）÷売上金額×100」で計算できます。

ROUND... =(B3-C3)/B3*100

	A	B	C	D	E	F
1						
2		売上金額（円）	売上原価（円）	原価率（%）	利益率（%）	
3	パソコン	3,419,000	2,624,500	76.8	=(B3-C3)/B3*100	
4	ＯＡデスク	897,000	657,000	73.2		
5	プリンタ	1,876,000	1,359,000	72.4		
6	ＦＡＸ	892,000	744,000	83.4		

セル「E6」までオートフィルして、小数点以下第1位までの表示にしてください。

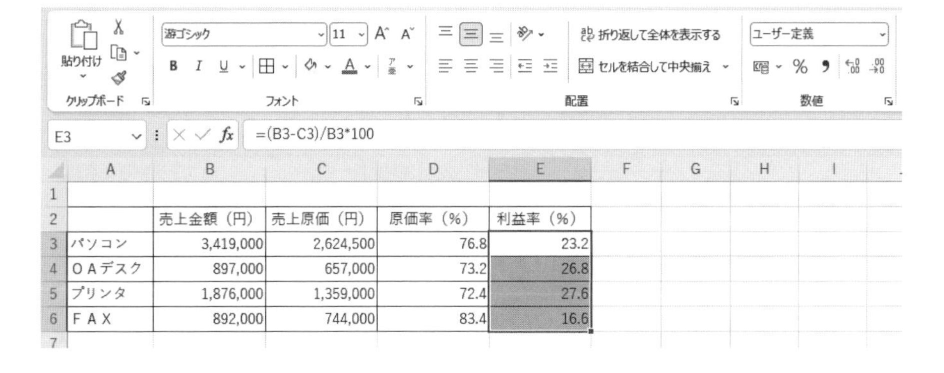

	A	B	C	D	E	F	G	H	I
1									
2		売上金額（円）	売上原価（円）	原価率（%）	利益率（%）				
3	パソコン	3,419,000	2,624,500	76.8	23.2				
4	ＯＡデスク	897,000	657,000	73.2	26.8				
5	プリンタ	1,876,000	1,359,000	72.4	27.6				
6	ＦＡＸ	892,000	744,000	83.4	16.6				
7									

3-4 IF関数

3-4-1 IF関数とは？

「4 IF関数」のシート「テスト判定」を開いてください。

「IF」には「もし…ならば」という意味があります。「IF」関数は、「もし…ならば、こうしなさい、そうでなければこうしましょう」というように、指定された条件に対して、条件に当てはまる場合とそうでない場合の結果を表示させます。

●得点が「50」以上の科目には「合格」と表示してください。また、そうでない（得点が50よりも少ない）科目には「再テスト」と表示させてみましょう。

セル「C3」→「関数の挿入」→「IF」を選択してください。

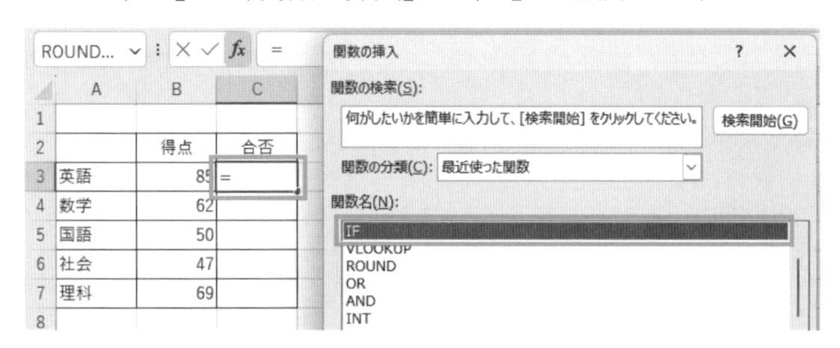

続いて、「論理式」→セル「B3」をクリックしてください。続けてキーボードから「>」と「=」と数字で「50」と入力してください。これで、「B3>=50」という条件が入力されました。この式は、「セル「B3」の数値が50以上」という意味です。

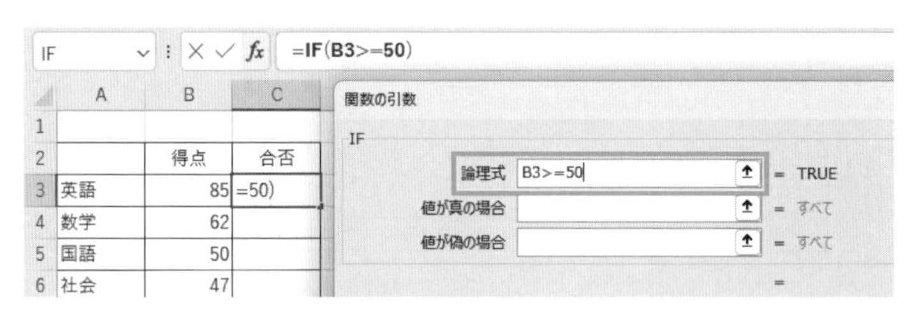

続けて、「値が真の場合」の欄をクリックして、「合格」と入力します。

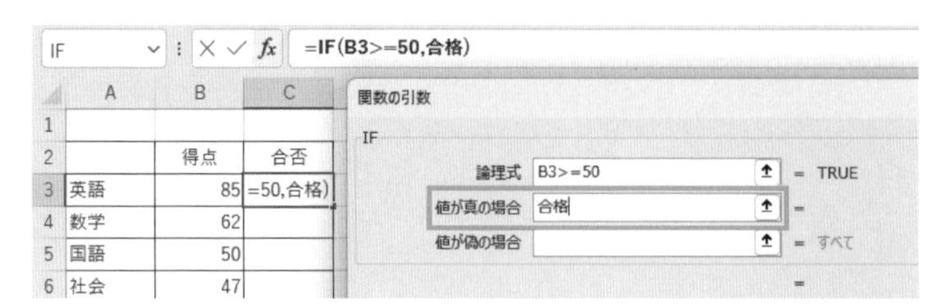

「値が偽の場合」の欄をクリックし、「再テスト」と入力します。「OK」をクリックして完了です。

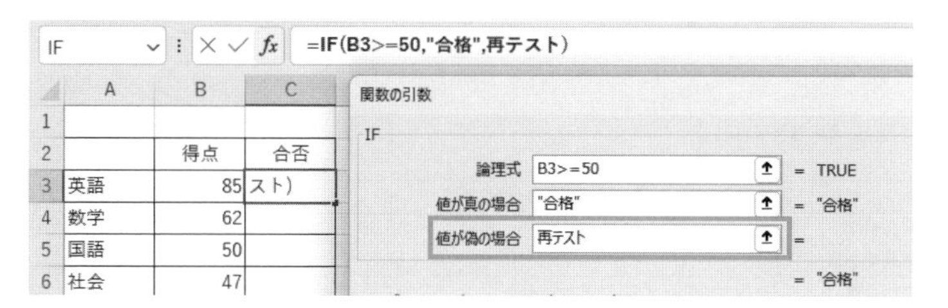

セル「C7」までオートフィルしましょう。得点に応じて、「合格」か「再テスト」の文字が表示されました。

	A	B	C
1			
2		得点	合否
3	英語	85	合格
4	数学	62	合格
5	国語	50	合格
6	社会	47	再テスト
7	理科	69	合格
8			

確　認

得点が「50以上」の科目は「合格」となり、「50よりも少ない」得点の科目は、「再テスト」との結果が表示されました。「論理式」の条件を元に、条件に合う場合と合わない場合の結果を表示させる関数が「IF関数」です。

論理式に使う記号とその意味は、以下の通りです。

論理式に使う記号	条件	意味
>=50	「50」以上	「以上」「以下」という場合は、その数字も含まれます。「50以上」は「50」も該当します。「=」が必要です。
<=50	「50」以下	
>50	「50」より大きい（を超える）	条件式に「=」をつけないと、その数字は含まれません。「50より大きい」場合は、「50」は含まれません。
<50	「50」より小さい（未満）	

3-4-2 IF関数を使った計算式

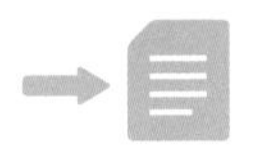

「4 IF関数」のシート「販売実績」を開いてください。

	A	B	C	D	E
1	4月　販売台数実績				
2					
3		販売目標台数	販売台数実績	目標達成率（%）	評価
4	軽自動車	250	289	115.6	
5	普通乗用車	200	197	98.5	
6	ワゴン車	130	146	112.3	

●目標達成率が「100」を超えるものは、「◎」、そうでないものは「×」を表示させてください。

セル「E4」をクリックして、「fx」関数の挿入をクリックします。一覧から「IF」を選択します。

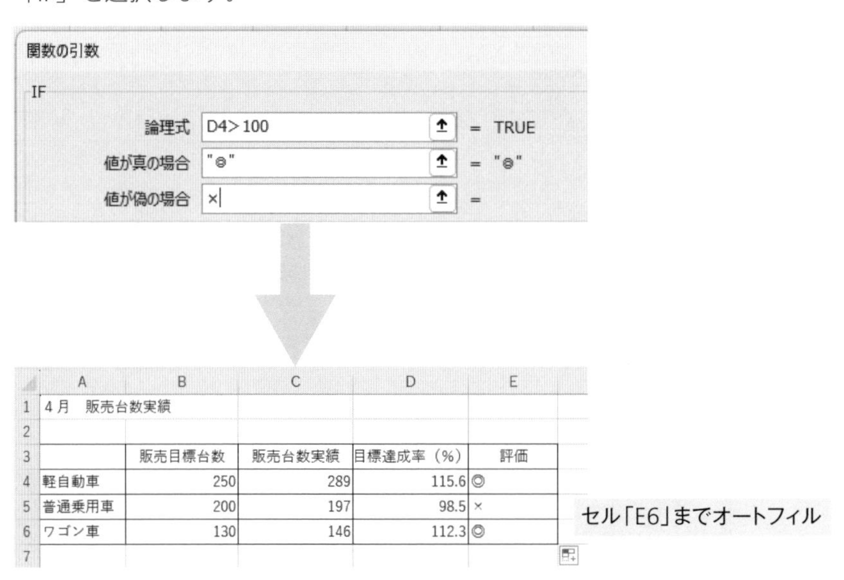

	A	B	C	D	E
1	4月　販売台数実績				
2					
3		販売目標台数	販売台数実績	目標達成率（%）	評価
4	軽自動車	250	289	115.6	◎
5	普通乗用車	200	197	98.5	×
6	ワゴン車	130	146	112.3	◎
7					

確認

- 論理式…D4>100
- 値が真の場合…◎
- 値が偽の場合…×

同じデータを使って、次のようなIF関数の使い方をしてみましょう。

●販売台数実績が販売目標台数を上回っている場合は「○」、そうでない場合は「●」を表示させてください。

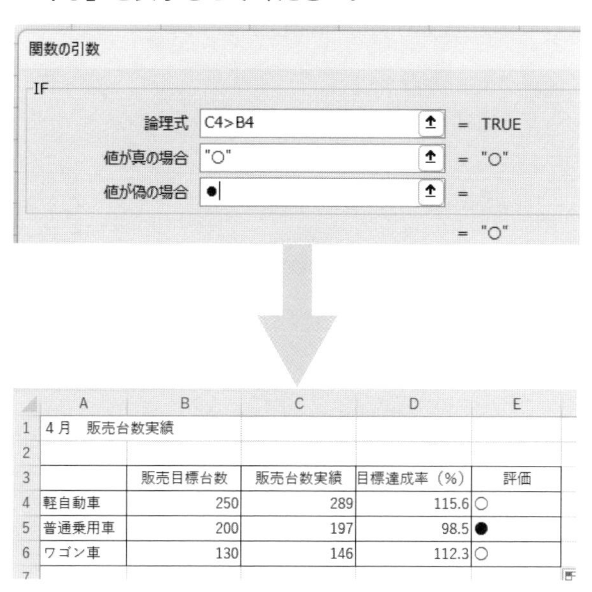

	A	B	C	D	E
1	4月　販売台数実績				
2					
3		販売目標台数	販売台数実績	目標達成率（%）	評価
4	軽自動車	250	289	115.6	○
5	普通乗用車	200	197	98.5	●
6	ワゴン車	130	146	112.3	○

確　認

- 論理式…C4>B4　（C4の数値がB4の数値よりも大きければ）
- 値が真の場合…○
- 値が偽の場合…●

3-4-3

IF 関数のネスト

「4 IF関数」のシート「テスト判定」を開いてください。

列「D」に「レベル」の項目を追加してください。

	A	B	C	D
1				
2		得点	合否	レベル
3	英語	85	合格	
4	数学	62	合格	
5	国語	50	合格	
6	社会	47	再テスト	
7	理科	69	合格	

●レベルの欄に、得点が80点以上なら「★★★」、80点未満65点以上なら「★★」、65点より低い場合は「★」と表示させてください。

結果を3つ（以上）に分けて表示させたい場合、IF関数を「ネスト」して使います。「ネスト」とは、関数の中に関数を使う方法です。

セル「D3」をクリックして、関数「IF」を選択します。「論理式」の欄に「B3>=80」と入力、「値が真の場合」には「★★★」と入力（「ほし」と入力して変換し「★」の記号を選択）してください。

「値が偽の場合」の欄をクリックしたら、ここで2つ目のIF関数を使います。

関数の名前ボックスの横にある三角ボタンをクリックし、関数の一覧が表示されたら、「IF」をクリックして選択します（一覧に「IF」が見つからない場合は、「その他の関数」をクリックして一覧から探します）。

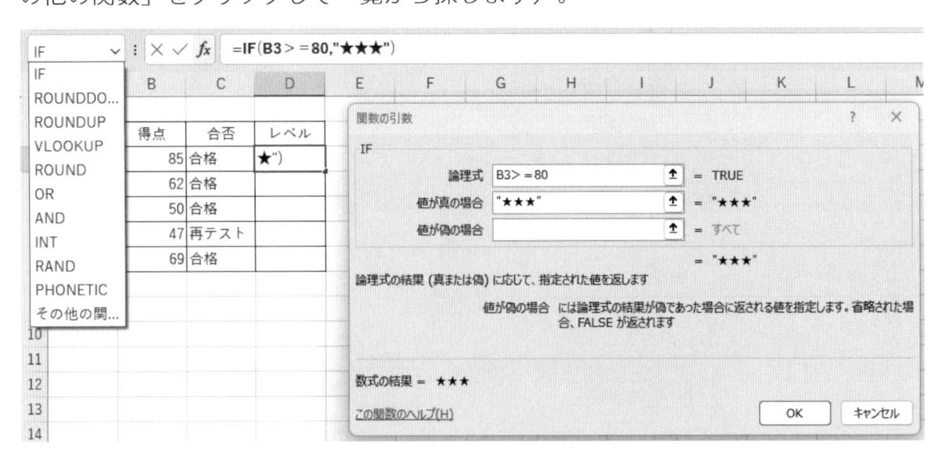

確認

論理式の条件は
「得点>=80」なら「★★★」
「得点>=65」なら「★★」
「得点<65」なら「★」
の3つに分かれます。

2つ目のIF関数のダイアログボックスが開きました。

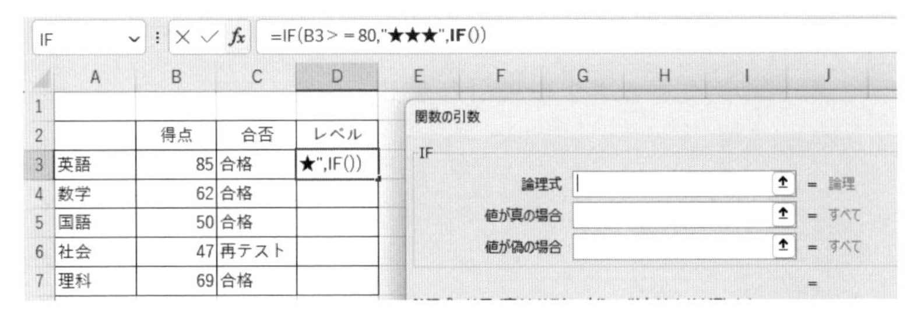

2つ目のIF関数の「論理式」「値が真の場合」「値が偽の場合」は、以下のように入力します。入力できたら、「OK」をクリックします。

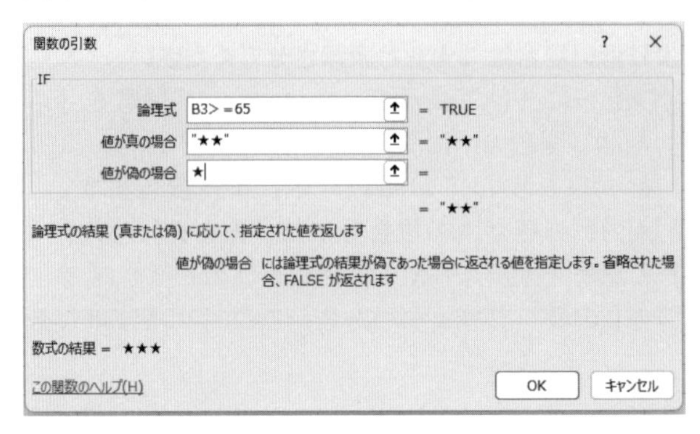

確　認

- 論理式「B3>=65」
- 値が真の場合「★★」
- 値が偽の場合「★」

1つ目のIF関数で、「80点以上」を条件にしているので、2つ目のIF関数の条件は「65点以上」とします。すると、2つ目の「値が偽の場合」は、自動的に「65点よりも少ない」場合となります。計算式をオートフィルすると、結果は以下の通りとなります。

	A	B	C	D
1				
2		得点	合否	レベル
3	英語	85	合格	★★★
4	数学	62	合格	★
5	国語	50	合格	★
6	社会	47	再テスト	★
7	理科	69	合格	★★

IF関数をネストした計算式を数式バーで確認すると、以下のようになります。数式バー上にある計算式をクリックして、左の「fx」ボタンをクリックすると、IF関数のダイアログボックスが再度開くので、計算式を確認・修正することができます。

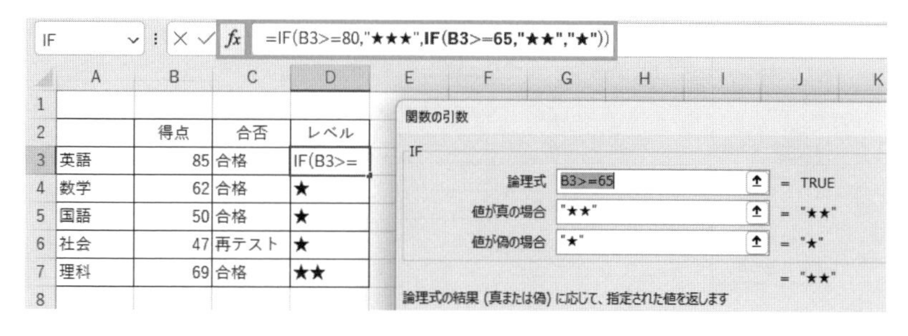

IF関数の結果を、「3つ以上」に分けて表示したい場合は、IF関数をネスト（組み合わせ）して、使います。

3-4-4 IF関数とAND関数を使う

関数「IF」に、「AND関数」を組み合わせて使う計算方法を練習しましょう。列「E」に「評価」の項目を追加してください。

	A	B	C	D	E
1					
2		得点	合否	レベル	評価
3	英語	85	合格	★★★	
4	数学	62	合格	★	
5	国語	50	合格	★	
6	社会	47	再テスト	★	
7	理科	69	合格	★★	

●合否欄が「合格」で、なおかつレベルが「★★★」の科目には、「優」と表示させてください。そうでない科目には、何も表示されないように設定してください。

今回の問題では、論理式に使う条件が「2つ」あります。このように条件が複数になる場合は、IF関数に「AND関数」をネストして使います。セル「E3」→「関数の挿入」→「IF」を選択してください。

続けて、関数の名前ボックスの右の三角をクリックし、「AND」を選択します（ANDが見つからない場合は、「その他の関数」をクリック）。

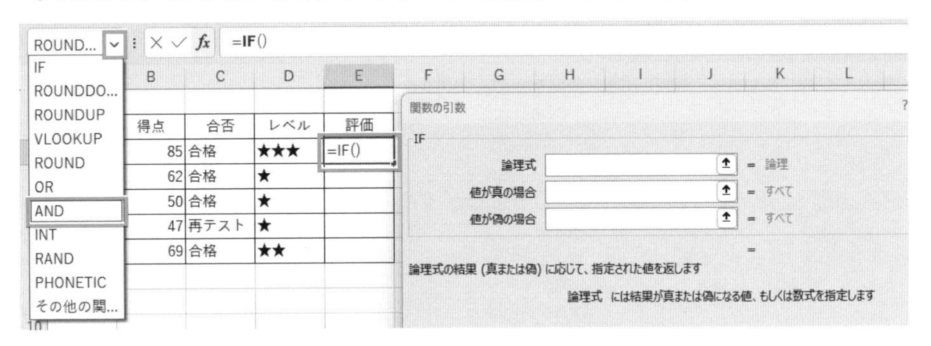

「AND」関数のダイアログボックスが開きます。それぞれの条件を入力します。論理式1 には「C3」をクリックして「="合格"」と入力します。続けて、論理式2 には「D3」をクリックして「="★★★"」と入力します。

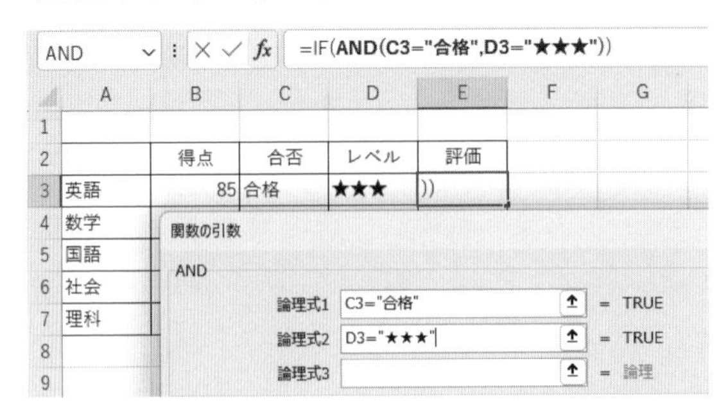

2つの条件が入力できたら、「OK」を押さず、最初の「IF関数に戻る」ため、数式バーの「IF」の文字をクリックします。

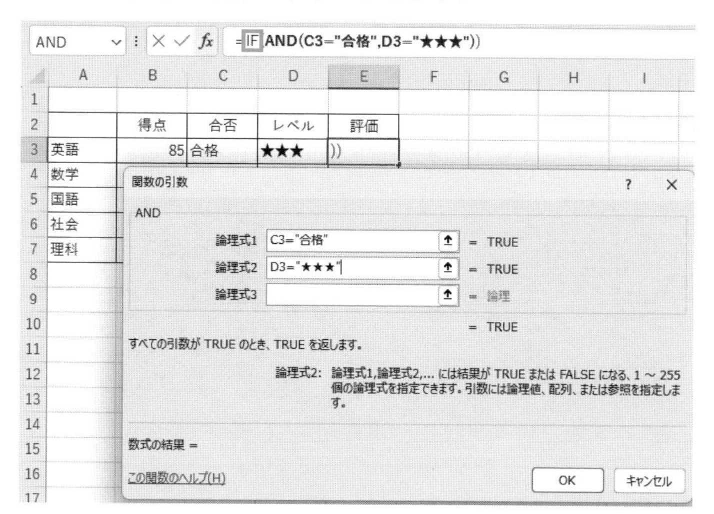

関数の引数ダイアログボックスが、「IF」に戻りました。IF関数のダイアログボックスで、次の条件を入力します。

- 値が真の場合…「優」と入力
- 値が偽の場合… 「" "」ダブルクォーテーションの記号を2つ入力（「何も表示しない」という意味）

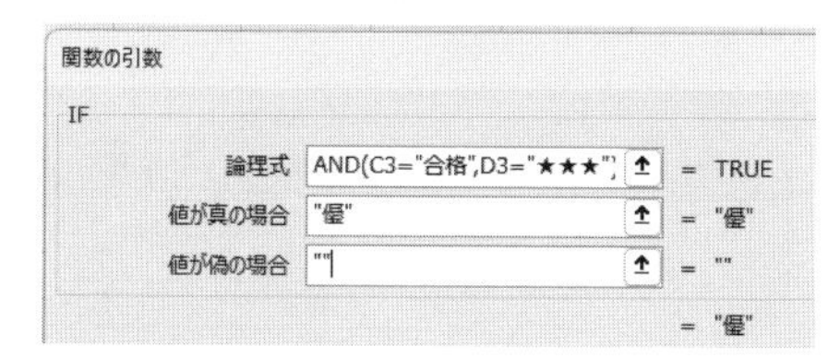

「OK」ボタンをクリックして、IF関数とAND関数の完成です。 オートフィルしてみましょう。

E4　=IF(AND(C4="合格",D4="★★★"),"優","")

	A	B	C	D	E
1					
2		得点	合否	レベル	評価
3	英語	85	合格	★★★	優
4	数学	62	合格	★	
5	国語	50	合格	★	
6	社会	47	再テスト	★	
7	理科	69	合格	★★	
8					

何も表示されていませんが、セル「E4」から「E7」は空白セルではありません。 セルをクリックすると、計算に使用しているIF関数が数式バーに表示されているのが確認できます。

「値が真の場合」「値が偽の場合」の欄に文字を入力すると、自動的に「" "」で囲んでくれます。 ただ、何も表示しない、という場合は、空白にするのではなくて、「何の文字も入力しません」という意味で、「" "」だけを入力します。これは「IF関数」の決まり事です。

3-5 VLOOKUP関数

「5 VLOOKUP関数」のシート「原価」を開いてください。

検索する関数「VLOOKUP」（ブイルックアップ）の使い方を練習します。

	A	B	C	D	E	F	G	H
1							原価率表	
2	商品名	販売単価	原価（円）			商品コード	商品名	原価率
3	焼酎	1,800				AC-0023	ビール	40%
4	ウィスキー	3,800				AC-0045	発泡酒	35%
5	吟醸酒	4,200				BD-0112	吟醸酒	50%
6	ビール	250				BD-0134	焼酎	43%
7	ブランデー	5,600				CE-0223	ブランデー	30%
8	発泡酒	180				CE-0245	ウィスキー	35%
9	ウォッカ	4,000				CE-0267	ウォッカ	38%
10								

3-5-1 VLOOKUP 関数の使い方

原価率表を元に、「原価（円）」を計算してみましょう。右の原価率表と左の表では、商品名の並び順が違うことに着目してください。原価（円）は、「販売単価×原価率」で計算しますが、「C3」の計算式をオートフィルすると、違う商品の原価率を使って計算されてしまいます。この方法では、ひとつずつ「販売単価×原価率」の計算をしなければいけません。

AND　fx　=B3*H6

	A	B	C	D	E	F	G	H
1							原価率表	
2	商品名	販売単価	原価（円）			商品コード	商品名	原価率
3	焼酎	1,800	=B3*H6			AC-0023	ビール	40%
4	ウィスキー	3,800				AC-0045	発泡酒	35%
5	吟醸酒	4,200				BD-0112	吟醸酒	50%
6	ビール	250				BD-0134	焼酎	43%
7	ブランデー	5,600				CE-0223	ブランデー	30%
8	発泡酒	180				CE-0245	ウィスキー	35%
9	ウォッカ	4,000				CE-0267	ウォッカ	38%
10								

ここで使うのが「VLOOKUP関数」です。各商品名に応じた「原価率」を使って計算することができます。関数の挿入より、「VLOOKUP」を選択します。

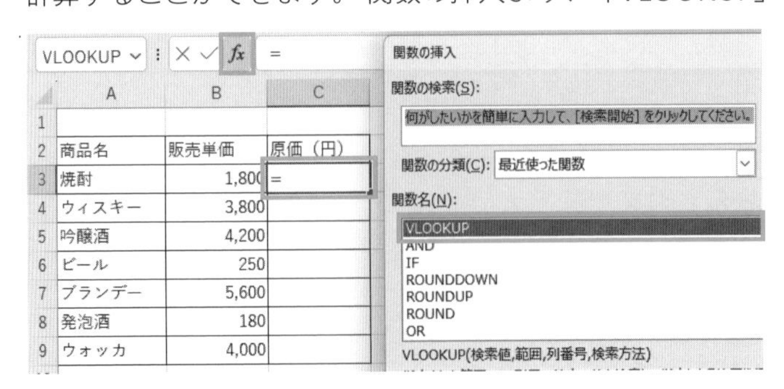

「検索値」のボックスの中をクリックして、セル「A3」をクリックしてください。

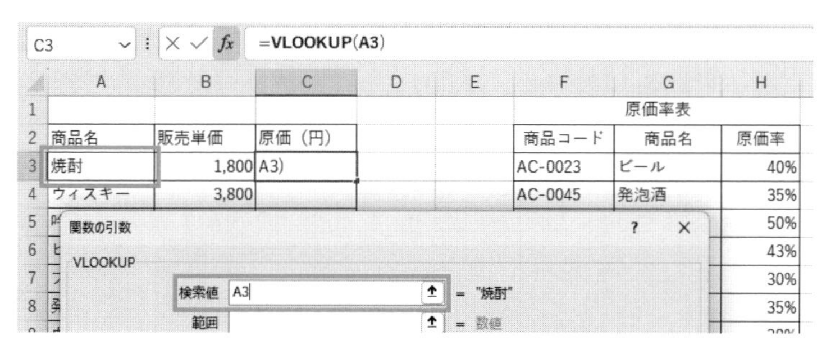

A列の商品名を元に原価率を検索するので、検索に使うセルには「A3」を選択します。

続けて、「範囲」のボックスの中をクリックして、セル「G3」から「H9」までをドラッグし、F4キーを押して絶対参照にします。

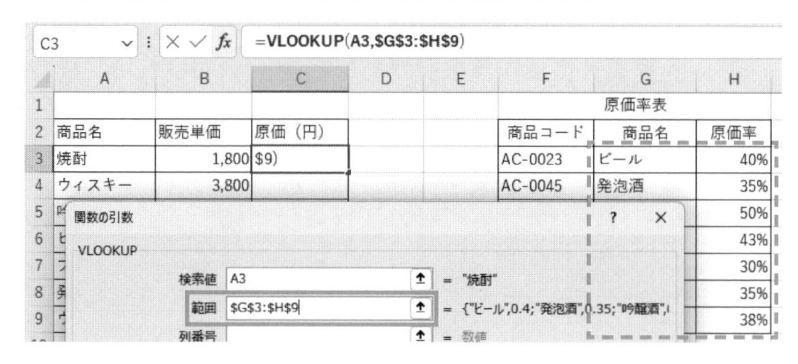

「範囲」には「商品コード」の列は含みません。 商品名を元に原価率を検索するので商品コードは不要です。

「列番号」のボックスの中をクリックして、数値の「2」を入力し、「検索方法」のボックスには、数値の「0」を入力し、「OK」をクリックします。

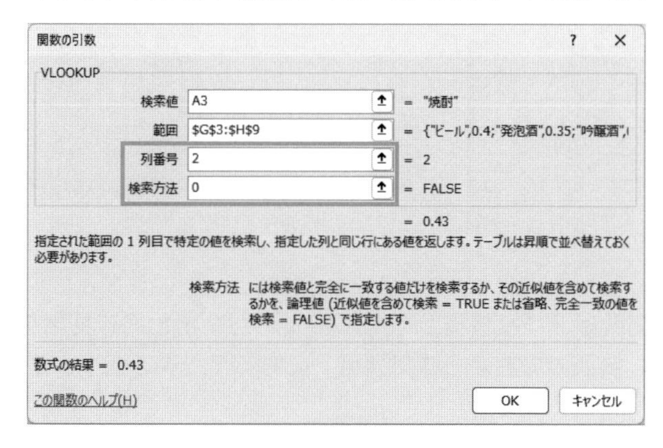

- 列番号…選択した範囲の中の左から何列目のデータを検索するか、を指定します。今回、原価率は「2列目」にあるので、列番号は「2」と入力します。
- 検索方法…3級の試験では、必ず「0」を入力します。「0」以外を使う方法もありますが、3級では必要ありませんので、今は「0」で覚えてください!

セル「C3」には、焼酎の原価率「0.43（43%）」が表示されました。

C3　=VLOOKUP(A3,$G$3:$H$9,2,0)

	A	B	C	D	E	F	G	H
1							原価率表	
2	商品名	販売単価	原価（円）			商品コード	商品名	原価率
3	焼酎	1,800	0.43			AC-0023	ビール	40%
4	ウィスキー	3,800				AC-0045	発泡酒	35%
5	吟醸酒	4,200				BD-0112	吟醸酒	50%
6	ビール	250				BD-0134	焼酎	43%
7	ブランデー	5,600				CE-0223	ブランデー	30%
8	発泡酒	180				CE-0245	ウィスキー	35%
9	ウォッカ	4,000				CE-0267	ウォッカ	38%

これで原価率は表示されたのですが、計算したいのは「原価（円）」です。数式バーで、計算式を追加する必要があります。VLOOKUP関数の後ろに「×販売単価」を追加します。

VLOOKUP　=VLOOKUP(A3,$G$3:$H$9,2,0)*B3

	A	B	C	D	E	F
1						
2	商品名	販売単価	原価（円）			商品コード
3	焼酎	1,800	B3			AC-0023
4	ウィスキー	3,800				AC-0045

計算式を、セル「C9」までオートフィルします。すべての商品の原価が、原価率表の原価率を元に計算されました。金額には、「桁区切り」を設定しておきましょう。

	A	B	C	D	E	F	G	H
1							原価率表	
2	商品名	販売単価	原価（円）			商品コード	商品名	原価率
3	焼酎	1,800	774			AC-0023	ビール	40%
4	ウィスキー	3,800	1,330			AC-0045	発泡酒	35%
5	吟醸酒	4,200	2,100			BD-0112	吟醸酒	50%
6	ビール	250	100			BD-0134	焼酎	43%
7	ブランデー	5,600	1,680			CE-0223	ブランデー	30%
8	発泡酒	180	63			CE-0245	ウィスキー	35%
9	ウォッカ	4,000	1,520			CE-0267	ウォッカ	38%

VLOOKUP関数は、「検索値」のセルに入れた文字と同じ文字を、「範囲」の中から探して、範囲内の左から「何列目」にあるデータを返す、という関数です。

3-5-2 VLOOKUP 関数を使って、別シートにあるデータを取り込む

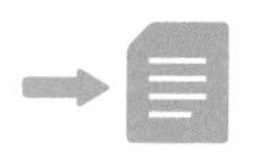

「5 VLOOKUP関数」のシート「利益額」を開いてください。

●同じファイル内のシート「原価」の原価率表のデータを使って、列「C」に原価率を表示させてください。

セル「C3」をクリックして、「関数の挿入」ボタンより「VLOOKUP」を選択します。 検索値の欄をクリックして、セル「A3」をクリックします（商品名を元に原価率を検索します）。

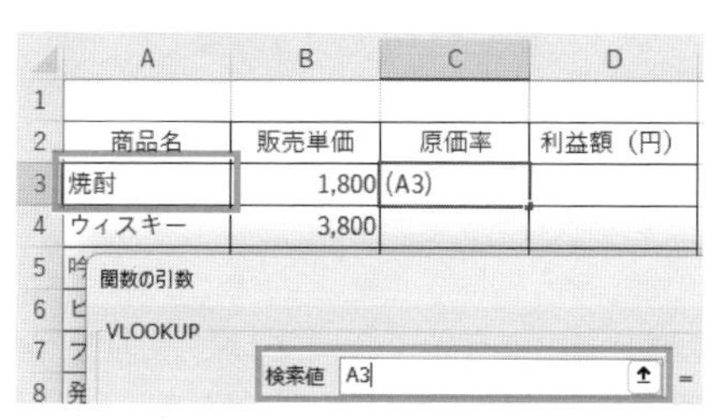

「範囲」の欄をクリックして、シート「原価」をクリックします。

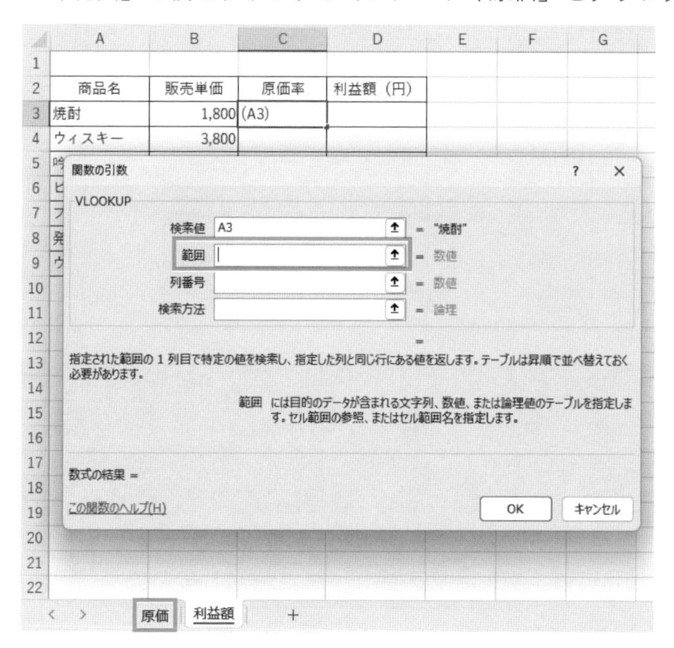

セル「G3」から「H9」までをドラッグして、F4キーで絶対参照にします。

	A	B	C	D	E	F	G	H
1							原価率表	
2	商品名	販売単価	原価（円）			商品コード	商品名	原価率
3	焼酎	1,800	774			AC-0023	ビール	40%
4	ウィスキー	3,800	1,330			AC-0045	発泡酒	35%
5	吟醸酒	4,200	2,100			BD-0112	吟醸酒	50%
6	ビール	250	100			BD-0134	焼酎	43%
7	ブランデー	5,600	1,680			CE-0223	ブランデー	30%
8	発泡酒	180	63			CE-0245	ウィスキー	35%
9	ウォッカ	4,000	1,520			CE-0267	ウォッカ	38%

関数の引数
VLOOKUP
検索値 A3 = "焼酎"
範囲 原価!$G$3:$H$9 = {"ビール",0.4;"発泡酒",0.35;"吟醸酒",

列番号の欄には、原価率は2列目にあるので、「2」と入力します。検索方法の欄には、数値の「0」を入力して、「OK」をクリックします。

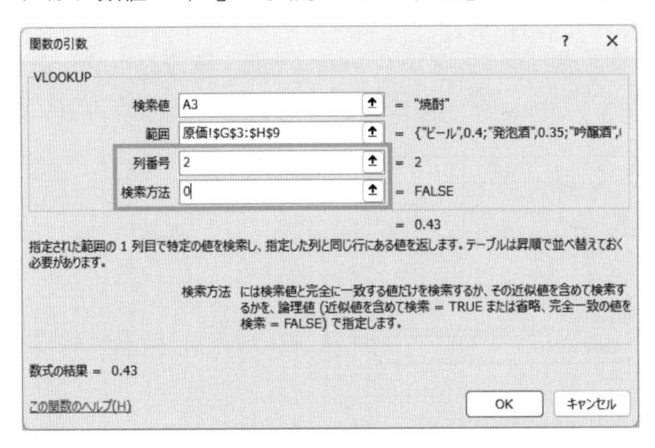

注　意

列番号の欄をクリックすると画面が元のシートに自動的に戻るので、後から列番号を確認できなくなります。前もって何列目のデータが必要か、確認しておきましょう。

利益額の計算に必要な「原価率」が表示されました。セル「C9」までオートフィルしてください。

	A	B	C	D
1				
2	商品名	販売単価	原価率	利益額（円）
3	焼酎	1,800	0.43	
4	ウィスキー	3,800	0.35	
5	吟醸酒	4,200	0.5	
6	ビール	250	0.4	
7	ブランデー	5,600	0.3	
8	発泡酒	180	0.35	
9	ウォッカ	4,000	0.38	

パーセントスタイルを設定してください。

	A	B	C	D
1				
2	商品名	販売単価	原価率	利益額（円）
3	焼酎	1,800	43%	
4	ウィスキー	3,800	35%	
5	吟醸酒	4,200	50%	
6	ビール	250	40%	
7	ブランデー	5,600	30%	
8	発泡酒	180	35%	
9	ウォッカ	4,000	38%	

販売単価と原価率を元に、「利益額」を計算してみましょう。「利益額=販売単価ー(販売単価×原価率）」で計算します。

VLOOKUP　fx　=B3-(B3*C3)

	A	B	C	D	E
1					
2	商品名	販売単価	原価率	利益額（円）	
3	焼酎	1,800	43%	=B3-(B3*C3)	
4	ウィスキー	3,800	35%		

利益額の計算ができました。金額には「桁区切り」を設定してください。

	A	B	C	D
1				
2	商品名	販売単価	原価率	利益額（円）
3	焼酎	1,800	43%	1,026
4	ウィスキー	3,800	35%	2,470
5	吟醸酒	4,200	50%	2,100
6	ビール	250	40%	150
7	ブランデー	5,600	30%	3,920
8	発泡酒	180	35%	117
9	ウォッカ	4,000	38%	2,480

「販売単価」の計算式は「＝原価＋利益」です。「販売単価」「原価」「利益」の関係をもう一度おさらいしておきましょう。

3-6 グラフ

3-6-1 第２軸のあるグラフを作る

「6 グラフ」のシート「6-1グラフ」を開いてください。

	A	B	C	D	E	F	G
1	月別売上比較表						
2							単位：円
3		10月	11月	12月	1月	2月	3月
4	2022年	2,031,520	2,155,150	2,351,070	2,249,450	2,166,450	2,056,470
5	2023年	2,520,630	2,381,330	2,469,840	2,518,230	2,177,240	1,998,980
6	伸び率（%）						

2022年に対する伸び率の計算をしてください。その際、小数点以下第2位を四捨五入して、小数点以下第1位までの表示としてください。「伸び率（%）＝（2023年−2022年）÷2022年×100」と計算してください。

VLOOKUP　=(B5-B4)/B4*100

	A	B	C	D	E	F	G
1	月別売上比較表						
2							単位：円
3		10月	11月	12月	1月	2月	3月
4	2022年	2,031,520	2,155,150	2,351,070	2,249,450	2,166,450	2,056,470
5	2023年	2,520,630	2,381,330	2,469,840	2,518,230	2,177,240	1,998,980
6	伸び率（%）	=(B5-B4)/B4*100					

セル「G6」までオートフィルして、小数点以下第1位までの表示に設定します。

B6　=(B5-B4)/B4*100

	A	B	C	D	E	F	G
1	月別売上比較表						
2							単位：円
3		10月	11月	12月	1月	2月	3月
4	2022年	2,031,520	2,155,150	2,351,070	2,249,450	2,166,450	2,056,470
5	2023年	2,520,630	2,381,330	2,469,840	2,518,230	2,177,240	1,998,980
6	伸び率（%）	24.1	10.5	5.1	11.9	0.5	-2.8

2022年と2023年の売上を縦棒グラフに、伸び率を折れ線グラフにした「複合グラフ」を作成してみましょう。まず、表全体を選択して、「挿入」タブ→「複合グラフの挿入」→「集合縦棒-第2軸の折れ線」を選択します。

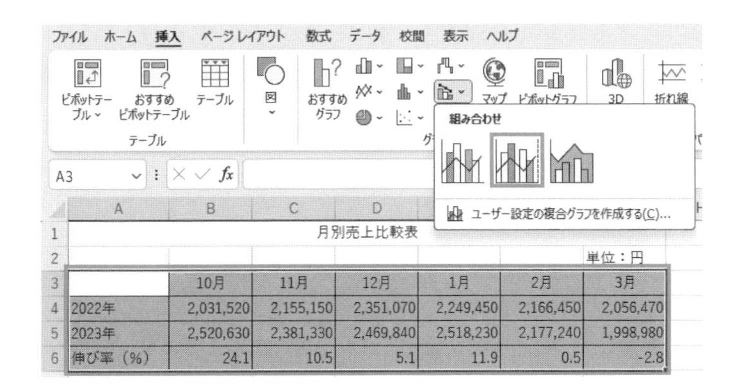

	A	B	C	D	E	F	G
1	月別売上比較表						
2							単位：円
3		10月	11月	12月	1月	2月	3月
4	2022年	2,031,520	2,155,150	2,351,070	2,249,450	2,166,450	2,056,470
5	2023年	2,520,630	2,381,330	2,469,840	2,518,230	2,177,240	1,998,980
6	伸び率（%）	24.1	10.5	5.1	11.9	0.5	-2.8

売上高が左側の軸（主軸）を使った縦棒グラフ、伸び率が右側の軸（第2軸）を使った折れ線グラフになりました。

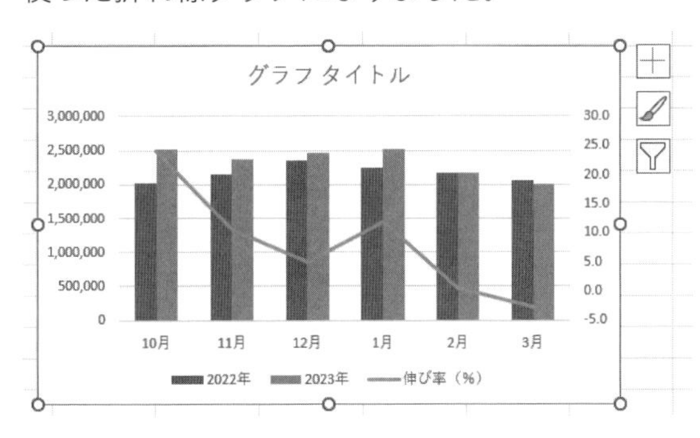

グラフを表の下に移動してみましょう。グラフエリア（グラフ上の何も文字のないところ）にマウスを合わせてドラッグすると、グラフ全体を移動できます。グラフが表の下になるようにドラッグしてください。

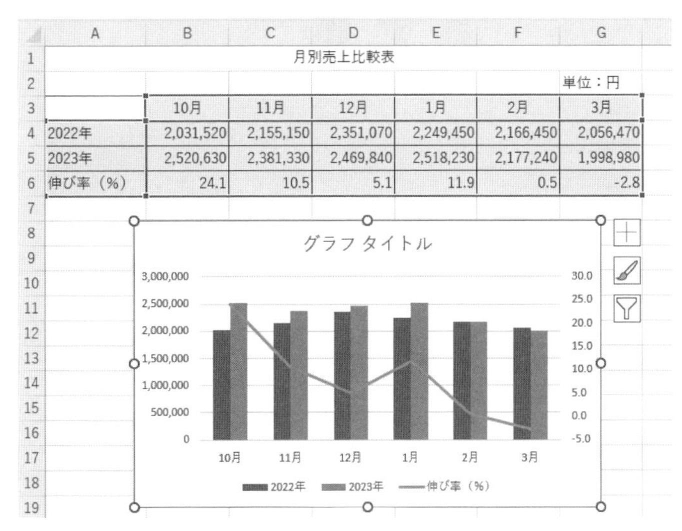

	A	B	C	D	E	F	G
1	月別売上比較表						
2							単位：円
3		10月	11月	12月	1月	2月	3月
4	2022年	2,031,520	2,155,150	2,351,070	2,249,450	2,166,450	2,056,470
5	2023年	2,520,630	2,381,330	2,469,840	2,518,230	2,177,240	1,998,980
6	伸び率（%）	24.1	10.5	5.1	11.9	0.5	-2.8

確　認　実際の試験問題でも、グラフは作成した表の下に配置します。

グラフタイトルを「月別売上比較グラフ」としてください。「グラフタイトル」という文字の上をクリックして、グラフタイトルの文字を選択します。

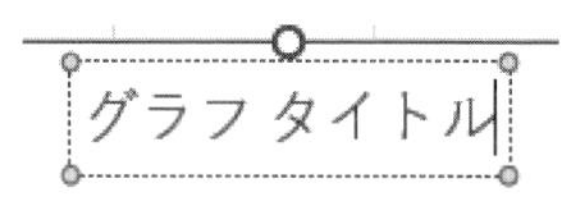

「グラフタイトル」の文字の右をクリックするとカーソルが表示され、文字の入力ができるようになります。Backspaceキーを使って「グラフタイトル」の文字を削除してから、「月別売上比較グラフ」と入力します。

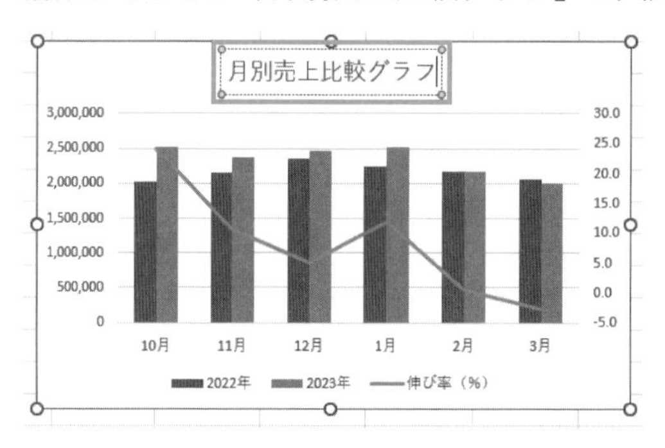

主軸の目盛単位を「千円単位」に設定してください。「縦軸」の数値の上で右クリックをして、「軸の書式設定」をクリックします。

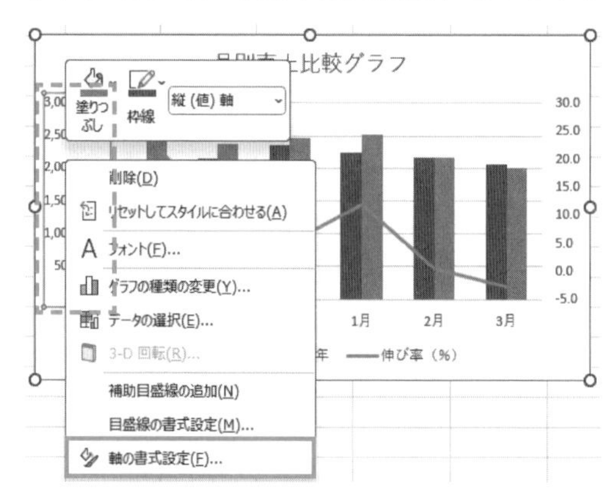

Excelの画面右側に、「軸の書式設定」が表示されます。

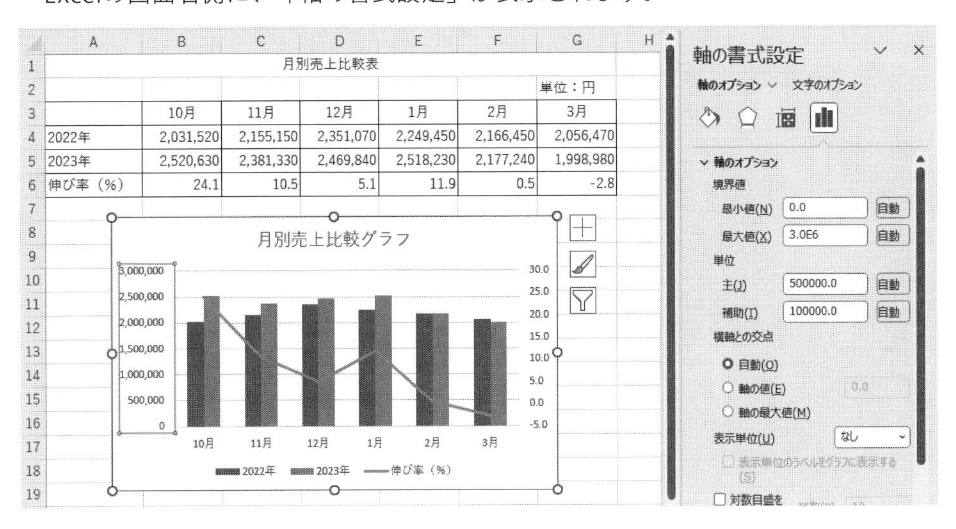

	月別売上比較表					
						単位：円
	10月	11月	12月	1月	2月	3月
2022年	2,031,520	2,155,150	2,351,070	2,249,450	2,166,450	2,056,470
2023年	2,520,630	2,381,330	2,469,840	2,518,230	2,177,240	1,998,980
伸び率（%）	24.1	10.5	5.1	11.9	0.5	-2.8

主軸の目盛単位を「千円単位」に設定してください。「軸のオプション」より、表示単位で、「千」を選択します。

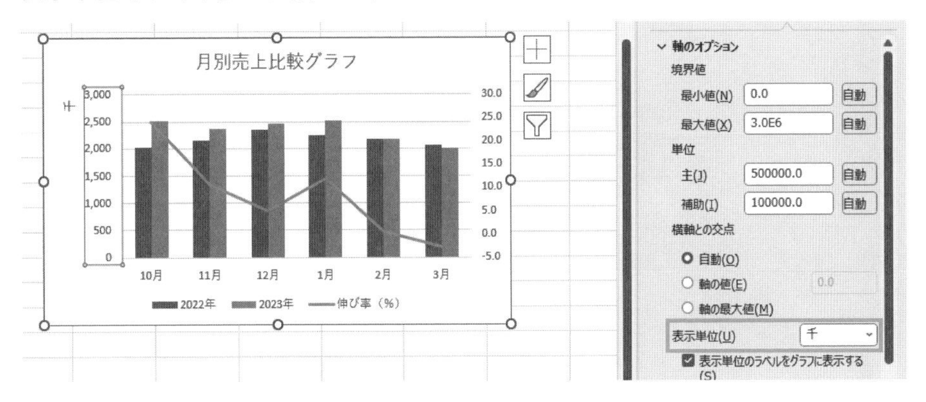

「表示単位のラベルをグラフに表示する」のチェックを外します。

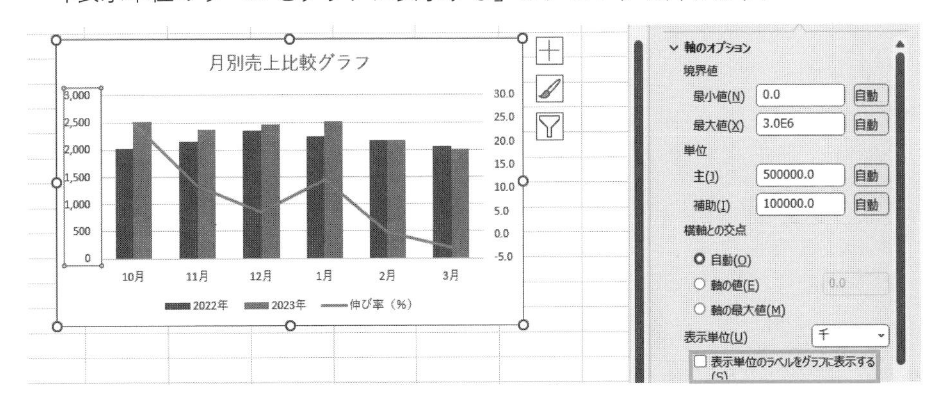

! 注意

表示単位のラベルは表示しないように!「表示単位」で「千」を選ぶと、自動的に「千」という文字がグラフ上に表示されます。「表示単位のラベルをグラフに表示する」のチェックを外して、「千」の文字は非表示にしておきましょう。

主縦軸の軸ラベルに、「単位 ： 千円」と表示してください。グラフの右側に表示されている「グラフ要素」 ボタンをクリックして、「軸ラベル」にチェックを入れます。グラフの縦軸2ヶ所、横軸1ヶ所に「軸ラベル」という文字が表示されます。

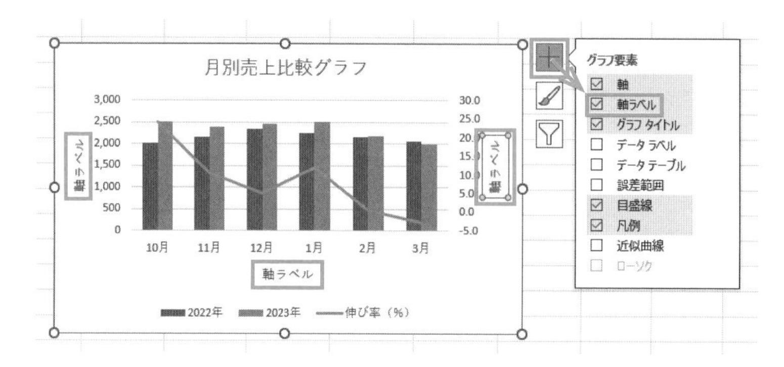

軸ラベルの文字を横書きに設定します。主軸の「軸ラベル」という文字の上で右クリックして、「軸ラベルの書式設定」画面より、「文字列の方向」を「横書き」に設定します。

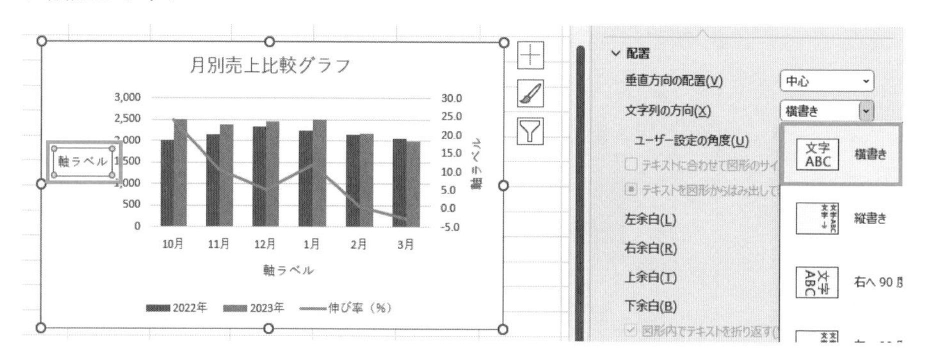

主軸の軸ラベルの文字が横書きになりました。軸ラベルのボックスの中をクリックして、「軸ラベル」の文字を削除して、代わりに「単位 ： 千円」と入力します。

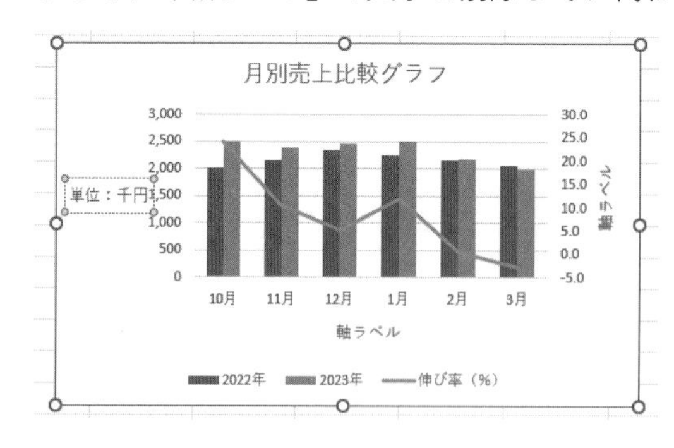

軸ラベルの文字を、主軸の数値の上に移動します。軸ラベルのボックスの枠線上にマウスを合わせてドラッグすると移動できます。

また続いて、第2縦軸のラベルに、「単位 ： %」と表示させてください。第2軸の軸ラベルの文字を選択して、「軸の書式設定」→「文字列の方向」→「横書き」を選択します。

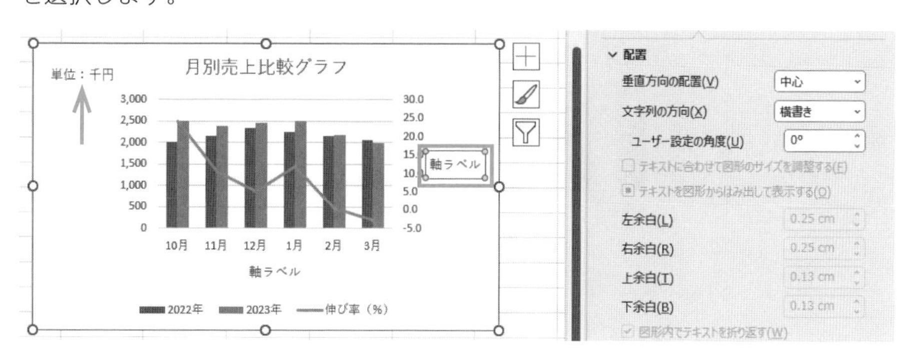

主軸と同様に、軸ラベルの文字に「単位 ： %」と入力し、軸の上側に移動します。

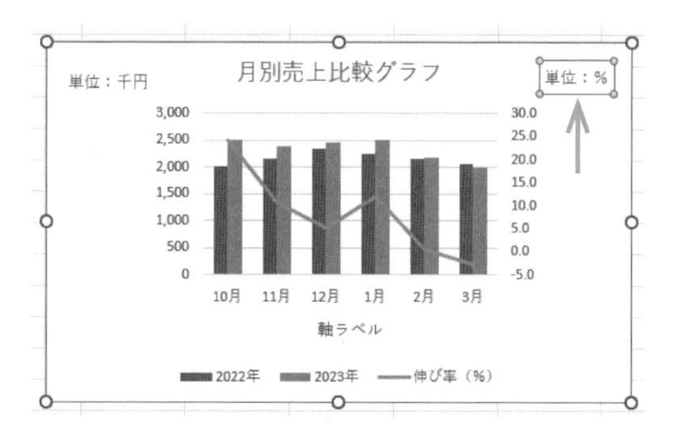

ポイント

軸ラベルの位置は、軸の上側になるようにドラッグして移動しておきます。

さらにグラフを見やすくするために、「プロットエリア」を横に広げてみましょう。中央にある□で囲まれた部分を「プロットエリア」といいます。マウスを合わせて「プロットエリア」と表示されるエリアをクリックし、プロットエリアを選択します。

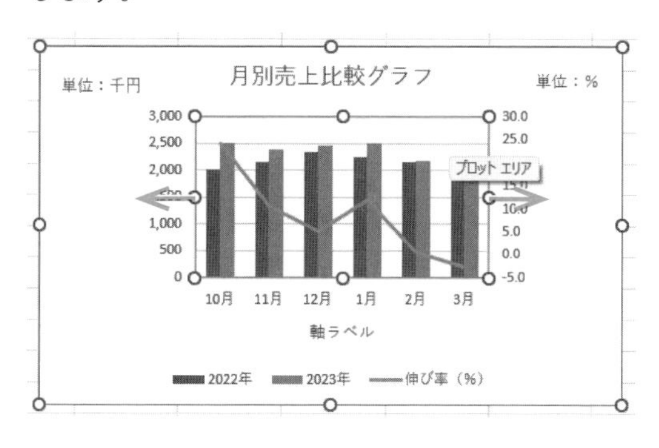

プロットエリアの左右にある○の上にマウスを合わせて、 横方向にドラッグすると、 プロットエリアの横幅を広げることができます。
横軸（項目軸）にある、「軸ラベル」の文字は不要です。 クリックしてDeleteキーで削除しておきましょう。

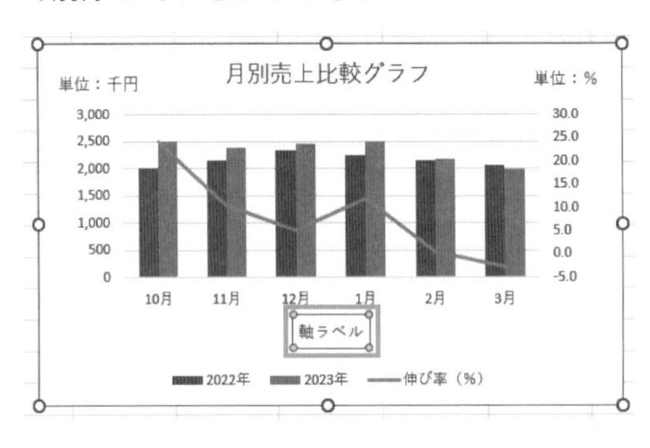

複合グラフの完成です。

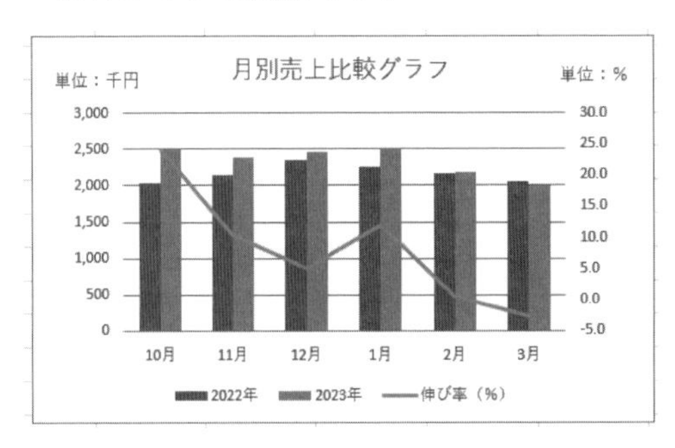

✓ チェック

グラフの各種設定について

- グラフは、見やすい大きさに作成してください。
- 数値軸ラベルの位置は、特に問題文に指示はありませんが、軸の上部分に水平に配置するようにしてください。
- 凡例の位置は、通常「下」に配置されています。 問題文に指示がない限り、移動する必要はありませんが、見やすい位置に配置するようにしてください（問題文に、「凡例は下に配置すること」と指示されている場合は、下に配置してください）。

3-6-2 グラフの行と列を入れ替える

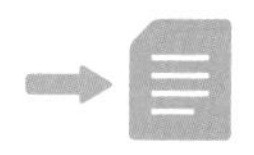

「6 グラフ」のシート「6-2 行列の切り替え」を開いてください。

次の降水量比較表について、「月」ごとの降水量を表す「折れ線グラフ」を作成してください。

	A	B	C	D
1	降水量比較表			
2				
3		1月	2月	3月
4	東京	120	330	220
5	大阪	220	340	240
6	名古屋	320	310	230

セル「A3」から「D6」までをドラッグして、「挿入」タブ→「折れ線」→「マーカー付き折れ線」を選択します。

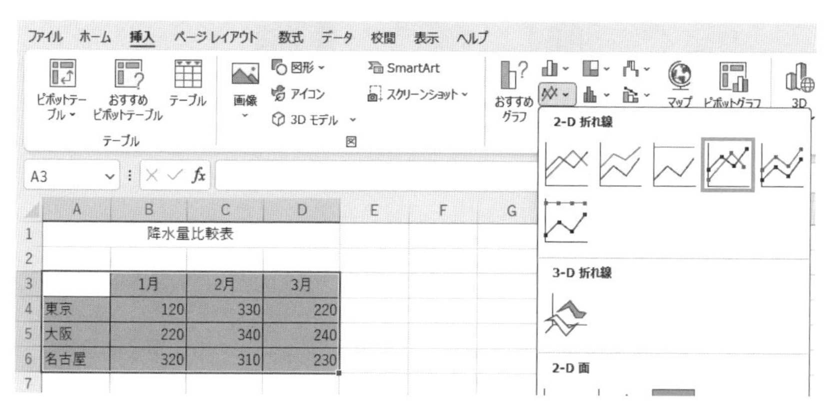

月ごとの降水量を比較した折れ線グラフを、「地区」ごとの降水量を表す縦棒グラフに変更します。「グラフのデザイン」タブ→「グラフの種類の変更」→「縦棒グラフ」を選択して、「OK」をクリックします。

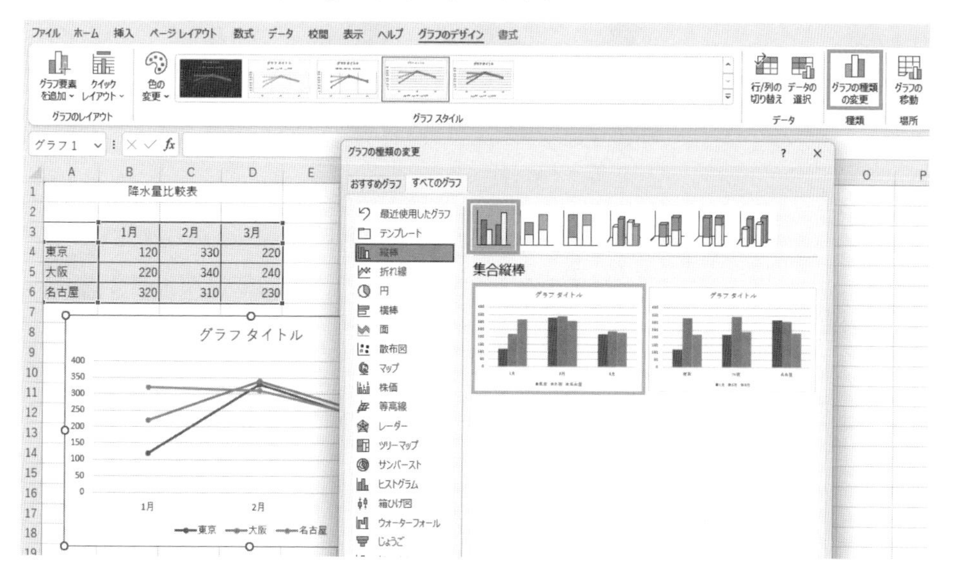

続けて、「グラフのデザイン」タブの「行/列の切り替え」をクリックします。

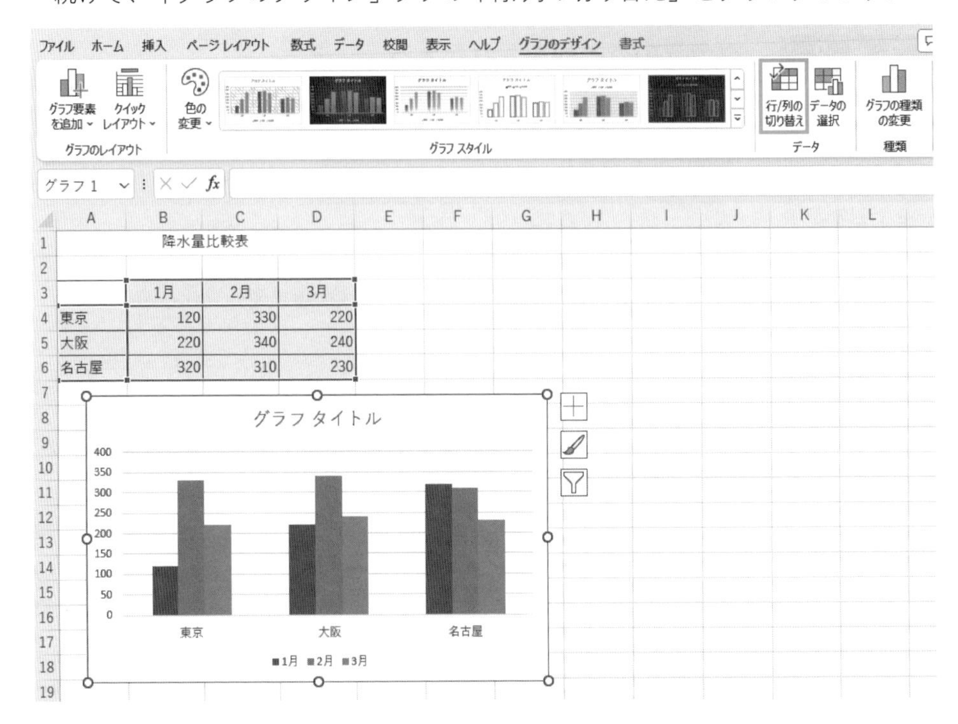

「地区ごとの降水量を表すグラフ」であれば、「地区」の項目が、横軸になるように設定します。

地区ごとの降水量を表した縦棒グラフができました。

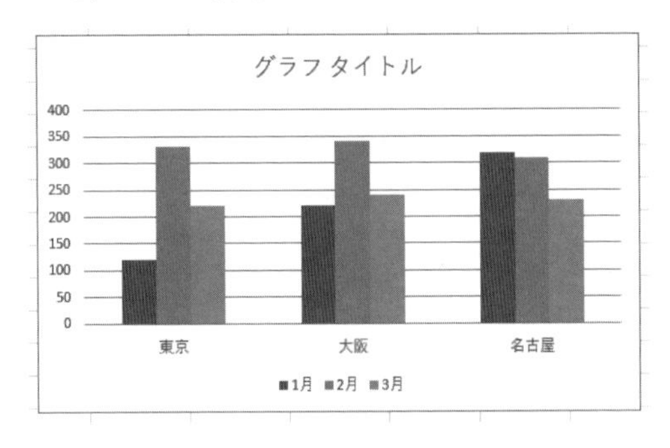

「行/列の切り替え」ボタンをクリックすると、横軸と凡例を逆にすることができます。

第4章 実技科目の練習

この章では、実際の試験問題に近い形式の練習問題を学習します。

日商PC検定の試験問題は、問題文の画面とExcelの画面を、左右に2つ並べて解答していきます。練習問題の学習から、Excelのウィンドウを3分の2くらいに縮小して練習するようにしてください。画面を縮小しているので、Excelのボタンが隠れてしまっている場合がありますが、普段からこの画面に慣れるようにしてください。

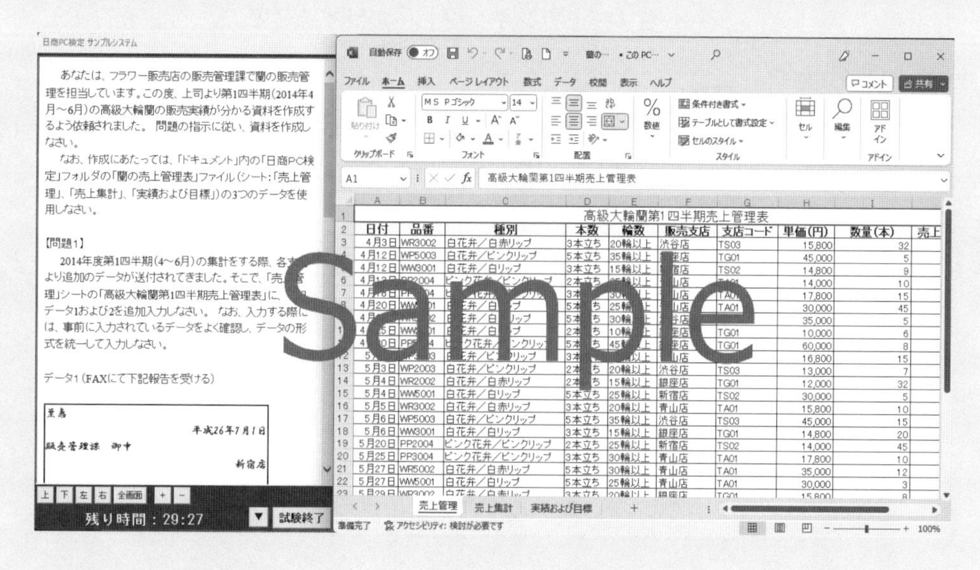

●ファイルを開く

「第4章 実技科目の練習」のフォルダーには、以下のExcelファイルが入っています。問題ごとに、それぞれのExcelファイルをダブルクリックで開いて練習していきます。

- 1-1 売上集計問題
- 1-2 売上集計問題
- 1-3 売上集計問題
- 1-4 売上集計問題
- 2-1 アンケート集計問題
- 2-2 アンケート集計問題
- 3-1 請求書作成問題
- 3-2 請求書作成問題
- 3-3 請求書作成問題
- 4-1 チャレンジ問題

4-1 売上集計問題

4-1-1 レストランメニューの売上実績

「1-1　売上集計問題」ファイルを開いてください。

レストランメニューの売上実績を、以下の指示に従い集計してください。

●問題1

シート「データ」を元に売上金額を集計し、男女それぞれの売上金額上位3位までのメニューを求めてください。その際、以下の指示に従うこと。

（指示）

- シート名「売上ランキング」に集計すること。

●問題2

シート「データ」を元に、女性の売上について、売上金額全体に対する構成比（%）を計算してください。その際、以下の指示に従うこと。

（指示）

- シート名「売上構成比」に集計すること。
- 構成比（%）は、小数点第2位を四捨五入し、小数点第1位までの表示とすること。
- 構成比（%）の高い順に表を並べ替えること。

●問題3

シート「売上構成比」を元に、女性の売上金額の割合がわかる円グラフを作成してください。その際、以下の指示に従うこと。

（指示）

- グラフには、割合が表示されるようにすること。割合は、小数点第1位までの表示とすること。
- 凡例を表示すること。
- グラフのタイトルは「女性の売上割合」とし、グラフの中央に配置すること。
- グラフは問題2で作成した表の下に配置すること。

●問題4

変更したファイルは、「売上集計」とファイル名を付けて保存してください。

※なお、「●問題4」については本稿では解説を省略しております。ファイルを保存する手順については、2章の「2-1-3　ファイルの保存」をご参照ください。

この問題の解答の流れは、以下の通りです。 与えられたデータを元に、解答の表を集計するためのピボットテーブルを作成し、構成比等を計算し、最終的にグラフを作成します。

①シート「データ」にある金額をピボットテーブルで集計

	A	B	C	D
1	メニュー	性別	年齢	金額
2	鍋焼きうどん	女	50	800
3	海鮮ちらし丼	女	27	1,280
4	ハンバーグ定食	男	40	980
5	ハンバーグ定食	男	32	980
6	うな重	男	49	2,000

②シート「売上ランキング」に男女それぞれ売上金額の上位3つのメニュー名と金額を集計

	A	B	C	D	E	F
1						
2						
3			男性		女性	
4			メニュー	金額	メニュー	金額
5		1位				
6		2位				
7		3位				

③女性の売上金額の構成比を求め、シート「売上構成比」に円グラフを作成

	A	B	C	D
1				
2				
3		女性		
4		メニュー	売上金額	構成比（%）
5				
6				
7				
8				
9				
10				
11				
12				
13				
14				
15		合計		

解説

レストランメニューの売上実績

●問題1

まず、ピボットテーブルの作成を行います。「データ」シートにある売上金額を、ピボットテーブルを使って集計します。最初に表内のセルをクリックしておきます（表の中のセルならどこでもOKです）。「挿入」タブから「ピボットテーブル」ボタンを選択してください。

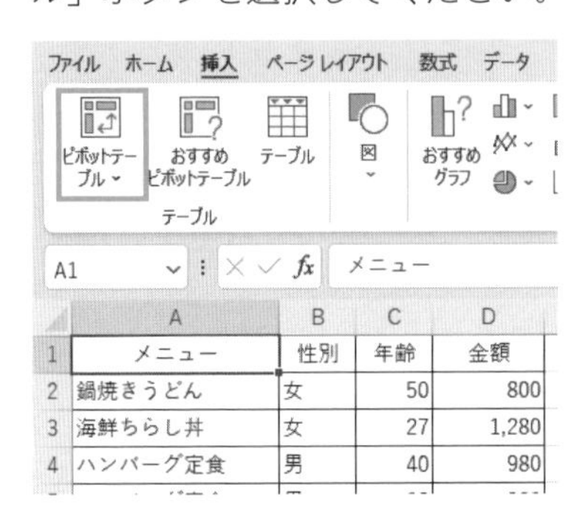

ピボットテーブルの作成位置は、シート「売上ランキング」の任意のセルにすると、集計した値をコピー・貼り付けするのが楽になります。ピボットテーブルレポートを配置する場所は「既存のワークシート」にチェックを入れ、シート「売上ランキング」をクリックして、任意のセル（今回の解答例では「H3」）をクリックし、「OK」をクリックします。

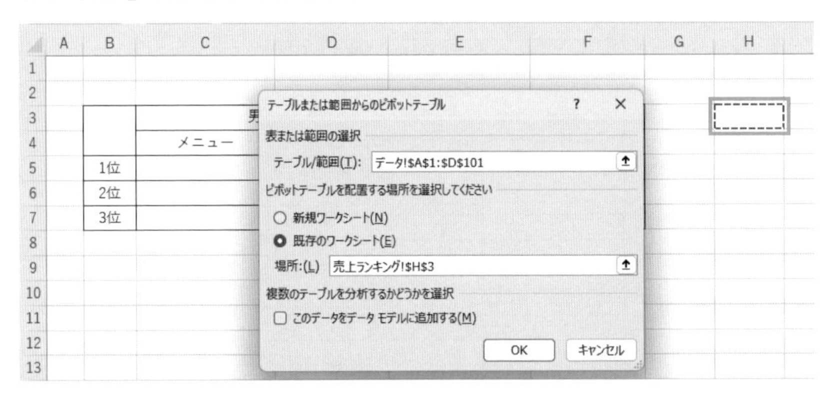

注意 ピボットテーブルの作成場所は、解答となる表の「右横」に作成します。

ピボットテーブルのフィールドを設定します。「メニュー」を「行」に、「性別」を「列」に、「金額」を「値」に、それぞれドラッグしましょう。

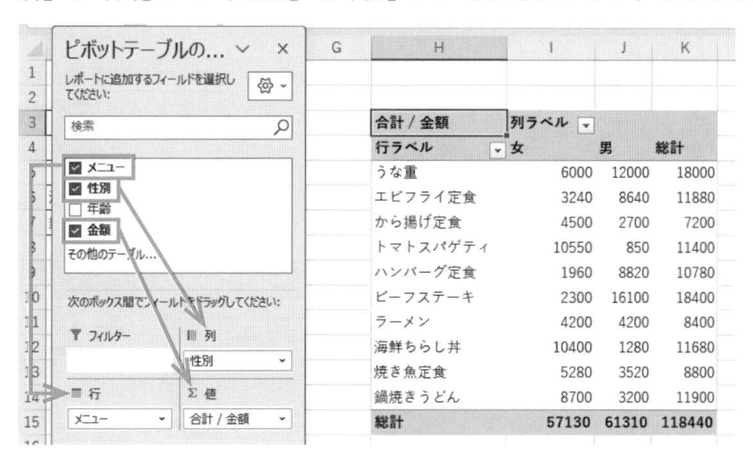

ピボットテーブルに集計結果が表示されました。

続いて、ピボットテーブルの男性と女性の列を入れ替えます。セル「男」の枠線の上にマウスを合わせて、「女」の左側へドラッグし移動します。

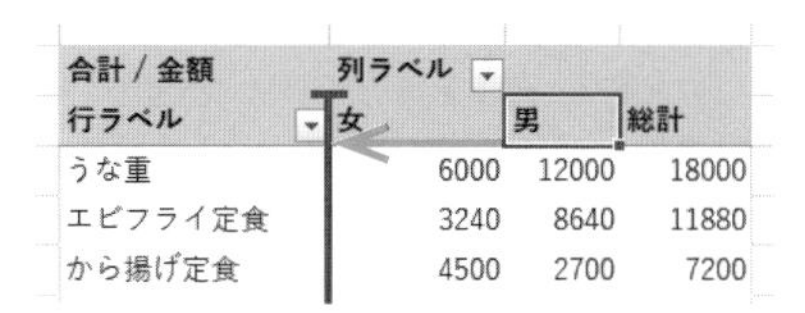

さらに、男性の売上金額を多い順（降順）に並べ替えます。ピボットテーブル内の男性の売上金額のセル（例ではセル「I5」）をクリックし、「ホーム」タブから「並べ替えとフィルター」を選択します。並べ替えのうち、「降順」（Z→A）をクリックしてください。

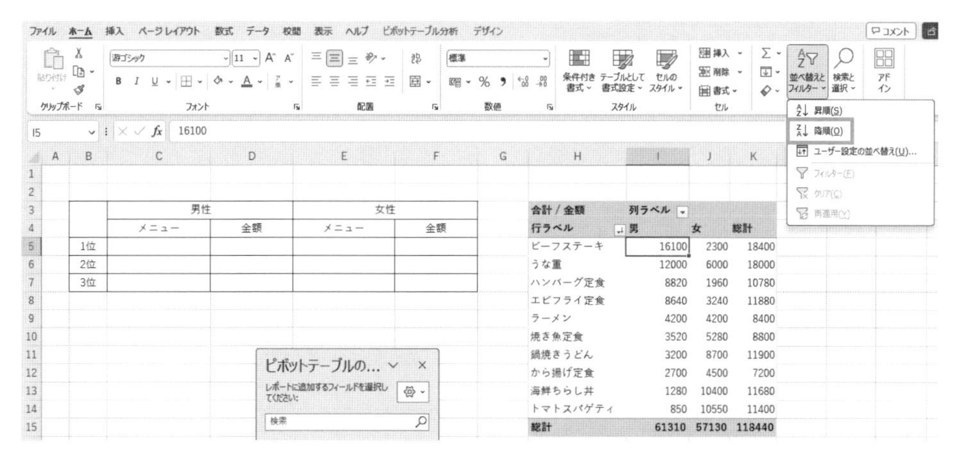

上位3位の項目をコピーし、集計先の表に「値」を貼り付けます。貼り付ける際は、「貼り付け」ボタンの「v」をクリックして、「値」を選択するようにしてください。

同様に、女性の売上金額を降順に並べ替えます。

上位3位の項目をコピーして、値の貼り付けをします。

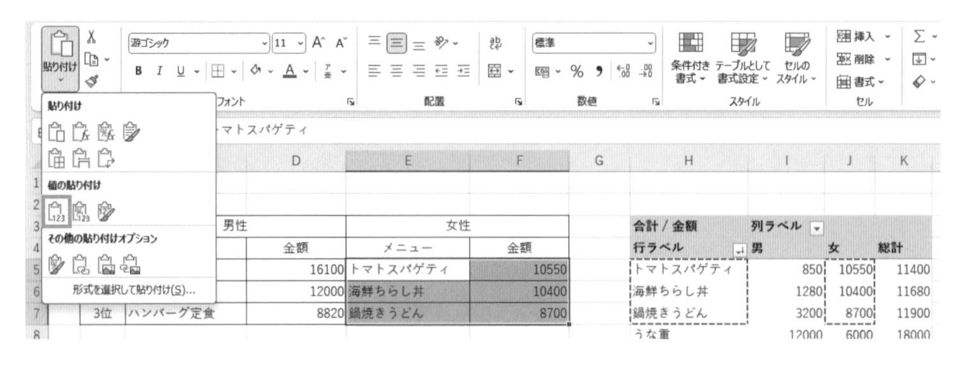

貼り付けた数値には、「桁区切り」を設定して、「売上ランキング」表の完成です。

	男性		女性	
	メニュー	金額	メニュー	金額
1位	ビーフステーキ	16,100	トマトスパゲティ	10,550
2位	うな重	12,000	海鮮ちらし丼	10,400
3位	ハンバーグ定食	8,820	鍋焼きうどん	8,700

●**問題2**

女性の売上について、売上金額全体に対する「構成比（%）」を計算します。 問題1で作成したピボットテーブルの女性のメニュー名と売上金額をコピーします。

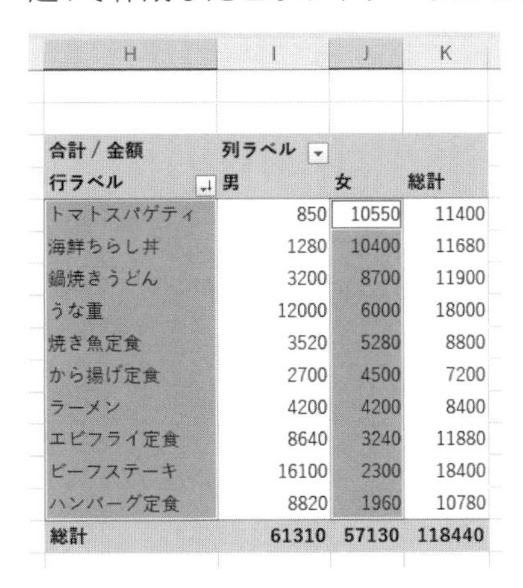

合計 / 金額	列ラベル		
行ラベル	男	女	総計
トマトスパゲティ	850	10550	11400
海鮮ちらし丼	1280	10400	11680
鍋焼きうどん	3200	8700	11900
うな重	12000	6000	18000
焼き魚定食	3520	5280	8800
から揚げ定食	2700	4500	7200
ラーメン	4200	4200	8400
エビフライ定食	8640	3240	11880
ビーフステーキ	16100	2300	18400
ハンバーグ定食	8820	1960	10780
総計	61310	57130	118440

シート「売上構成比」のセル「B5:C14」に値を貼り付けます。

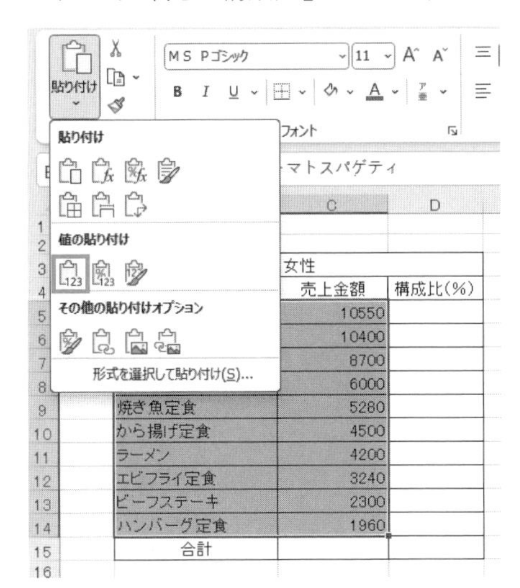

オートSUMを使って、セル「C15」に売上金額の合計を計算します。

C15 | =SUM(C5:C14)

	A	B	C	D
1				
2				
3		女性		
4		メニュー	売上金額	構成比（%）
5		トマトスパゲティ	10550	
6		海鮮ちらし丼	10400	
7		鍋焼きうどん	8700	
8		うな重	6000	
9		焼き魚定食	5280	
10		から揚げ定食	4500	
11		ラーメン	4200	
12		エビフライ定食	3240	
13		ビーフステーキ	2300	
14		ハンバーグ定食	1960	
15		合計	57130	

女性の構成比（%）の計算をします。

VLOOKUP | =C5/$C$15*100

	A	B	C	D	E
1					
2					
3		女性			
4		メニュー	売上金額	構成比（%）	
5		トマトスパゲティ	10550	=C5/$C$15*100	
6		海鮮ちらし丼	10400		
7		鍋焼きうどん	8700		
8		うな重	6000		
9		焼き魚定食	5280		
10		から揚げ定食	4500		
11		ラーメン	4200		
12		エビフライ定食	3240		
13		ビーフステーキ	2300		
14		ハンバーグ定食	1960		
15		合計	57130		

構成比を計算する場合は、「合計」の数値は絶対参照にしてください。F4キーで「$」をつけるようにしましょう。

セル「D15」までオートフィルして、小数点第1位までの表示にします。売上金額の数値に「桁区切り」を設定して、表の完成です。

女性		
メニュー	売上金額	構成比（%）
トマトスパゲティ	10,550	18.5
海鮮ちらし丼	10,400	18.2
鍋焼きうどん	8,700	15.2
うな重	6,000	10.5
焼き魚定食	5,280	9.2
から揚げ定食	4,500	7.9
ラーメン	4,200	7.4
エビフライ定食	3,240	5.7
ビーフステーキ	2,300	4.0
ハンバーグ定食	1,960	3.4
合計	57,130	100.0

指示「売上構成比（%）の高い順に並べ替えること」に関しては、すでに問題1で売上金額の降順に並べ替えているため、今回並べ替える必要はありません。

●問題3

女性の売上金額の割合がわかる円グラフを作成します。「売上金額」をデータ範囲として、「2-D 円」の左端の円グラフをクリックします。

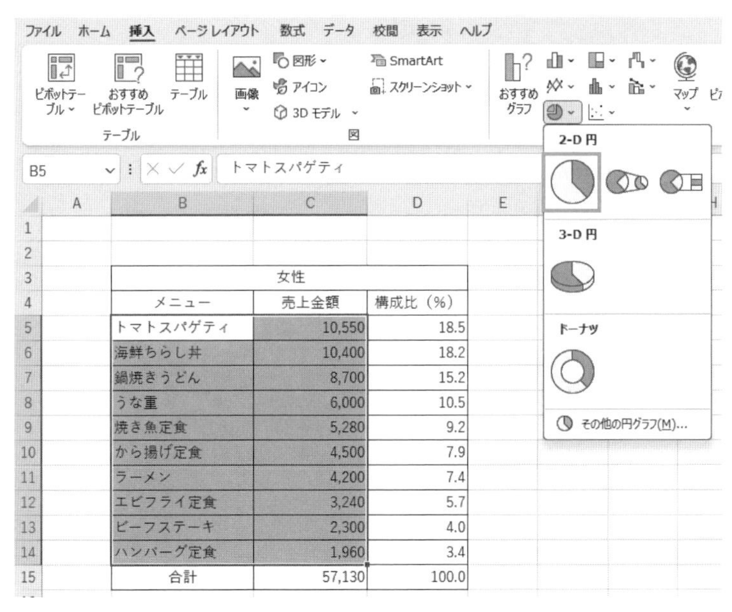

女性		
メニュー	売上金額	構成比（%）
トマトスパゲティ	10,550	18.5
海鮮ちらし丼	10,400	18.2
鍋焼きうどん	8,700	15.2
うな重	6,000	10.5
焼き魚定食	5,280	9.2
から揚げ定食	4,500	7.9
ラーメン	4,200	7.4
エビフライ定食	3,240	5.7
ビーフステーキ	2,300	4.0
ハンバーグ定食	1,960	3.4
合計	57,130	100.0

グラフタイトルは「女性の売上割合」と入力します。 続けてデータラベルを表示させます。「グラフ要素」→「データラベル」をクリックしてください。

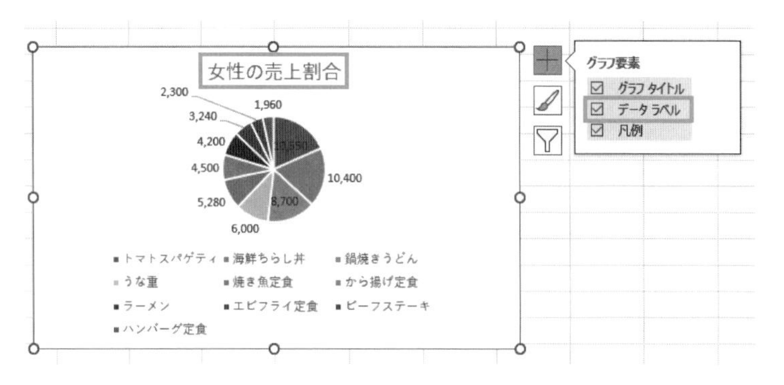

「データラベル」にチェックを入れると、売上金額の数値がグラフ上に表示されます。 この数値を「パーセンテージ」に変更してみましょう。 まず、データラベルの上で右クリックし、「データラベルの書式設定」を表示します。

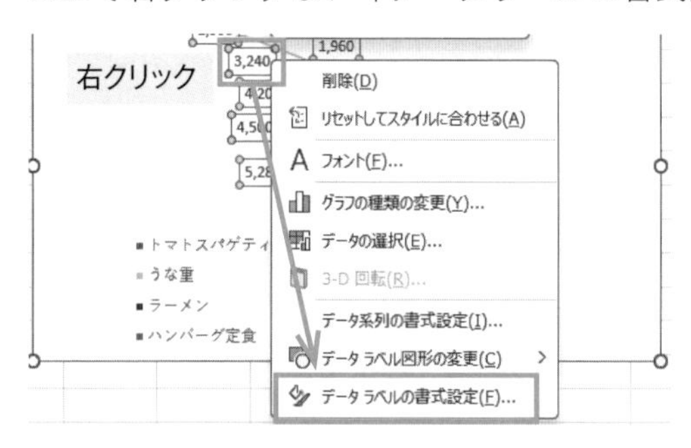

「ラベルオプション」の「ラベルの内容」で、「パーセンテージ」にチェックを入れて、いったん金額とパーセンテージの両方を表示させます。

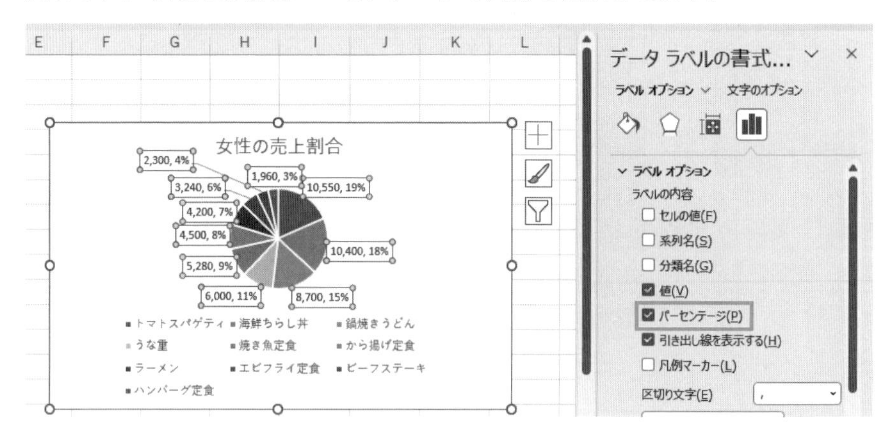

続けて、「値」のチェックを外して、「パーセンテージ」だけを表示させます。

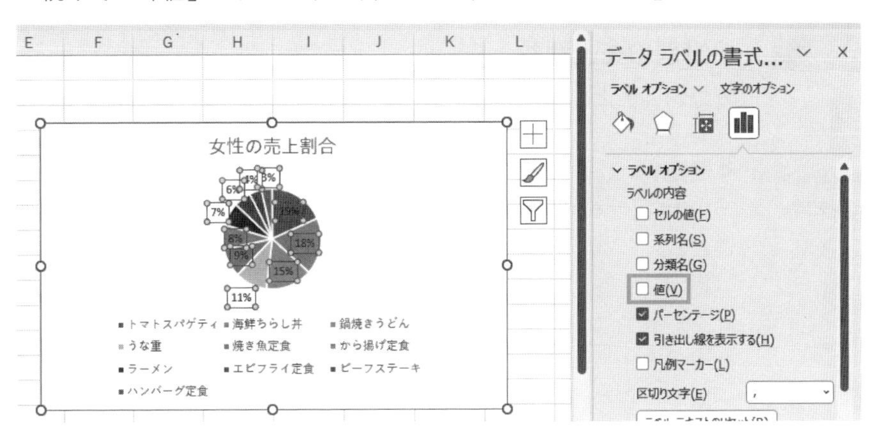

確認

「値」と「パーセンテージ」の違いは以下の通りです。

- 値　グラフの元となる表の数値をそのまま表示します。 今回の問題では「売上金額」が「値」です。
- パーセンテージ　グラフの元になっている表の数値を割合にして表示します。

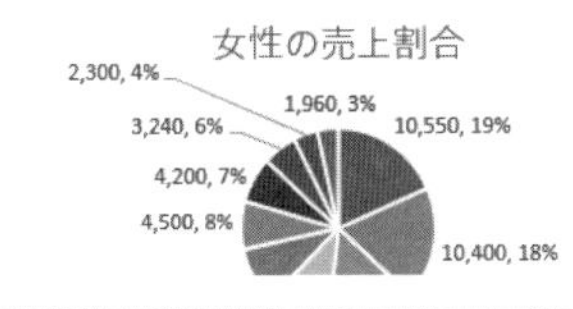

「表示形式」の文字をクリックすると、カテゴリを選択できるようになりますので、「パーセンテージ」を選択し、小数点以下の桁数を「1」に設定します。

「ラベルの位置」は特に指示はありませんが、「外部」にしておくと、数値が重ならず見やすいグラフになります。

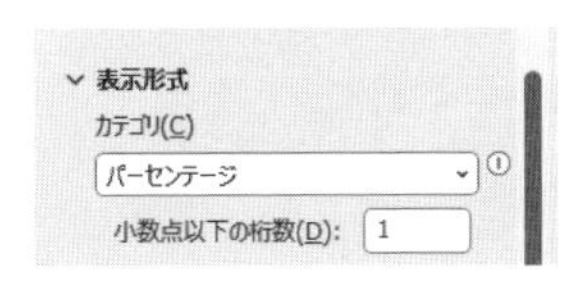

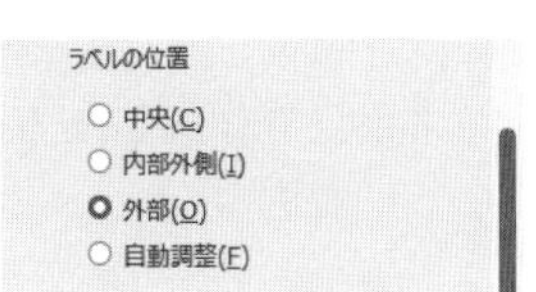

これで、グラフの完成です。

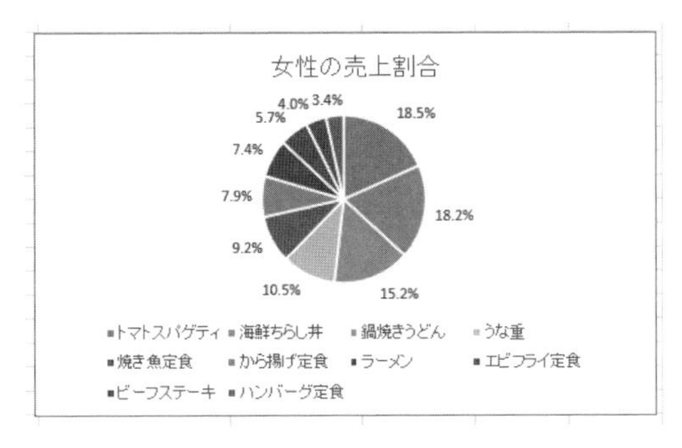

4-1-2 分野別の売上利益

「1-2　売上集計問題」ファイルを開いてください。

分野別の売上利益を集計する表を、以下の指示に従い作成してください。

●問題1

「data1」シートを元に、集計表を作成してください。 その際、以下の指示に従うこと。

（指示）

- シート名「分野別売上」に計算すること。
- 表のタイトルを「分野別売上金額」とし、文字サイズを拡大して表の上中央に配置すること。
- 売上金額の高い順に並べ替えること。

●問題2

問題1で作成した表と「原価率表」シートを元に、売上原価と利益額を計算してください。 その際、以下の指示に従うこと。

（指示）

- 「利益額計算書」シートに集計すること。
- 「売上原価」と「利益額」の数値には、「桁区切り」を設定すること。
- 利益額の高い順に並べ替えること。

●問題3

問題2で作成した表を元に、分野ごとの売上金額を縦棒グラフ、利益額を折れ線グラフで表したグラフを作成してください。 その際、以下の指示に従うこと。

（指示）

- グラフタイトルは「分野別売上金額と利益額」とすること。
- 凡例はグラフの下に配置すること。
- 第1縦軸には「単位 ： 千円」を表示すること。 表示単位は「千」とすること。
- グラフは、問題2で作成した表の下に配置すること。

●問題4

変更したファイルは、「分野別利益比較」とファイル名を付けて保存してください。

※なお、「●問題4」については本稿では解説を省略しております。 ファイルを保存する手順については、2章の「2-1-3　ファイルの保存」をご参照ください。

問題に使うデータと解答の表を確認してみましょう。

①シート「data1」にある売上金額を分野別に集計して、シート「分野別売上」の表を完成させる

	A	B	C	D
1	分野	性別	年齢	売上金額
2	食料品	女	53	20000
3	時計	女	28	8000
4	電化製品	男	44	38000
5	電化製品	男	33	79000
6	バッグ	男	48	39000

	A	B	C
1			
2			
3			
4		分野	売上金額
5			
6			
7			
8			
9			
10			
11			
12			
13			
14			
15		合計	

②シート「原価率表」にある原価率を使って、シート「利益額計算書」の表を完成させる

	A	B	C
1			
2		分野	原価率
3		電化製品	70%
4		食料品	50%
5		生活雑貨	72%
6		衣料品	58%
7		バッグ	68%
8		時計	63%
9		健康食品	60%
10		ステーショナリー	53%
11		化粧品	55%
12		その他	73%

	A	B	C	D	E
1					
2	分野	売上金額	原価率	売上原価	利益額
3					
4					
5					
6					
7					
8					
9					
10					
11					
12					
13	合計		−		

解説

分野別の売上利益

●問題1

シート「data1」の表内をクリックして、「挿入」タブより「ピボットテーブル」をクリックします。

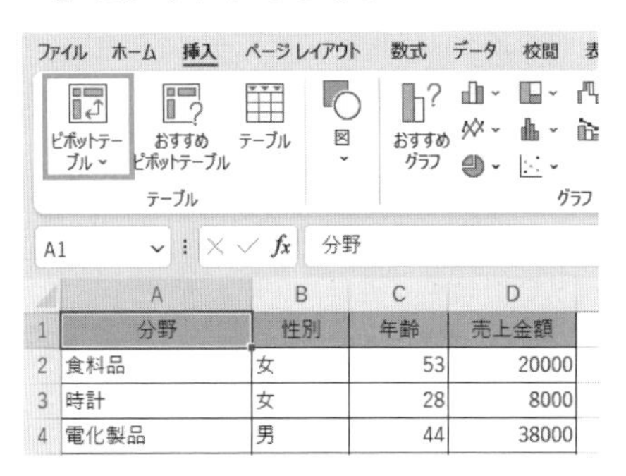

ピボットテーブルの作成場所は、シート「分野別売上」の任意のセルを使います。

「行」には「分野」、「値」には「売上金額」をそれぞれドラッグします。

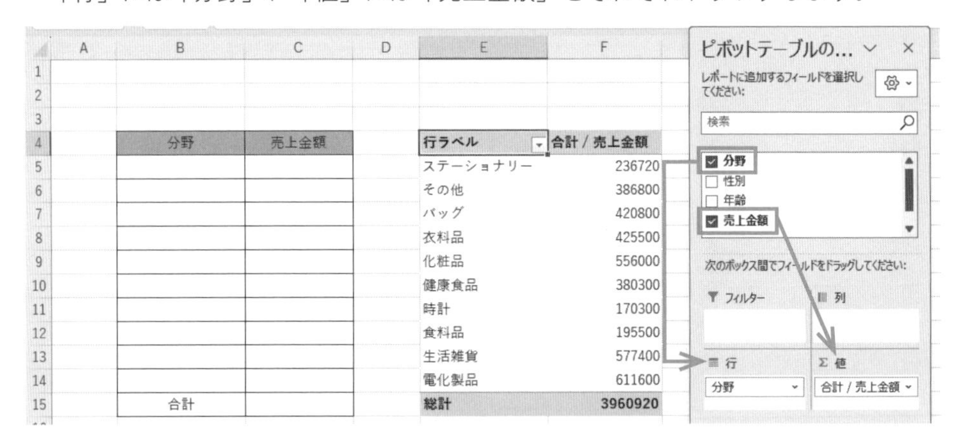

ピボットテーブルで集計したデータをコピーし、セル「B5:C14」に値を貼り付けます。

	A	B	C	D	E	F
1						
2						
3						
4		分野	売上金額		行ラベル	合計 / 売上金額
5		ステーショナリー	236720		ステーショナリー	236720
6		その他	386800		その他	386800
7		バッグ	420800		バッグ	420800
8		衣料品	425500		衣料品	425500
9		化粧品	556000		化粧品	556000
10		健康食品	380300		健康食品	380300
11		時計	170300		時計	170300
12		食料品	195500		食料品	195500
13		生活雑貨	577400		生活雑貨	577400
14		電化製品	611600		電化製品	611600
15		合計		(Ctrl)	総計	3960920

セル「C15」に合計を計算し、数値には「桁区切り」を設定します。

	A	B	C
1			
2			
3			
4		分野	売上金額
5		ステーショナリー	236,720
6		その他	386,800
7		バッグ	420,800
8		衣料品	425,500
9		化粧品	556,000
10		健康食品	380,300
11		時計	170,300
12		食料品	195,500
13		生活雑貨	577,400
14		電化製品	611,600
15		合計	3,960,920

表のタイトルを入力し、文字サイズを拡大し、表の上中央に配置します。

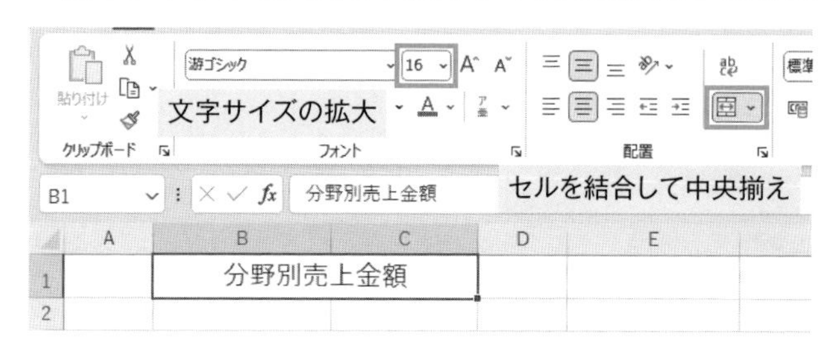

売上金額の高い順（降順）に表の並べ替えをします。まず、セル「B4」から「C14」までをドラッグして選択し（15行目の合計行はドラッグしないでください。合計行が移動してしまいます）「ホーム」タブ→「並べ替えとフィルター」→「ユーザー設定の並べ替え」を選んでください。

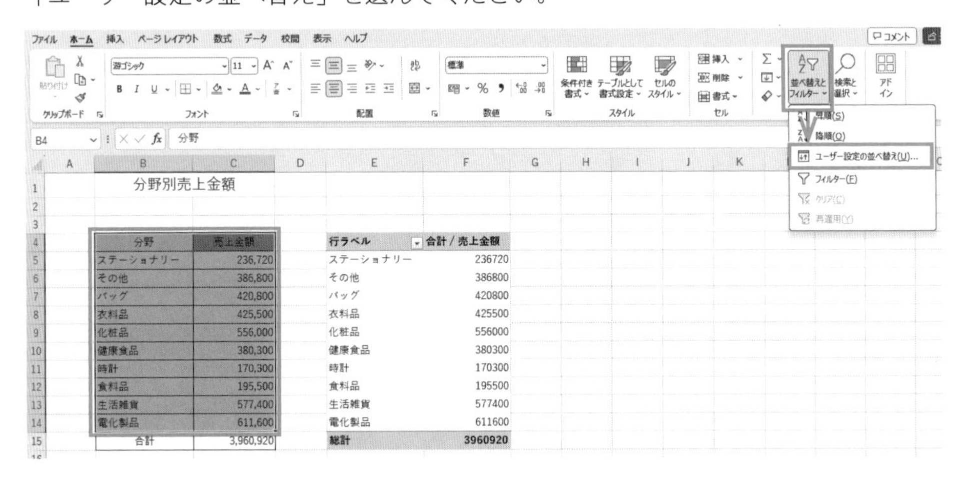

次に、最優先されるキーは「売上金額」、順序は「大きい順」を選択し、「OK」をクリックしてください。

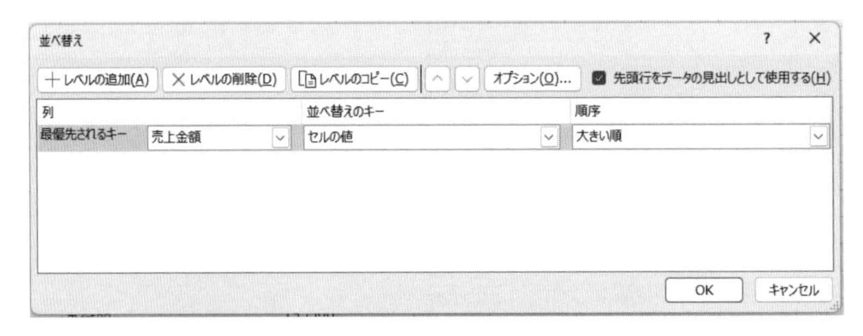

売上金額の「降順」（金額の多い順）に並べ替えられました。

	A	B	C
1		分野別売上金額	
2			
3			
4		分野	売上金額
5		電化製品	611,600
6		生活雑貨	577,400
7		化粧品	556,000
8		衣料品	425,500
9		バッグ	420,800
10		その他	386,800
11		健康食品	380,300
12		ステーショナリー	236,720
13		食料品	195,500
14		時計	170,300
15		合計	3,960,920

●問題2

「利益額計算書」表を作成します。シート「分野別売上」のセル「B5:B14」（分野名）と「C5:C15」（売上金額）をコピーして、シート「利益額計算書」のセル「A3:A12」と「B3:B13」に値を貼り付けます。売上金額には「桁区切り」を設定します。

	A	B	C	D	E
1					
2	分野	売上金額	原価率	売上原価	利益額
3	電化製品	611,600			
4	生活雑貨	577,400			
5	化粧品	556,000			
6	衣料品	425,500			
7	バッグ	420,800			
8	その他	386,800			
9	健康食品	380,300			
10	ステーショナリー	236,720			
11	食料品	195,500			
12	時計	170,300			
13	合計	3,960,920	−		

次に、シート「原価率表」の原価率をVLOOKUP関数を使って表示します。VLOOKUP関数の引数は以下のようにしてください。

- 検索値…セル「A3」（分野名を元に原価率を検索します）
- 範囲…シート「原価率表」のセル「B3:C12」（絶対参照）
- 列番号…2（原価率は範囲の2列目にあります）
- 検索方法…0（VLOOKUP関数の決まり「0」を入力）

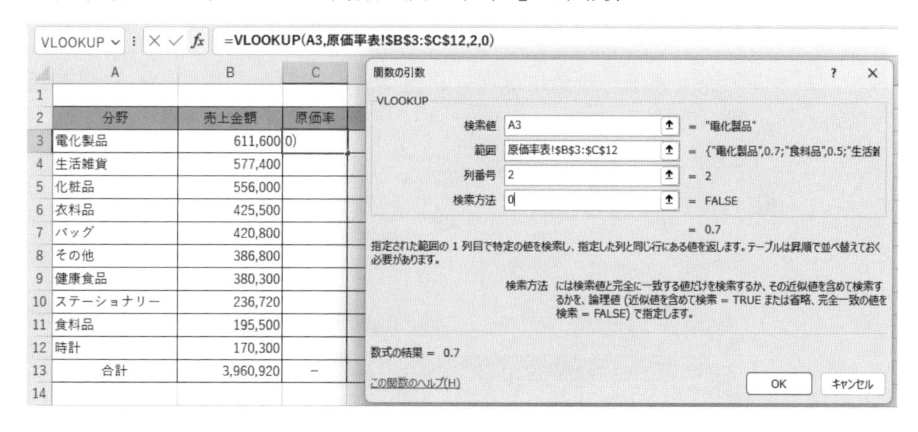

セル「C12」までオートフィルして、パーセントスタイルに設定します。

C3　=VLOOKUP(A3,原価率表!$B$3:$C$12,2,0)

	A	B	C	D	E
1					
2	分野	売上金額	原価率	売上原価	利益額
3	電化製品	611,600	70%		
4	生活雑貨	577,400	72%		
5	化粧品	556,000	55%		
6	衣料品	425,500	58%		
7	バッグ	420,800	68%		
8	その他	386,800	73%		
9	健康食品	380,300	60%		
10	ステーショナリー	236,720	53%		
11	食料品	195,500	50%		
12	時計	170,300	63%		
13	合計	3,960,920	−		

続いて、「売上原価」の計算をします。「売上原価＝売上金額×原価率」という計算式です。

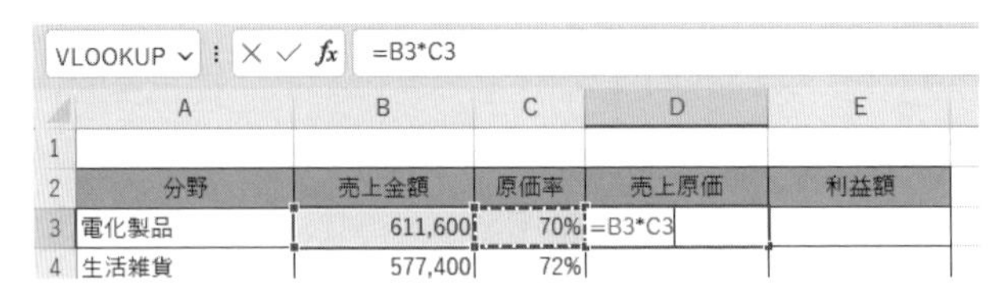

VLOOKUP　=B3*C3

	A	B	C	D	E
1					
2	分野	売上金額	原価率	売上原価	利益額
3	電化製品	611,600	70%	=B3*C3	
4	生活雑貨	577,400	72%		

売上原価の計算式は、セル「D12」までオートフィルしておきます。また、セル「D13」には、オートSUMを使って合計を計算します。

VLOOKUP　=SUM(D3:D12)

	A	B	C	D	E
1					
2	分野	売上金額	原価率	売上原価	利益額
3	電化製品	611,600	70%	428120	
4	生活雑貨	577,400	72%	415728	
5	化粧品	556,000	55%	305800	
6	衣料品	425,500	58%	246790	
7	バッグ	420,800	68%	286144	
8	その他	386,800	73%	282364	
9	健康食品	380,300	60%	228180	
10	ステーショナリー	236,720	53%	125461.6	
11	食料品	195,500	50%	97750	
12	時計	170,300	63%	107289	
13	合計	3,960,920	–	=SUM(D3:D12)	
14				SUM(数値1, [数値2], ...)	

売上原価の数値には、「桁区切り」を設定します（小数の表示になっているものは、四捨五入されます）。

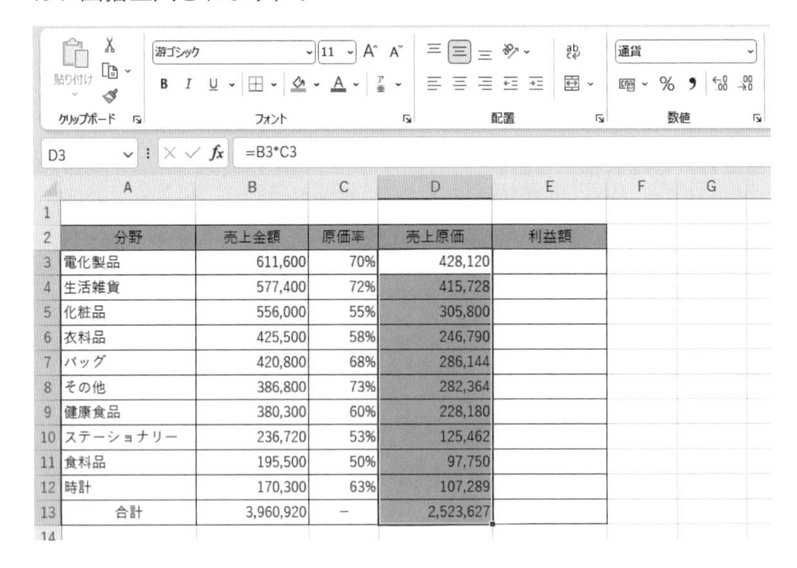

D3　=B3*C3

	A	B	C	D	E
1					
2	分野	売上金額	原価率	売上原価	利益額
3	電化製品	611,600	70%	428,120	
4	生活雑貨	577,400	72%	415,728	
5	化粧品	556,000	55%	305,800	
6	衣料品	425,500	58%	246,790	
7	バッグ	420,800	68%	286,144	
8	その他	386,800	73%	282,364	
9	健康食品	380,300	60%	228,180	
10	ステーショナリー	236,720	53%	125,462	
11	食料品	195,500	50%	97,750	
12	時計	170,300	63%	107,289	
13	合計	3,960,920	–	2,523,627	

「利益額」の計算は「売上金額－売上原価」という計算式で行ってください。

VLOOKUP　=B3-D3

	A	B	C	D	E
1					
2	分野	売上金額	原価率	売上原価	利益額
3	電化製品	611,600	70%	428,120	=B3-D3
4	生活雑貨	577,400	72%	415,728	

セル「E13」までオートフィルして、表の完成です。

	A	B	C	D	E
1					
2	分野	売上金額	原価率	売上原価	利益額
3	電化製品	611,600	70%	428,120	183,480
4	生活雑貨	577,400	72%	415,728	161,672
5	化粧品	556,000	55%	305,800	250,200
6	衣料品	425,500	58%	246,790	178,710
7	バッグ	420,800	68%	286,144	134,656
8	その他	386,800	73%	282,364	104,436
9	健康食品	380,300	60%	228,180	152,120
10	ステーショナリー	236,720	53%	125,462	111,258
11	食料品	195,500	50%	97,750	97,750
12	時計	170,300	63%	107,289	63,011
13	合計	3,960,920	－	2,523,627	1,437,293

利益額の高い順（大きい順）に表を並べ替えます。セル「A2」から「E12」までをドラッグして選択します（合計行は並べ替えないよう注意してください）。「ホーム」タブから「並べ替えとフィルター」→「ユーザー設定の並べ替え」を選び、最優先されるキーは「利益額」、順序は「大きい順」を選択して、「OK」をクリックします。

利益額の大きい順に並べ替えられました。

	A	B	C	D	E
1					
2	分野	売上金額	原価率	売上原価	利益額
3	化粧品	556,000	55%	305,800	250,200
4	電化製品	611,600	70%	428,120	183,480
5	衣料品	425,500	58%	246,790	178,710
6	生活雑貨	577,400	72%	415,728	161,672
7	健康食品	380,300	60%	228,180	152,120
8	バッグ	420,800	68%	286,144	134,656
9	ステーショナリー	236,720	53%	125,462	111,258
10	その他	386,800	73%	282,364	104,436
11	食料品	195,500	50%	97,750	97,750
12	時計	170,300	63%	107,289	63,011
13	合計	3,960,920	－	2,523,627	1,437,293

●**問題3**

グラフのデータ範囲をドラッグして、「挿入」タブより「組み合わせ」→「集合縦棒－第2軸の折れ線」グラフを選択します。データ範囲は「分野」「売上金額」「利益額」の3ヶ所です。「合計」は含みません。

	A	B	C	D	E
1					
2	分野	売上金額	原価率	売上原価	利益額
3	化粧品	556,000	55%	305,800	250,200
4	電化製品	611,600	70%	428,120	183,480
5	衣料品	425,500	58%	246,790	178,710
6	生活雑貨	577,400	72%	415,728	161,672
7	健康食品	380,300	60%	228,180	152,120
8	バッグ	420,800	68%	286,144	134,656
9	ステーショナリー	236,720	53%	125,462	111,258
10	その他	386,800	73%	282,364	104,436
11	食料品	195,500	50%	97,750	97,750
12	時計	170,300	63%	107,289	63,011
13	合計	3,960,920	－	2,523,627	1,437,293

グラフの各種設定をしていきます。グラフタイトルは「分野別売上金額と利益額」と入力してください。

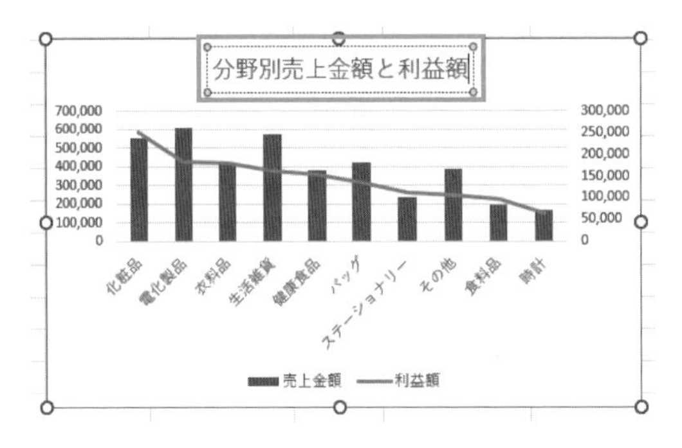

次に、「グラフ要素」をクリックして、「軸ラベル」にチェックを入れます。

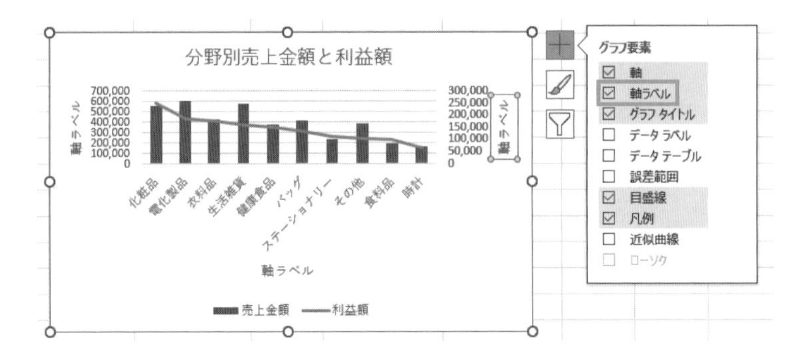

軸ラベルは、「軸ラベルの書式設定」の「タイトルのオプション」から、文字列の方向「横書き」を選択し、「単位 ： 千円」と入力してください。第2軸と横軸の軸ラベルは削除します。

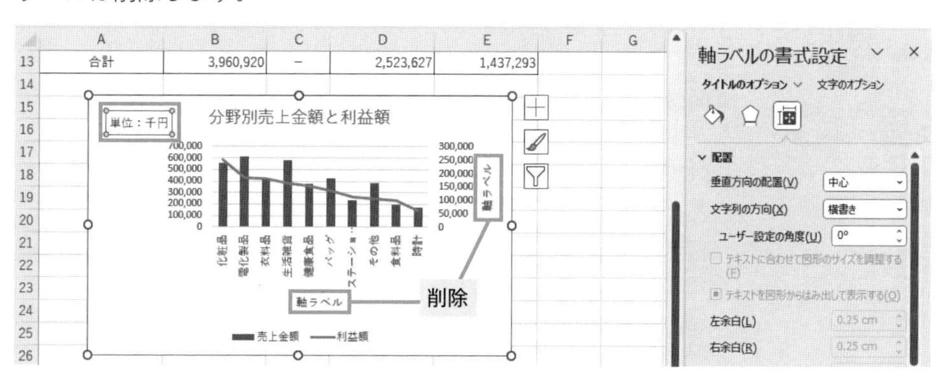

続いて、数値軸（主縦軸）を選択して「軸のオプション」をクリックし、表示単位を「千」にします。また、「表示単位のラベルをグラフに表示する」のチェックを外します。

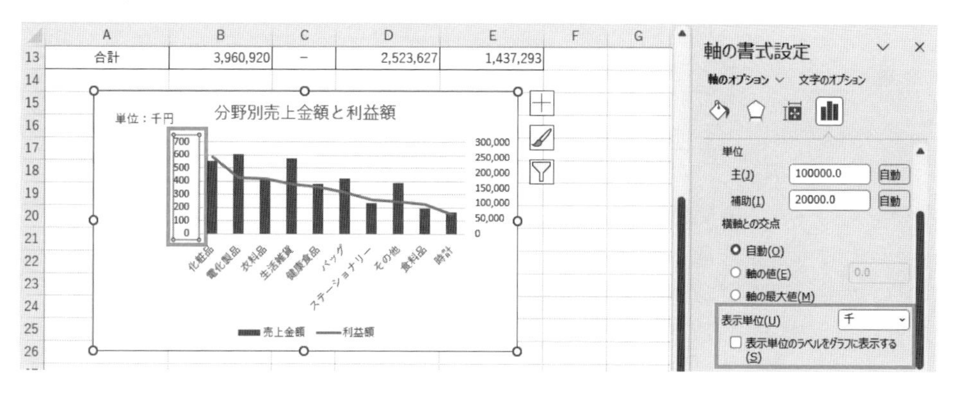

これで、グラフの完成です。

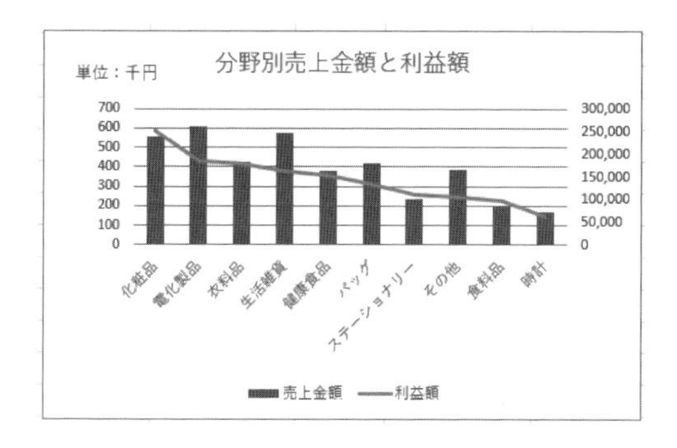

4-1-3 インテリア小物の売上状況

インテリア小物の売上状況を集計してください。

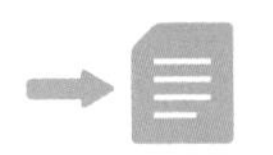

「1-3　売上集計問題」ファイルを開いてください。

●問題1

シート「売上実績表」を元に、商品ごとの「売上金額」と「売上原価」「利益率」を計算するシート「商品別集計」を完成させてください。その際、次の指示に従うこと。

（指示）

- 「利益率」は、小数点第1位までのパーセント表示にすること。小数点第2位以下を四捨五入すること。
- 「売上金額」の多い順に並べ替えを行うこと。

●問題2

シート「売上実績表」を元に、担当者別の「利益率」を集計してください。その際、次の指示に従うこと。

（指示）

- シート「担当者別売上状況」に集計すること。
- 「利益率」は、小数点第1位までのパーセント表示にすること。小数点第2位以下を四捨五入すること。

●問題3

完成したシート「担当者別売上状況」を使用して、担当者別に売上金額と利益率が分かるグラフを作成してください。

（指示）

- グラフのタイトルは「担当者別売上状況」とすること。
- グラフは、売上金額を縦棒グラフ、利益率を折れ線グラフで表した複合グラフにすること。
- 売上金額の数値軸は表示単位を「千」とし、適切な単位を表示すること。
- グラフの作成場所は、問題2で作成した表の下に配置すること。

●問題4

変更したファイルは「売上状況」とファイル名を付けて保存してください。

※なお、「●問題4」については本稿では解説を省略しております。ファイルを保存する手順については、2章の「2-1-3　ファイルの保存」をご参照ください。

問題に使うデータと解答の表を確認してみましょう。シート「売上実績表」「商品単価表」には、限られたデータのみが表示されています。商品ごとに売上金額と売上原価を集計するために必要なデータは何でしょうか？

	A	B	C	D
1	日付	担当者	商品コード	数量
2	7月1日	大沢	JK20	10
3	7月2日	久野	JK40	5
4	7月2日	西尾	JK40	20
5	7月4日	西尾	JKBD20	10
6	7月4日	大沢	JKK30	10

	A	B	C	D
1	商品コード	商品名	単価	原価
2	JK20	傘立て	2,300	1,400
3	JK40	花瓶	2,000	1,300
4	JKBD20	小物入れ	1,600	1,100
5	JKK30	ジュエリーケース	5,300	3,400
6	JKK50	スリッパ	1,200	700
7	JKH15	フォトフレーム	4,800	3,200
8	JKH18	マガジンラック	3,200	2,200
9	JKR20	オイルランプ	1,700	1,200
10	JKRS30	壁掛け時計	2,400	1,500

①シート「商品別集計」に商品ごとの売上金額と売上原価を集計

	A	B	C	D	E
1					
2					
3		商品	売上金額	売上原価	利益率
4					
5					
6					
7					
8					
9					
10					
11					
12					

②シート「担当者別売上状況」に担当者ごとの売上金額と売上原価を集計

	A	B	C	D	E
1					
2					
3		担当者名	売上金額	売上原価	利益率
4					
5					
6					
7					

解説

インテリア小物の売上状況

●問題1

最初に、集計に必要なデータを揃えます。シート「売上実績表」に、「商品名」「単価」「原価」の項目を追加します。

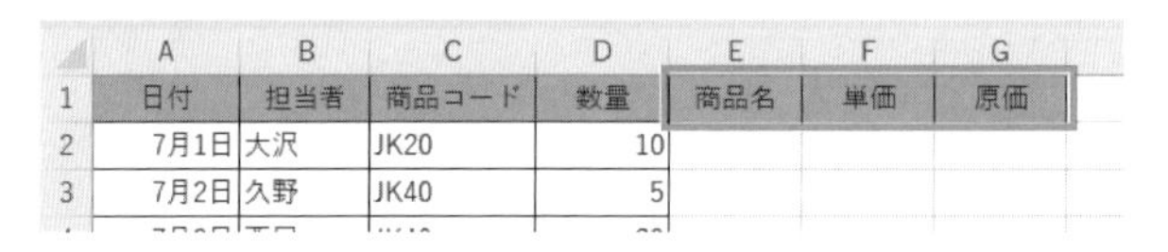

	A	B	C	D	E	F	G
1	日付	担当者	商品コード	数量	商品名	単価	原価
2	7月1日	大沢	JK20	10			
3	7月2日	久野	JK40	5			

「VLOOKUP関数」を使って、「商品名」（列番号「2」）、「単価」（列番号「3」）、「原価」（列番号「4」）を表示させます。

それぞれの計算式を、最終行までオートフィルしておきます。

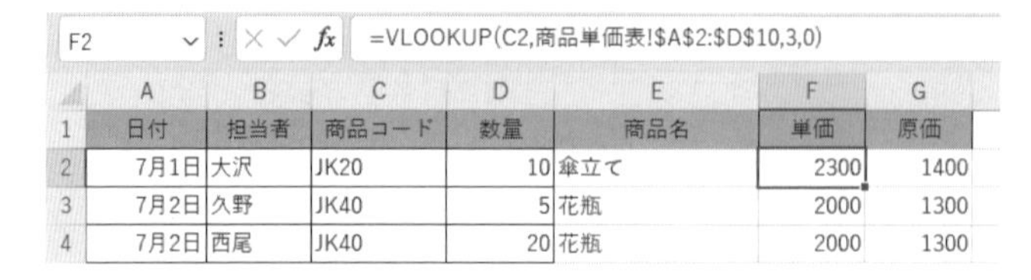

	A	B	C	D	E	F	G
1	日付	担当者	商品コード	数量	商品名	単価	原価
2	7月1日	大沢	JK20	10	傘立て	2300	1400
3	7月2日	久野	JK40	5	花瓶	2000	1300
4	7月2日	西尾	JK40	20	花瓶	2000	1300

「売上金額」と「売上原価」の項目を追加します。

	A	B	C	D	E	F	G	H	I
1	日付	担当者	商品コード	数量	商品名	単価	原価	売上金額	売上原価
2	7月1日	大沢	JK20	10	傘立て	2300	1400		
3	7月2日	久野	JK40	5	花瓶	2000	1300		
4	7月2日	西尾	JK40	20	花瓶	2000	1300		

「売上金額＝数量×単価」「売上原価＝数量×原価」の計算をします。これも、最終行までオートフィルしておきます。

H2 =D2*F2

	A	B	C	D	E	F	G	H	I
1	日付	担当者	商品コード	数量	商品名	単価	原価	売上金額	売上原価
2	7月1日	大沢	JK20	10	傘立て	2300	1400	23000	14000
3	7月2日	久野	JK40	5	花瓶	2000	1300	10000	6500
4	7月2日	西尾	JK40	20	花瓶	2000	1300	40000	26000
5	7月4日	西尾	JKBD20	10	小物入れ	1600	1100	16000	11000
6	7月4日	大沢	JKK30	10	ジュエリーケース	5300	3400	53000	34000

これで集計に必要なデータが揃いました。ピボットテーブルを使って、商品ごとの売上金額と売上原価を集計してみましょう。

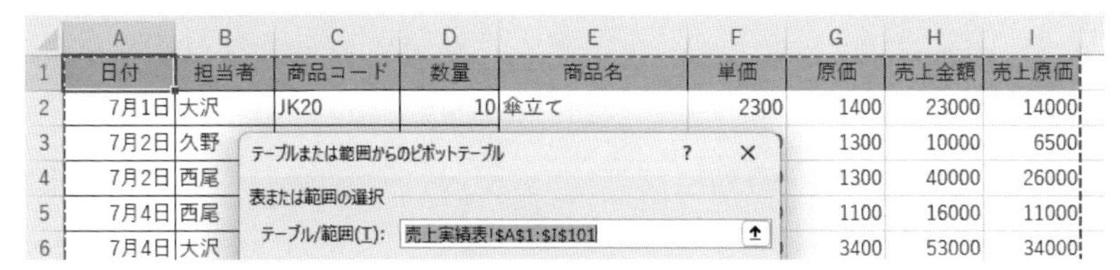

	A	B	C	D	E	F	G	H	I
1	日付	担当者	商品コード	数量	商品名	単価	原価	売上金額	売上原価
2	7月1日	大沢	JK20	10	傘立て	2300	1400	23000	14000
3	7月2日	久野					1300	10000	6500
4	7月2日	西尾					1300	40000	26000
5	7月4日	西尾					1100	16000	11000
6	7月4日	大沢					3400	53000	34000

「行」には「商品名」、「値」には「売上金額」「売上原価」の順番にドラッグします。こうすると、売上金額と売上原価を横に並べて集計できます。

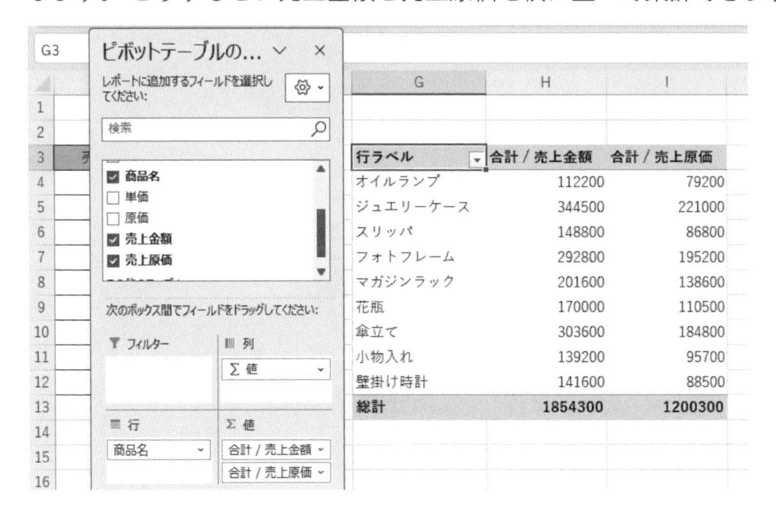

行ラベル	合計 / 売上金額	合計 / 売上原価
オイルランプ	112200	79200
ジュエリーケース	344500	221000
スリッパ	148800	86800
フォトフレーム	292800	195200
マガジンラック	201600	138600
花瓶	170000	110500
傘立て	303600	184800
小物入れ	139200	95700
壁掛け時計	141600	88500
総計	**1854300**	**1200300**

集計したデータを、解答の表にコピー、値の貼り付けをします。 貼り付けた数値には、桁区切りを設定してください。

商品	売上金額	売上原価	利益率
オイルランプ	112200	79200	
ジュエリーケース	344500	221000	
スリッパ	148800	86800	
フォトフレーム	292800	195200	
マガジンラック	201600	138600	
花瓶	170000	110500	
傘立て	303600	184800	
小物入れ	139200	95700	
壁掛け時計	141600	88500	

行ラベル	合計 / 売上金額	合計 / 売上原価
オイルランプ	112200	79200
ジュエリーケース	344500	221000
スリッパ	148800	86800
フォトフレーム	292800	195200
マガジンラック	201600	138600
花瓶	170000	110500
傘立て	303600	184800
小物入れ	139200	95700
壁掛け時計	141600	88500
総計	1854300	1200300

利益率の計算をします。「利益率＝（売上金額－売上原価）÷売上金額」です。

VLOOKUP　=(C4-D4)/C4

商品	売上金額	売上原価	利益率
オイルランプ	112,200	79,200	=(C4-D4)/C4

12行目までオートフィルして、小数点第1位までのパーセントスタイルに設定します。

E4　=(C4-D4)/C4

商品	売上金額	売上原価	利益率
オイルランプ	112,200	79,200	29.4%
ジュエリーケース	344,500	221,000	35.8%
スリッパ	148,800	86,800	41.7%
フォトフレーム	292,800	195,200	33.3%
マガジンラック	201,600	138,600	31.3%
花瓶	170,000	110,500	35.0%
傘立て	303,600	184,800	39.1%
小物入れ	139,200	95,700	31.3%
壁掛け時計	141,600	88,500	37.5%

「売上金額」の降順（大きい順）に並べ替えます。

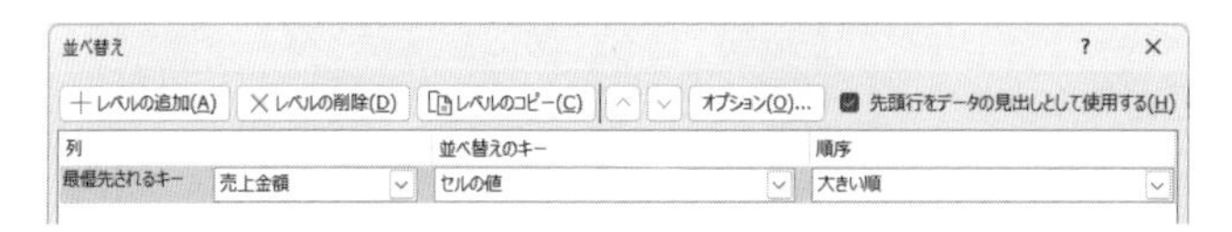

これで「商品別集計」シートの完成です。

商品	売上金額	売上原価	利益率
ジュエリーケース	344,500	221,000	35.8%
傘立て	303,600	184,800	39.1%
フォトフレーム	292,800	195,200	33.3%
マガジンラック	201,600	138,600	31.3%
花瓶	170,000	110,500	35.0%
スリッパ	148,800	86,800	41.7%
壁掛け時計	141,600	88,500	37.5%
小物入れ	139,200	95,700	31.3%
オイルランプ	112,200	79,200	29.4%

●問題2

「担当者別売上状況」表の作成をします。問題1で作成したピボットテーブルを「担当者」ごとの集計に変更します。フィールドリストの「商品名」のチェックを外して、代わりに「担当者」を「行」にドラッグします。

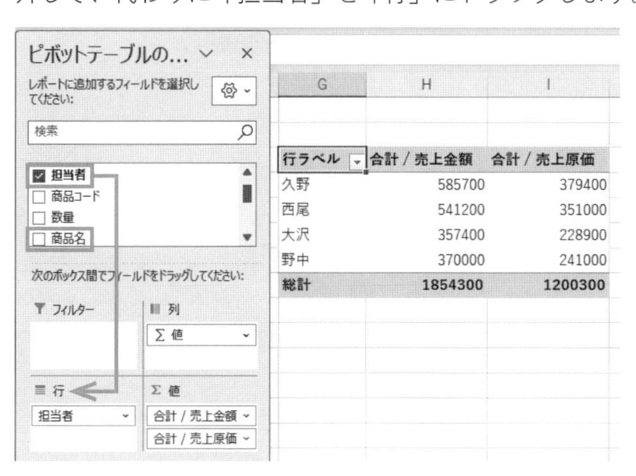

集計したデータをコピーして、シート「担当者別売上状況」の表に値を貼り付けます。貼り付けた値には「桁区切り」を設定してください。

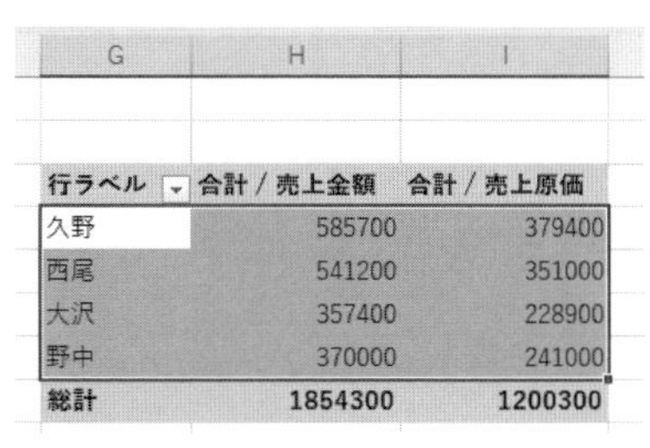

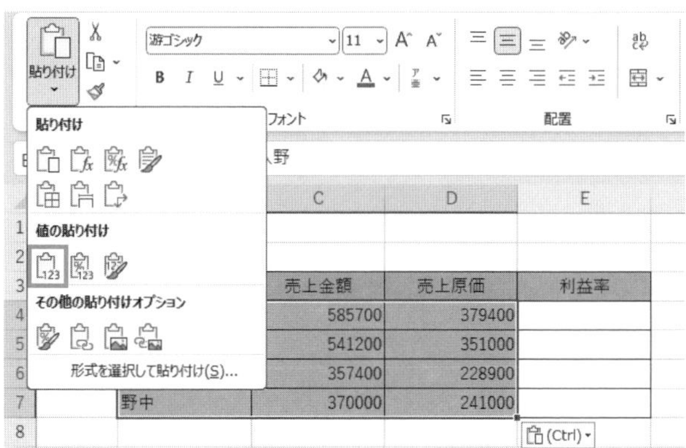

「利益率」を計算します。

VLOOKUP | =(C4-D4)/C4

	A	B	C	D	E
1					
2					
3		担当者名	売上金額	売上原価	利益率
4		久野	585,700	379,400	=(C4-D4)/C4
5		西尾	541,200	351,000	

7行目までオートフィルし、小数点第1位までのパーセントスタイルに設定します。

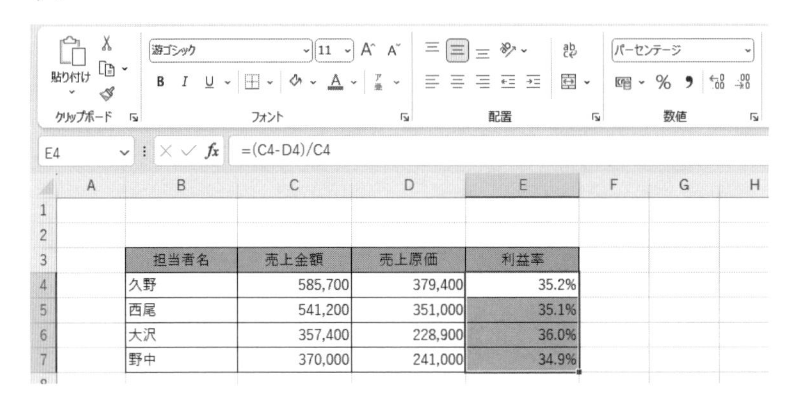

	A	B	C	D	E	F	G	H
1								
2								
3		担当者名	売上金額	売上原価	利益率			
4		久野	585,700	379,400	35.2%			
5		西尾	541,200	351,000	35.1%			
6		大沢	357,400	228,900	36.0%			
7		野中	370,000	241,000	34.9%			

●問題3

「売上状況」グラフの作成をします。「担当者名」「売上金額」「利益率」を選択して「集合縦棒－第2軸の折れ線」グラフを作成します。

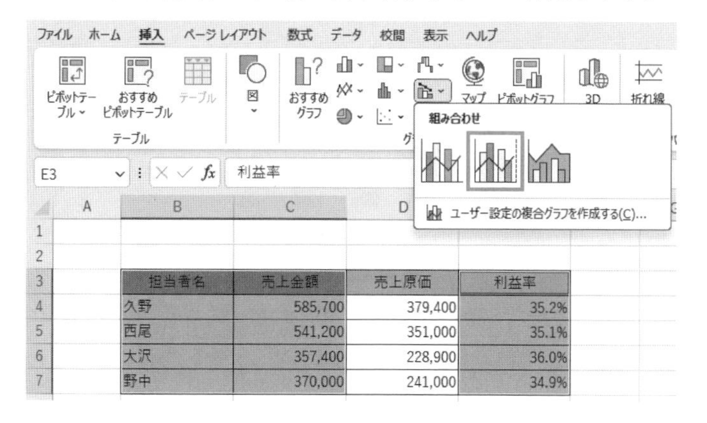

グラフタイトルを「担当者別売上状況」と入力します。

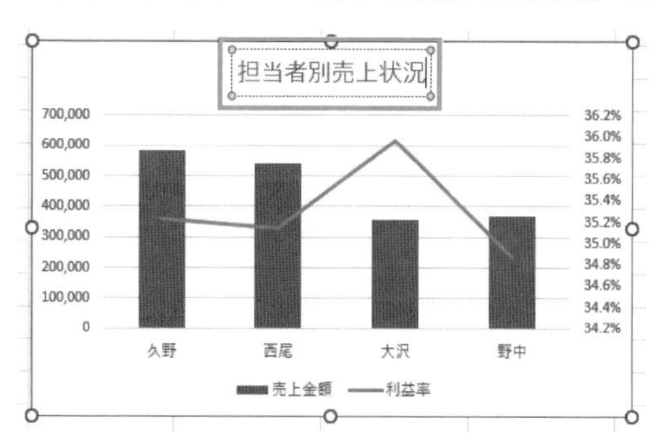

「グラフ要素」の「軸ラベル」にチェックを入れます。今回は、第2軸ラベルと横軸ラベルは不要ですので、削除します。

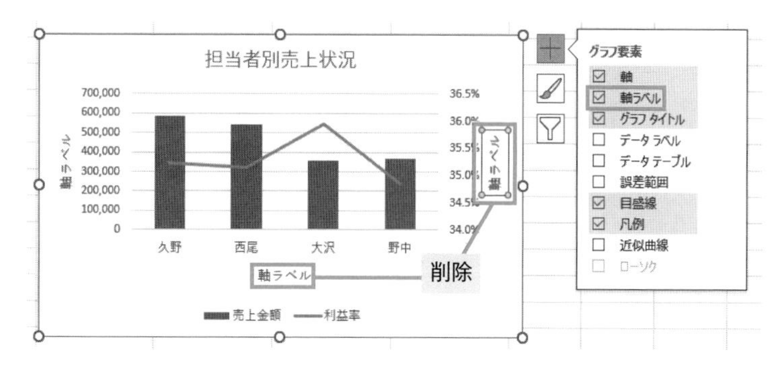

主縦軸ラベルを「横書き」に設定し、「単位 : 千円」と入力します。そして軸の上側、見やすい位置に移動してください。

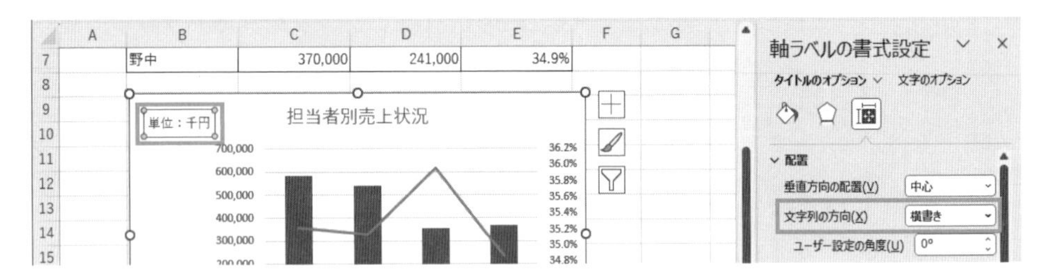

縦軸（売上金額）の目盛を「千円」単位に設定します。表示単位は「千」を選択し、「表示単位のラベルをグラフに表示する」のチェックを外してください。

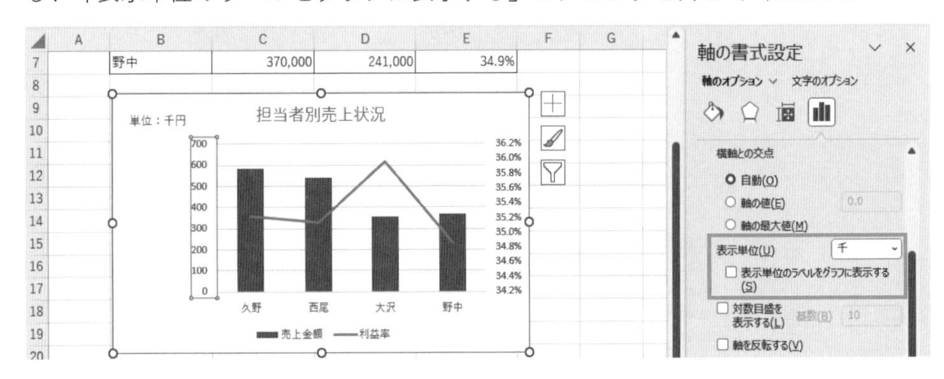

グラフの完成図は以下の通りです。

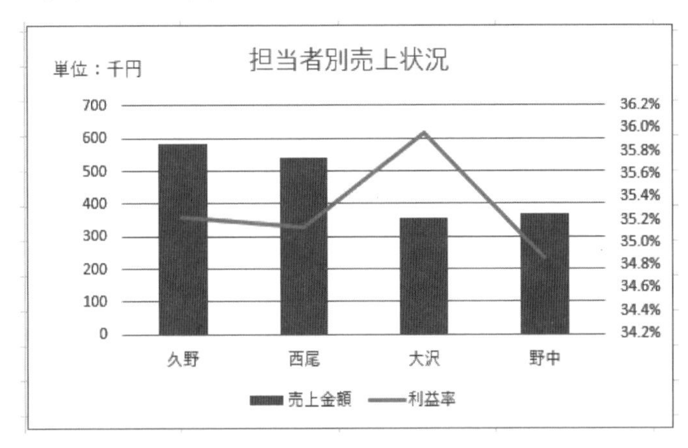

4-1-4 営業社員の第２四半期の売上実績

営業社員の第2四半期の売上実績を、以下の指示に従い集計してください。

「1-4　売上集計問題」ファイルを開いてください。

●問題1

シート「売上実績」を元に集計表を完成させてください。 その際、以下の指示に従うこと。

（指示）

- シート名「販売枚数集計表」に集計すること。
- 販売枚数の多い商品順に並べ替えを行うこと。

●問題2

シート「売上実績」「原価表」を元に、利益率の集計をしてください。 その際、以下の指示に従うこと。

（指示）

- シート「利益率計算書」に担当者ごとの売上合計、原価合計、利益率（%）を集計すること。
- 利益率（%）は、小数点第2位以下を切り捨てて、小数点第1位までの表示にすること。
- 表のタイトルは、「第2四半期売上集計」とし、拡大して表の上、中央に配置すること。

●問題3

問題2で作成した表を元に担当者ごとのグラフを作成してください。

（指示）

- グラフのタイトルは「売上 ・ 利益比較グラフ」とすること。
- グラフは、売上合計、原価合計を縦棒、利益率を折れ線とする複合グラフにすること。
- 第1数値軸は、表示単位を「万」にし、それぞれの数値軸には単位を表示すること。
- グラフには、凡例を表示すること。
- グラフの作成場所は「オブジェクト」とし、問題2で作成した「利益率計算書」の下に配置すること。

●問題4

変更したファイルは、「第2四半期売上実績」とファイル名を付けて保存してください。

※なお、「●問題4」については本稿では解説を省略しております。 ファイルを保存する手順については、2章の「2-1-3　ファイルの保存」をご参照ください。

問題に使うデータと解答の表を確認してみましょう。シート「売上実績」「原価表」から集計に必要なデータは何か、あらかじめ考えておきましょう。

	A	B	C	D	E
1	日付	担当者	商品名	単価	枚数
2	7月1日	川上	ジャケット	39,800	3
3	8月5日	川上	Tシャツ	3,400	6
4	7月3日	岡田	ポロシャツ	5,200	3
5	7月4日	藤本	セーター	11,800	1

	A	B	C
1			
2			原価
3		ジャケット	25,400
4		Tシャツ	2,500
5		ポロシャツ	3,600
6		セーター	8,900
7		スカート	10,500
8		ワンピース	16,000
9		フォーマルドレス	42,000

①シート「販売枚数集計表」に担当者ごとの販売枚数を集計

	A	B	C	D	E	F	G
1							
2		商品名	川上	岡田	西村	藤本	合計
3							
4							
5							
6							
7							
8							
9							

②シート「利益率計算書」に担当者ごとの売上合計、原価合計、利益率を集計

	A	B	C	D	E
1					
2					
3			売上合計	原価合計	利益率（%）
4		川上			
5		岡田			
6		藤本			
7		西村			

解説　営業社員の第２四半期の売上実績

●問題1

「販売枚数集計表」を作成します。

商品名	川上	岡田	西村	藤本	合計

シート「売上実績」のデータを元にピボットテーブルを作成します。列に「担当者」、行に「商品名」、値に「枚数」をそれぞれドラッグします。

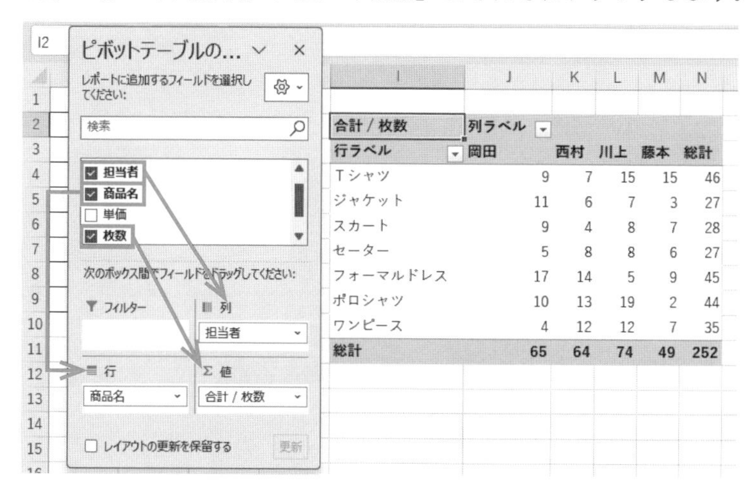

合計 / 枚数	列ラベル				
行ラベル	岡田	西村	川上	藤本	総計
Tシャツ	9	7	15	15	46
ジャケット	11	6	7	3	27
スカート	9	4	8	7	28
セーター	5	8	8	6	27
フォーマルドレス	17	14	5	9	45
ポロシャツ	10	13	19	2	44
ワンピース	4	12	12	7	35
総計	65	64	74	49	252

販売枚数の多い順に、ピボットテーブルの並べ替えをします。総計の一番上の数値のセル（解答例ではセル「N4」）→「ホーム」タブ→「並べ替えとフィルター」→「降順」の順にクリックしてください。

合計 / 枚数	列ラベル				
行ラベル	岡田	西村	川上	藤本	総計
Tシャツ	9	7	15	15	46
フォーマルドレス	17	14	5	9	45
ポロシャツ	10	13	19	2	44
ワンピース	4	12	12	7	35
スカート	9	4	8	7	28
ジャケット	11	6	7	3	27
セーター	5	8	8	6	27
総計	65	64	74	49	252

合計枚数の多い順に、ピボットテーブル内のデータが並べ替えられました。

担当者の並び順を、解答の表に合わせて変更します。「川上」を左端に移動します。セル「L3」をクリックして、セル「J3」の左側までドラッグします。

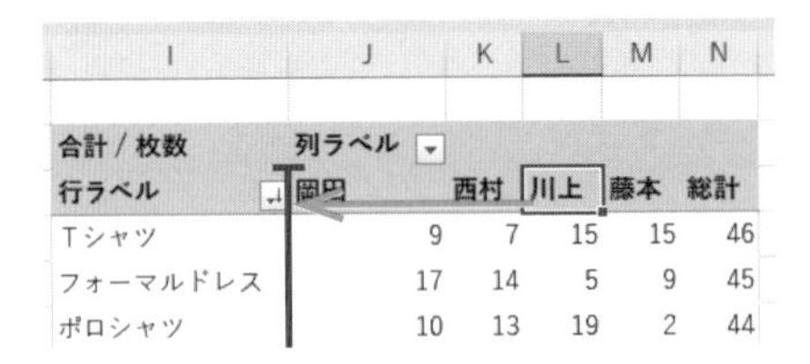

集計したデータをコピーして、値を貼り付けます。

●問題2

「利益率計算書」を作成するために必要なデータを、シート「売上実績」に追加します。「VLOOKUP関数」を使って、シート「原価率表」からシート「売上実績」の列「F」に商品の原価を表示します。

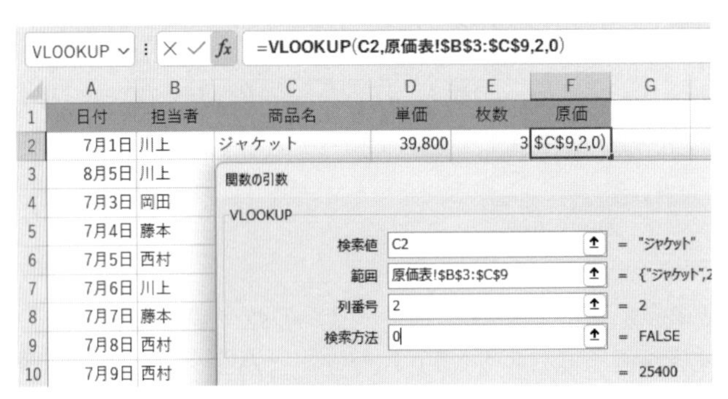

列「G」に、「売上合計」を計算します。計算式は「単価×枚数」です。列「H」に、「原価合計」を計算します。計算式は「原価×枚数」です。

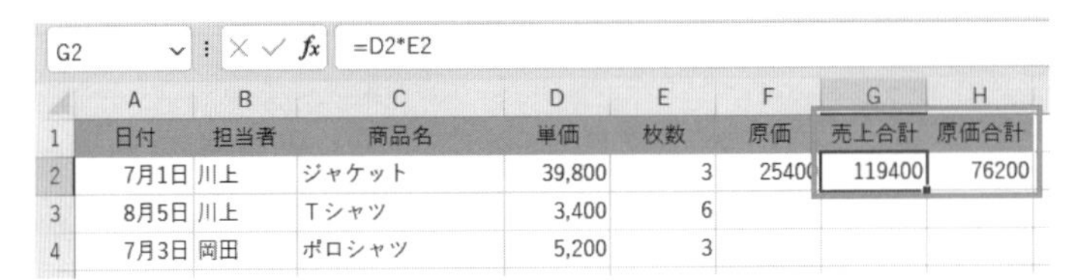

列FからHまでの計算式を、それぞれオートフィルしてください。

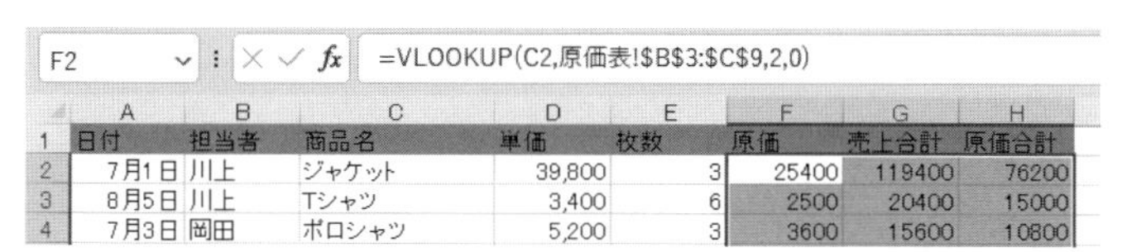

F2 =VLOOKUP(C2,原価表!$B$3:$C$9,2,0)

	A	B	C	D	E	F	G	H
1	日付	担当者	商品名	単価	枚数	原価	売上合計	原価合計
2	7月1日	川上	ジャケット	39,800	3	25400	119400	76200
3	8月5日	川上	Tシャツ	3,400	6	2500	20400	15000
4	7月3日	岡田	ポロシャツ	5,200	3	3600	15600	10800

ピボットテーブルを使って、担当者ごとの「売上合計」と「原価合計」を集計します。ピボットテーブルのデータ範囲を変更してみましょう。

問題1で作成したピボットテーブルには、「売上合計」と「原価合計」のリスト（項目）が入っていないので、ピボットテーブルのデータ範囲に「売上合計」と「原価合計」を追加しましょう。

問題1で作成したピボットテーブル内のセルをどこでもいいのでクリックしてください。「ピボットテーブル分析」タブ→「データソースの変更」をクリックします。

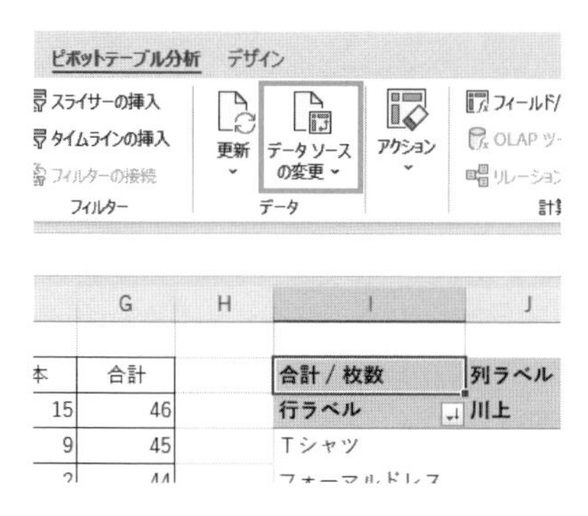

画面が「売上実績」のシートに変わるので、表全体をドラッグして範囲を選択しなおして、「OK」をクリックします。

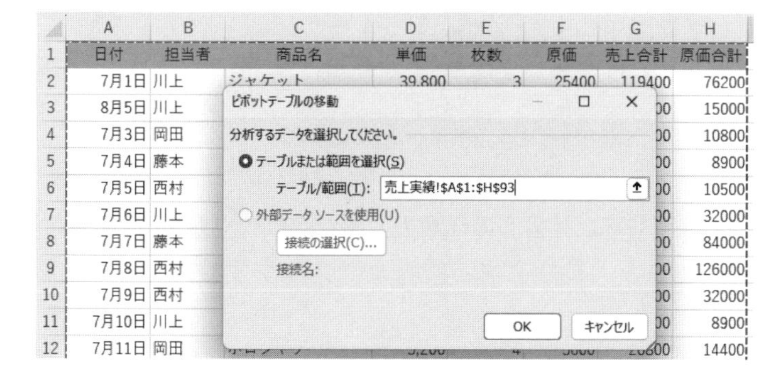

「原価」「売上合計」「原価合計」がリストに追加され、新しいピボットテーブルのフィールドリストができました。

日商PC検定では、作成するピボットテーブルは、ひとつだけにしておきましょう。複数のピボットテーブルを作ると、メモリの関係上、Excelが強制終了してしまう場合があるため、注意が必要です。最初に作ったピボットテーブルを自由に変更・移動できるようになっておきましょう。

次に、ピボットテーブルの作成場所を、シート「利益率計算書」に移動します。「ピボットテーブル分析」タブ→「アクション」→「ピボットテーブルの移動」を選択します。集計した値をコピー、貼り付けする際、ピボットテーブルは解答の表と同じシートに移動しておくと便利です。

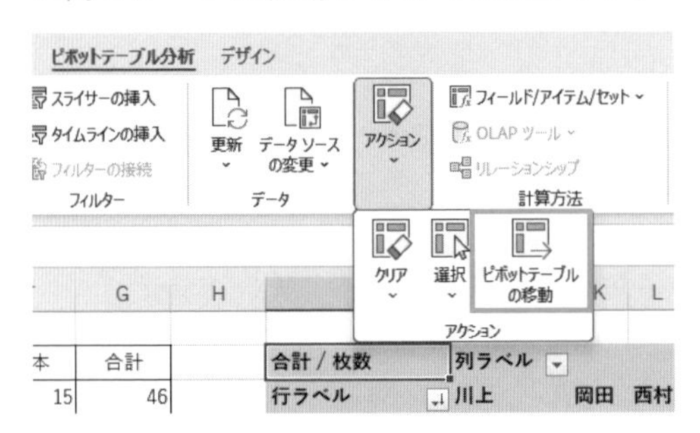

シート「利益率計算書」の任意のセルをクリックして「OK」をクリックします。

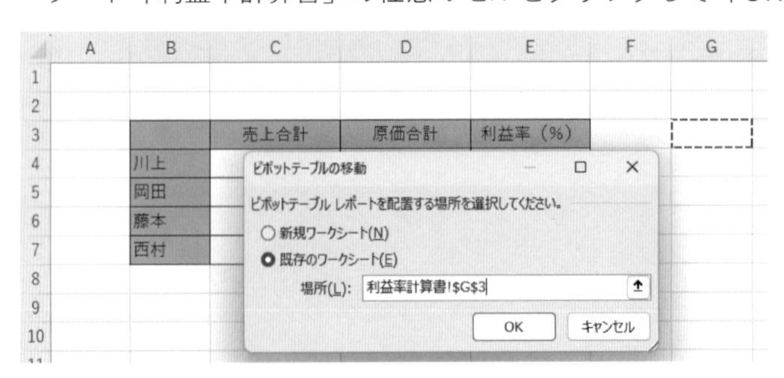

ピボットテーブルを自由に扱えるように練習しておきましょう。
- データソースの変更
- ピボットテーブルの移動

できあがったピボットテーブルで、担当者ごとの売上合計と原価合計を集計します。

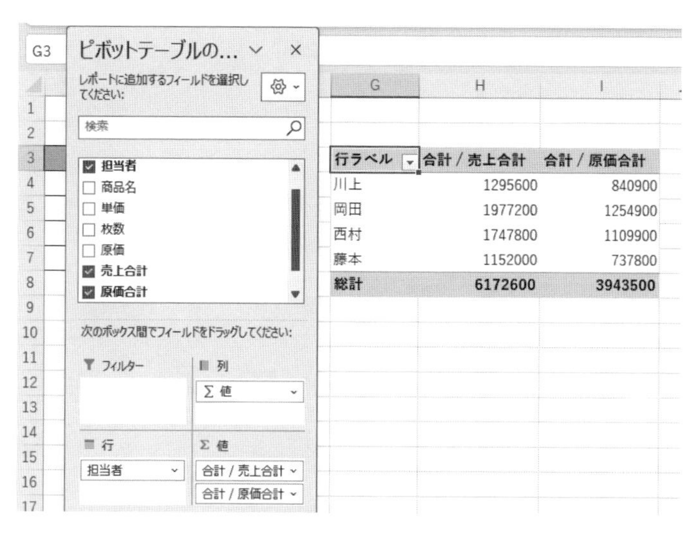

行ラベル	合計 / 売上合計	合計 / 原価合計
川上	1295600	840900
岡田	1977200	1254900
西村	1747800	1109900
藤本	1152000	737800
総計	6172600	3943500

ピボットテーブルの担当者名の並び順を、解答の表に合わせて並べ替えます。

	売上合計	原価合計	利益率（%）
川上			
岡田			
藤本			
西村			

行ラベル	合計 / 売上合計	合計 / 原価合計
川上	1295600	840900
岡田	1977200	1254900
藤本	1152000	737800
西村	1747800	1109900

集計した数値をコピーして、値を貼り付けます。貼り付けた数値には桁区切りを設定しておきます。

	売上合計	原価合計	利益率（%）
川上	1295600	840900	
岡田	1977200	1254900	
藤本	1152000	737800	
西村	1747800	1109900	

行ラベル	合計 / 売上合計	合計 / 原価合計
川上	1295600	840900
岡田	1977200	1254900
藤本	1152000	737800
西村	1747800	1109900

「利益率（%）」を計算します。「小数点第2位を切り捨て」と指示があるので、「ROUNDDOWN関数」を使います。

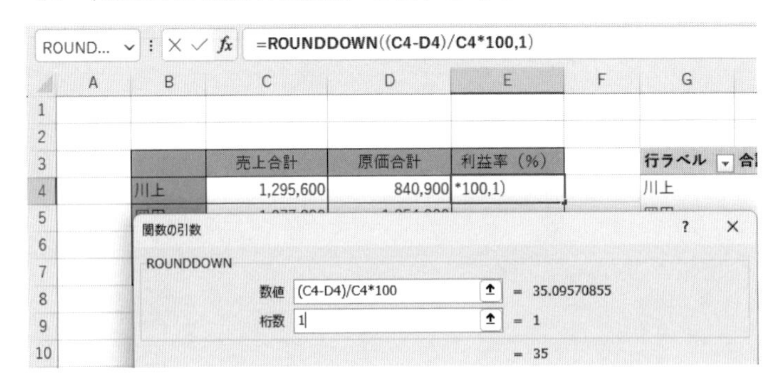

セル「E4」の計算結果が「35」となっていますので、「小数点以下の表示桁数を増やす」ボタンで、小数点以下の桁を揃えておきます。

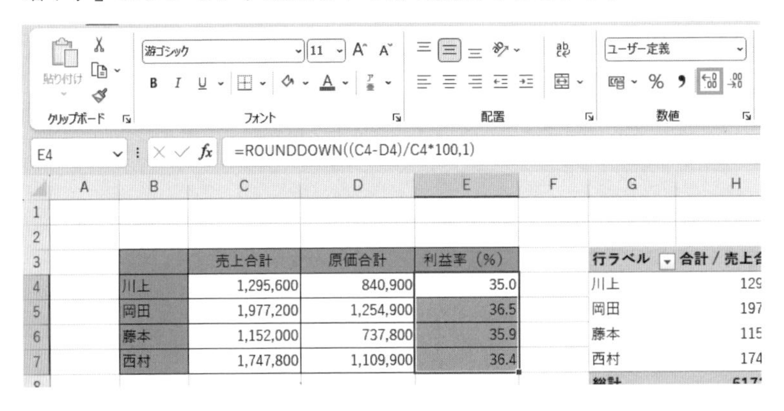

表のタイトルを入力して完成です。

	A	B	C	D	E
1			第2四半期売上集計		
2					
3			売上合計	原価合計	利益率（%）
4		川上	1,295,600	840,900	35.0
5		岡田	1,977,200	1,254,900	36.5
6		藤本	1,152,000	737,800	35.9
7		西村	1,747,800	1,109,900	36.4

割合の数値の小数点以下の桁数は必ず揃えておきましょう。ひとつの表の中で、「35」「36.5」のような数値の表記ずれは減点対象となります。「35.0」「36.5」のように、小数点以下の桁を揃えるようにしましょう。

●問題3

「売上 ・ 利益比較グラフ」を作成します。グラフの作成範囲はセル「B3:E7」、グラフの種類は「組み合わせ」→「集合縦棒－第2軸の折れ線」を選択しましょう。

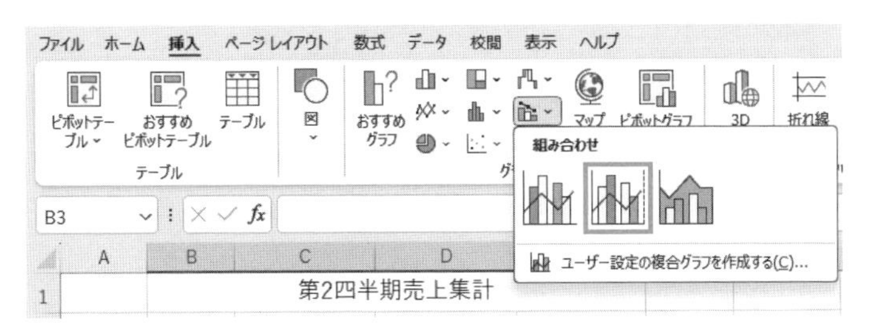

- グラフタイトル…「売上 ・ 利益比較グラフ」
- 主縦軸ラベル…「単位 ： 万円」
- 第2軸ラベル…「単位 ： %」
- 配置の文字列の方向…「横書き」
- 軸の書式設定の表示単位…「万」

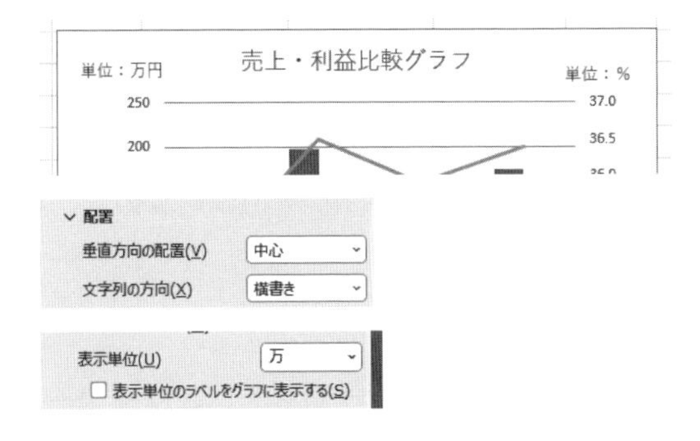

グラフの完成図は以下の通りです。

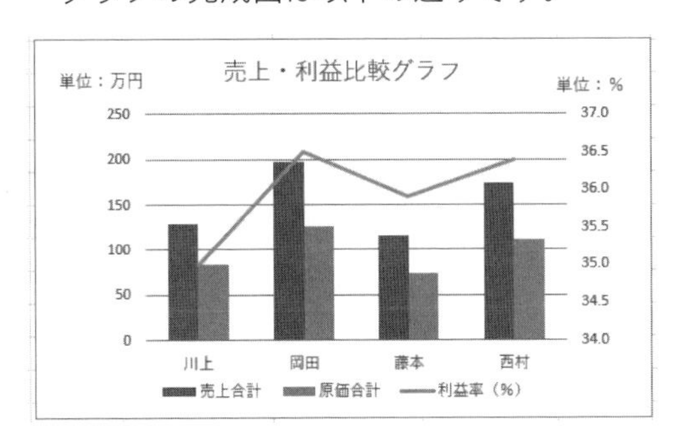

4-2 アンケート集計問題

4-2-1

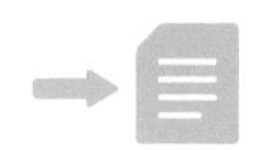

「2-1　アンケート集計問題」を開いてください。

新製品についてのアンケート

以下のデータを元に、新製品についてのアンケート結果を集計してください。

●問題1

シート「大阪アンケート」のデータを元に、シート「地域別集計」に集計結果をまとめてください。その際、以下の指示に従うこと。

（指示）

- シート名は「アンケート集計結果」とすること。

●問題2

問題1で作成した「新製品に関するアンケート集計」表を元に、シート「集計割合」の表を作成してください。その際、以下の指示に従うこと。

（指示）

- 「広島」のデータを参考にして表を作成すること。
- 小数点第1位まで表示すること。
- 表のタイトルは「地域別構成割合」とし、作成した表の上、中央に配置すること。

●問題3

問題2で作成した表を元に、地域ごとに構成割合を比較する積み上げ縦棒グラフを作成してください。その際、以下の指示に従うこと。

（指示）

- 項目軸には地域を表示すること。
- 数値軸には単位を表示すること。また数値軸の最大値は「100」とし、目盛間隔は「10」とすること。
- 凡例と値を表示すること。
- グラフのタイトルは「地域別割合」とすること。
- グラフは「地域別構成割合」の表の下に配置すること。

●問題4

変更したファイルは「地域別アンケート集計結果」とファイル名を付けて保存してください。

※なお、「●問題4」については本稿では解説を省略しております。ファイルを保存する手順については、2章の「2-1-3　ファイルの保存」をご参照ください。

問題に使うデータと解答の表を確認してみましょう。シート「大阪アンケート」の回答No.1～120の人が「味について」回答した結果を表示しています。回答結果は、「1.とても良い」「2.良い」「3.どちらともいえない」「4.悪い」「5.とても悪い」の5つです。

	A	B	C	D	E
1	新製品に関するアンケート調査				
2					
3	回答No.	年齢	性別	職業	味について
4	1	22	男	学生	3.どちらともいえない
5	2	23	女	社会人	2.良い
6	3	25	女	主婦	3.どちらともいえない
7	4	50	男	その他	4.悪い

①シート「地域別集計」に「1～5」の回答をした人が、それぞれ何人いるかを集計

	A	B	C	D	E	F
1	新製品に関するアンケート集計					
2						単位：人
3	地域	1.とても良い	2.良い	3.どちらともいえない	4.悪い	5.とても悪い
4	広島	19	43	18	12	4
5	京都	29	45	21	8	6
6	神戸	25	40	19	11	10
7	大阪					
8	合計	73	128	58	31	20

②シート「集計割合」に回答した人数を「構成比」にして計算

	A	B	C	D	E	F
1						
2						単位：%
3	地域	1.とても良い	2.良い	3.どちらともいえない	4.悪い	5.とても悪い
4	広島	19.8	44.8	18.8	12.5	4.2
5	京都					
6	神戸					
7	大阪					

解説　新製品についてのアンケート

●問題1

「地域別集計」表の作成をします。アンケート集計の際、集計する項目（フィールド）は、ひとつだけにしましょう。「大阪アンケート」シートの表内をクリックして、ピボットテーブルを使って集計します。

「列」に「味について」、「値」に「味について」をそれぞれドラッグします。

ピボットテーブルの集計方法が「個数」になっていること、解答の表の「とても良い」～「とても悪い」の並び順とピボットテーブルの回答項目の並び順が合っていることを確認してください。違う場合は、ピボットテーブルの方を並べ替えます。

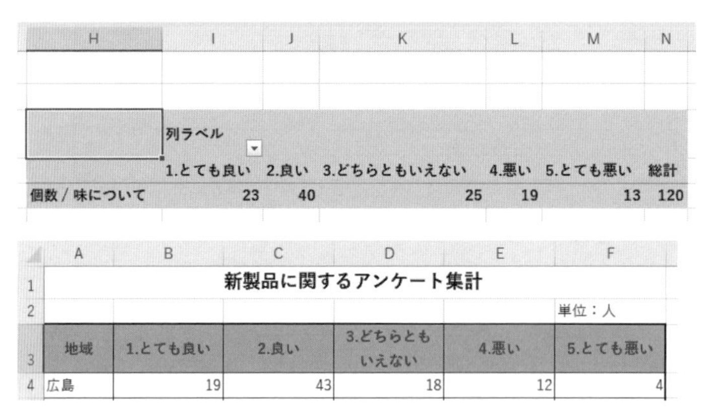

	列ラベル					
	1.とても良い	2.良い	3.どちらともいえない	4.悪い	5.とても悪い	総計
個数 / 味について	23	40	25	19	13	120

新製品に関するアンケート集計

単位：人

地域	1.とても良い	2.良い	3.どちらともいえない	4.悪い	5.とても悪い
広島	19	43	18	12	4

集計された数値をコピーし、シート「地域別集計」のセル「B7:F7」に値を貼り付けます。

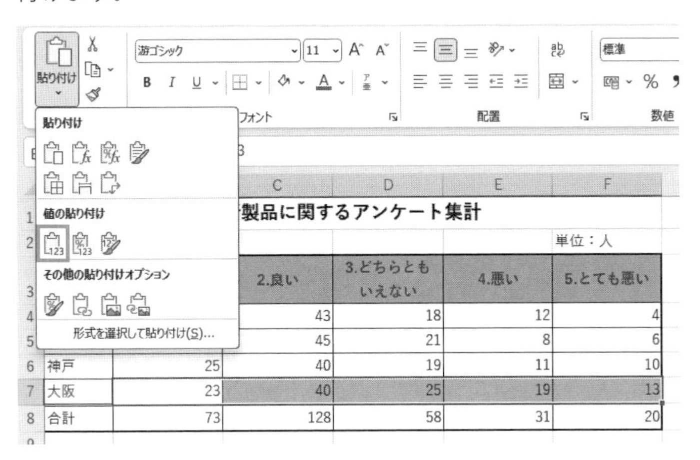

シート名を「アンケート集計結果」に変更します。 シート名の上で右クリックして「名前の変更」をクリックします。 すると、文字が灰色に反転して入力できる状態になります。 その状態で「アンケート集計結果」と入力してください。

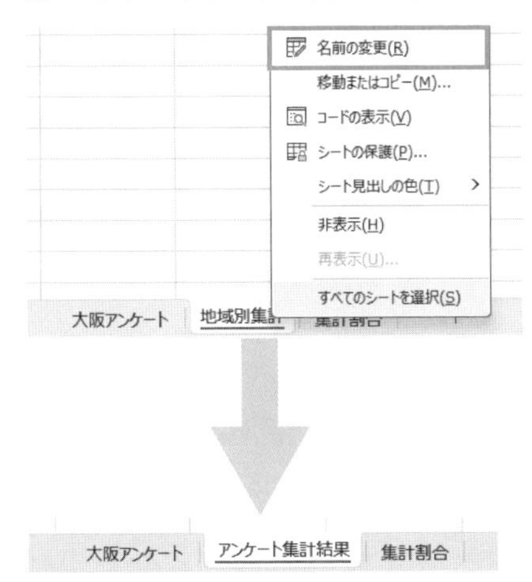

第1章
第2章
第3章
第4章
第5章
第6章

● **問題2**

「集計割合」表の作成をします。シート「アンケート集計結果」の列「G」に地域ごとの構成比を求めるために、「合計」を計算しておきます。

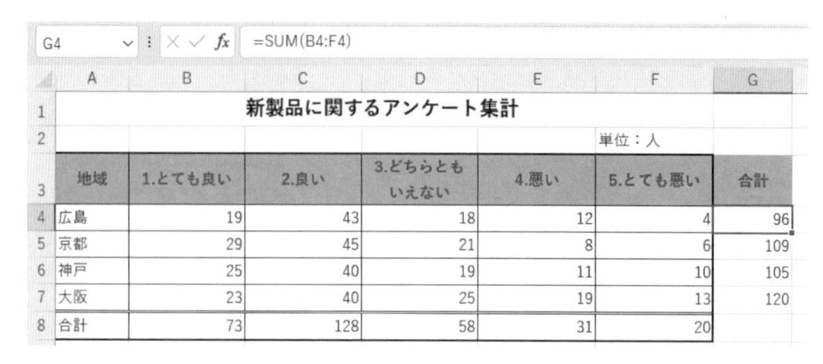

G4 =SUM(B4:F4)

	A	B	C	D	E	F	G
1	新製品に関するアンケート集計						
2						単位：人	
3	地域	1.とても良い	2.良い	3.どちらともいえない	4.悪い	5.とても悪い	合計
4	広島	19	43	18	12	4	96
5	京都	29	45	21	8	6	109
6	神戸	25	40	19	11	10	105
7	大阪	23	40	25	19	13	120
8	合計	73	128	58	31	20	

シート「アンケート集計結果」の空いているセルを使って構成比を求める計算式を入力します。

	A	B	C	D	E	F	G
1	新製品に関するアンケート集計						
2						単位：人	
3	地域	1.とても良い	2.良い	3.どちらともいえない	4.悪い	5.とても悪い	合計
4	広島	19	43	18	12	4	96
5	京都	29	45	21	8	6	109
6	神戸	25	40	19	11	10	105
7	大阪	23	40	25	19	13	120
8	合計	73	128	58	31	20	
9							
10		=B5/$G$5*100					

注意 「合計」のセルは「絶対参照」にするようにしましょう。

「京都」の構成比を計算した数式をセル「F10」までオートフィルします。

B10 =B5/$G$5*100

	A	B	C	D	E	F	G
1	新製品に関するアンケート集計						
2						単位：人	
3	地域	1.とても良い	2.良い	3.どちらともいえない	4.悪い	5.とても悪い	合計
4	広島	19	43	18	12	4	96
5	京都	29	45	21	8	6	109
6	神戸	25	40	19	11	10	105
7	大阪	23	40	25	19	13	120
8	合計	73	128	58	31	20	
9							
10		26.60550459	41.28440367	19.26605505	7.339449541	5.504587156	
11							

次に、「神戸」の構成比（%）を計算します。計算式はセル「F11」までオートフィルします。

	A	B	C	D	E	F	G
1		新製品に関するアンケート集計					
2						単位：人	
3	地域	1.とても良い	2.良い	3.どちらともいえない	4.悪い	5.とても悪い	合計
4	広島	19	43	18	12	4	96
5	京都	29	45	21	8	6	109
6	神戸	25	40	19	11	10	105
7	大阪	23	40	25	19	13	120
8	合計	73	128	58	31	20	
9							
10		26.60550459	41.28440367	19.26605505	7.339449541	5.504587156	
11		=B6/$G$6*100					

同様に、「大阪」の構成比（%）も計算し、セル「F12」までオートフィルしてください。

	A	B	C	D	E	F	G
1		新製品に関するアンケート集計					
2						単位：人	
3	地域	1.とても良い	2.良い	3.どちらともいえない	4.悪い	5.とても悪い	合計
4	広島	19	43	18	12	4	96
5	京都	29	45	21	8	6	109
6	神戸	25	40	19	11	10	105
7	大阪	23	40	25	19	13	120
8	合計	73	128	58	31	20	
9							
10		26.60550459	41.28440367	19.26605505	7.339449541	5.504587156	
11		23.80952381	38.0952381	18.0952381	10.47619048	9.523809524	
12		=B7/$G$7*100					

すべての構成比（%）が計算できました。

	A	B	C	D	E	F	G
1		新製品に関するアンケート集計					
2						単位：人	
3	地域	1.とても良い	2.良い	3.どちらともいえない	4.悪い	5.とても悪い	合計
4	広島	19	43	18	12	4	96
5	京都	29	45	21	8	6	109
6	神戸	25	40	19	11	10	105
7	大阪	23	40	25	19	13	120
8	合計	73	128	58	31	20	
9							
10		26.60550459	41.28440367	19.26605505	7.339449541	5.504587156	
11		23.80952381	38.0952381	18.0952381	10.47619048	9.523809524	
12		19.16666667	33.33333333	20.83333333	15.83333333	10.83333333	

計算した構成比「B10:F12」をコピーします。

B10 =B5/$G$5*100

	A	B	C	D	E	F
9						
10		26.60550459	41.28440367	19.26605505	7.339449541	5.504587156
11		23.80952381	38.0952381	18.0952381	10.47619048	9.523809524
12		19.16666667	33.33333333	20.83333333	15.83333333	10.83333333
13						

シート「集計割合」のセル「B5」をクリックして、「値」を貼り付けます。

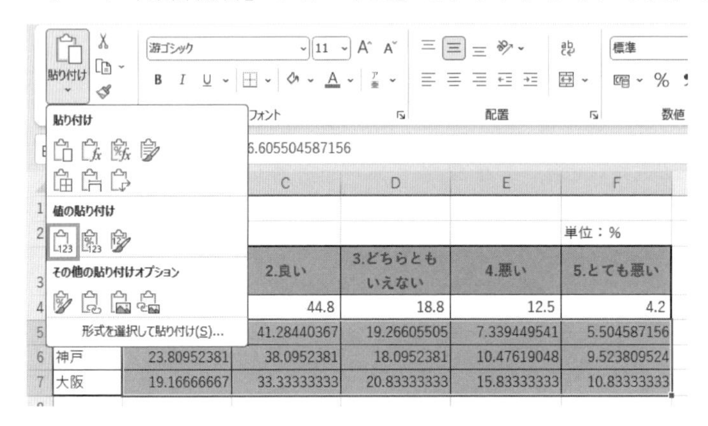

	B	C	D	E	F
2					単位：%
3		2.良い	3.どちらともいえない	4.悪い	5.とても悪い
4		44.8	18.8	12.5	4.2
5		41.28440367	19.26605505	7.339449541	5.504587156
6 神戸	23.80952381	38.0952381	18.0952381	10.47619048	9.523809524
7 大阪	19.16666667	33.33333333	20.83333333	15.83333333	10.83333333

小数点以下第1位までの表示に設定します。

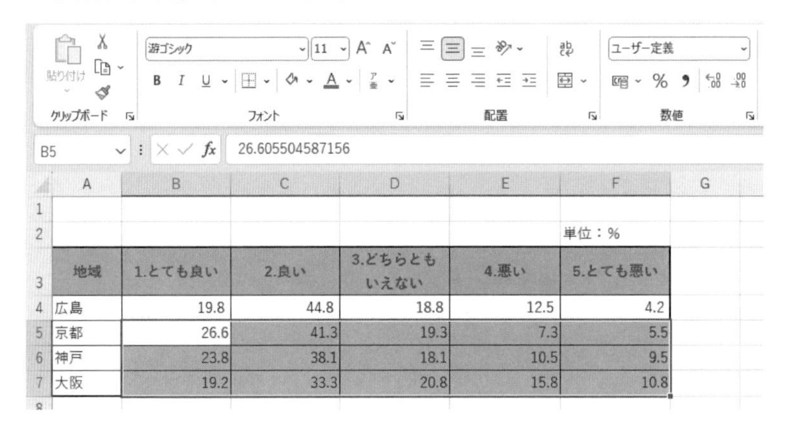

	A	B	C	D	E	F
1						
2						単位：%
3	地域	1.とても良い	2.良い	3.どちらともいえない	4.悪い	5.とても悪い
4	広島	19.8	44.8	18.8	12.5	4.2
5	京都	26.6	41.3	19.3	7.3	5.5
6	神戸	23.8	38.1	18.1	10.5	9.5
7	大阪	19.2	33.3	20.8	15.8	10.8

この状態では、元から入力されている「広島」の割合の数値と、貼り付けした数値の小数点の位置がずれています。 表全体の割合の小数点以下の桁の位置は合わせましょう。

再度、表全体の数値をドラッグして、小数点以下の表示桁数を「減らす」「増やす」ボタンで小数点の位置を揃えておきましょう。

	A	B	C	D	E	F
1						
2						単位：%
3	地域	1.とても良い	2.良い	3.どちらともいえない	4.悪い	5.とても悪い
4	広島	19.8	44.8	18.8	12.5	4.2
5	京都	26.6	41.3	19.3	7.3	5.5
6	神戸	23.8	38.1	18.1	10.5	9.5
7	大阪	19.2	33.3	20.8	15.8	10.8

表のタイトルを入力して、完成です。

	A	B	C	D	E	F
1				地域別構成割合		
2						単位：%
3	地域	1.とても良い	2.良い	3.どちらともいえない	4.悪い	5.とても悪い
4	広島	19.8	44.8	18.8	12.5	4.2
5	京都	26.6	41.3	19.3	7.3	5.5
6	神戸	23.8	38.1	18.1	10.5	9.5
7	大阪	19.2	33.3	20.8	15.8	10.8

第1章
第2章
第3章
第4章
第5章
第6章

● **問題3**

「地域別割合」グラフの作成をします。 以下の点に注意してください。

- グラフの作成範囲…セル「A3:F7」
- グラフの種類…「積み上げ縦棒グラフ」
- 行／列の切り替え（項目軸と凡例の入れ替え）
- 地域を項目軸に設定（地域ごとの構成割合を比較するグラフのため）

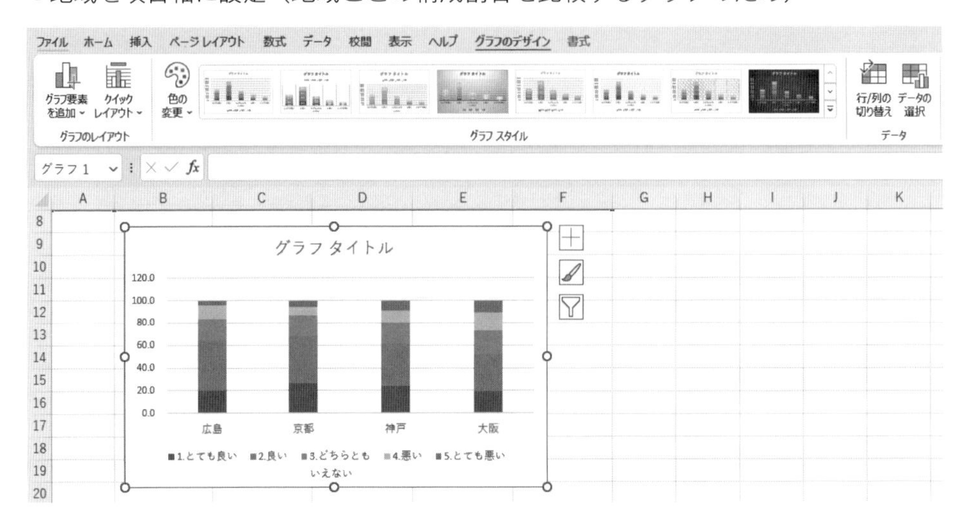

グラフタイトルは「地域別割合」、グラフ要素は「軸ラベル」「データラベル」を選択し、主縦軸ラベルに「単位 ：%」と入力してください。 軸の書式設定の軸のオプション中の境界値の最大値は「100.0」、単位の主は「10.0」としてください。

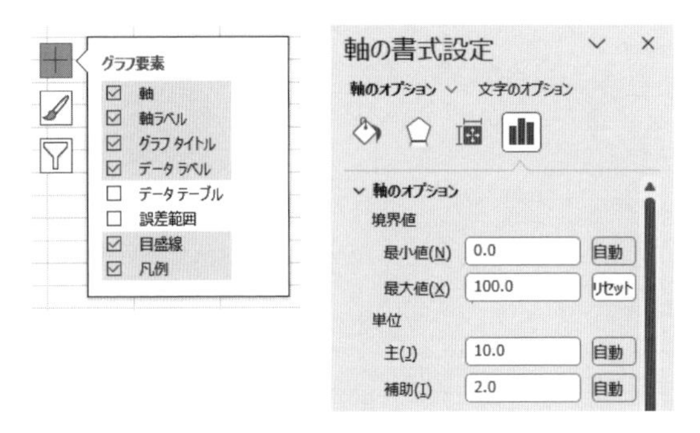

これで、グラフが完成しました。

4-2-2 旅行先アンケート

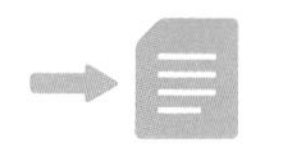

「2-2 アンケート集計問題」ファイルを開いてください。

旅行先アンケートの集計を、以下の指示に従って作成してください。

●問題1

「回答」シートを元に、アンケート結果を集計してください。 その際、以下の指示に従うこと。

（指示）

- 「年代別集計」シートに集計すること。
- 「人気度」は、回答人数の合計が25以上なら「＊＊＊」、20以上なら「＊＊」、それ未満は「＊」と表示し、中央揃えに設定すること。

●問題2

「回答」シートを元に、「男女別構成比」シートを完成させてください。 その際、以下の指示に従うこと。

（指示）

- 表のタイトルを「男女別構成比」とし、文字サイズを拡大して作成した表の上、中央に配置すること。
- 男女別構成比は、小数点第1位まで表示すること。

●問題3

完成した「男女別構成比」シートを元に、各旅行先の男女比が分かる100%積み上げ横棒グラフを作成してください。 その際、以下の指示に従うこと。

（指示）

- グラフタイトルは「男女比較グラフ」とし、文字サイズを拡大してグラフの上、中央に配置すること。
- 凡例をグラフの下に表示し、各要素の値をグラフ内に表示すること。
- グラフは「男女別構成比」の表の下に配置すること。

●問題4

変更したファイルは「旅行先アンケート集計結果」とファイル名を付けて保存してください。

※なお、「●問題4」については本稿では解説を省略しております。 ファイルを保存する手順については、2章の「2-1-3　ファイルの保存」をご参照ください。

問題に使うデータと解答の表を確認してみましょう。シート「回答」には回答No.1～200の人が「行ってみたい旅行先」を回答したものを表にしています。

	A	B	C	D
1	回答No.	年齢	性別	旅行先
2	1	53	女	香港
3	2	28	女	エジプト
4	3	44	男	北海道
5	4	33	男	アメリカ

①シート「年代別集計」に旅行先を年代ごとに集計

	A	B	C	D	E	F	G	H	I
1									
2									
3	旅行先	10代	20代	30代	40代	50代	60代	合計	人気度
4	北海道								
5	沖縄								
6	ハワイ								
7	香港								
8	アメリカ								
9	ヨーロッパ								
10	オーストラリア								
11	エジプト								
12	アフリカ								
13	南アメリカ								

②シート「男女別構成比」に旅行先を男女別に集計、構成比を計算

	A	B	C	D	E
1					
2					
3	旅行先	男性	男性構成比（%）	女性	女性構成比（%）
4	北海道				
5	沖縄				
6	ハワイ				
7	香港				
8	アメリカ				
9	ヨーロッパ				
10	オーストラリア				
11	エジプト				
12	アフリカ				
13	南アメリカ				
14	合計				

解説

旅行先アンケート

●問題1

「年代別集計」表の作成をします。「回答」シートの表内をクリックして、ピボットテーブルを使って集計します。「列」に「年齢」、「行」に「旅行先」、「値」に「旅行先」をそれぞれドラッグします。

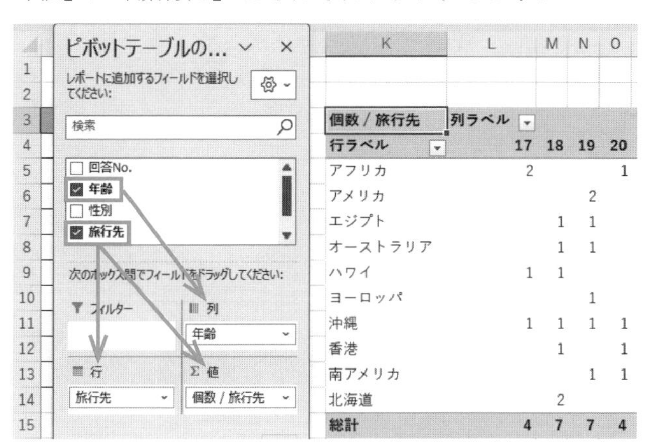

「年齢」をグループ化します。「年齢」フィールドの上で右クリックして、「グループ化」をクリックします。「先頭の値」に「10」と入力し、単位が「10」になっていることを確認して「OK」をクリックします（末尾の値はそのままにしてください）。

年齢が、「10代」「20代」…とグループ化されました。

ピボットテーブルの空白のセルに「0」を表示させます。ピボットテーブルの表内で右クリックして、「ピボットテーブルオプション」をクリックします。「空白セルに表示する値」欄に「0」と入力して「OK」をクリックします。

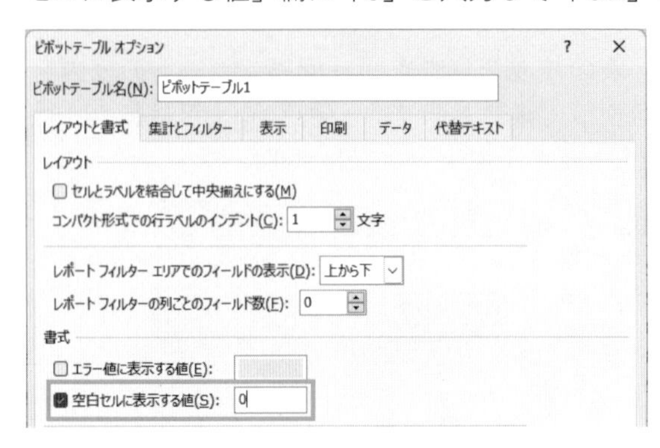

「旅行先」の並び順を、集計先の表と同じ順番になるように並べ替えます。

旅行先	10代	20代	30代	40代	50代	60代	合計	人気度
北海道								
沖縄								
ハワイ								
香港								
アメリカ								
ヨーロッパ								
オーストラリア								
エジプト								
アフリカ								
南アメリカ								

個数 / 旅行先	列
行ラベル	10
アフリカ	
アメリカ	
エジプト	
オーストラリア	
ハワイ	
ヨーロッパ	
沖縄	
香港	
南アメリカ	
北海道	
総計	

並べ替えたピボットテーブルの数値をコピーして、セル「B4:H13」に値を貼り付けます。

旅行先	10代	20代	30代	40代	50代	60代	合計	人気度
北海道	2	7	4	6	4	1	24	
沖縄	3	6	7	3	1	0	20	
ハワイ	2	7	9	6	3	1	28	
香港	1	8	6	7	4	1	27	
アメリカ	2	4	4	3	2	2	17	
ヨーロッパ	1	5	4	9	2	2	23	
オーストラリア	2	7	7	1	3	1	21	
エジプト	2	3	5	1	2	1	14	
アフリカ	2	5	4	1	1	2	15	
南アメリカ	1	2	5	2	1	0	11	

(Ctrl)

個数 / 旅行先	列ラベル						
行ラベル	10-19	20-29	30-39	40-49	50-59	60-69	総計
北海道	2	7	4	6	4	1	24
沖縄	3	6	7	3	1	0	20
ハワイ	2	7	9	6	3	1	28
香港	1	8	6	7	4	1	27
アメリカ	2	4	4	3	2	2	17
ヨーロッパ	1	5	4	9	2	2	23
オーストラリア	2	7	7	1	3	1	21
エジプト	2	3	5	1	2	1	14
アフリカ	2	5	4	1	1	2	15
南アメリカ	1	2	5	2	1	0	11
総計	18	54	55	39	23	11	200

「IF関数」を組み合わせて、「人気度」を表示させます。「合計」が25以上なら「***」、「合計」が20以上なら「**」、「合計」が20未満なら「*」という条件でIF関数を使用します。この部分のIF関数は入れ子構造にします。最初のIF関数は以下のようにしてください。

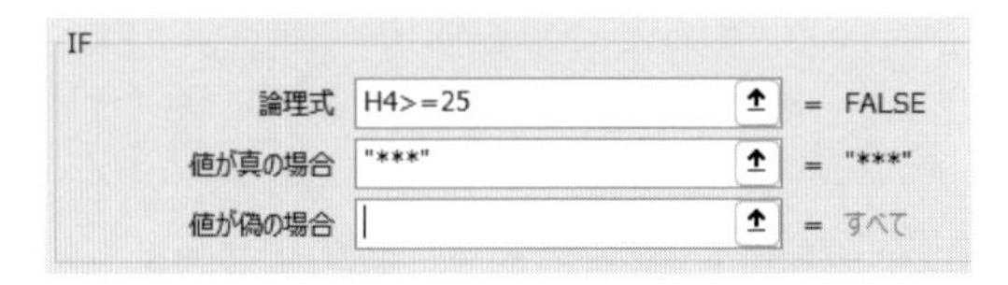

2つ目のIF関数は以下の通りです。

IF

論理式	H4>=20	= TRUE
値が真の場合	"**"	= "**"
値が偽の場合	*	=

最終的なIF関数の計算式は、以下の通りとなります。

IF

論理式	H4>=25	= FALSE
値が真の場合	"***"	= "***"
値が偽の場合	IF(H4>=20,"**","*")	= "**"

= "**"

この関数をセル「I13」までオートフィルして、中央揃えに設定します。

I4 =IF(H4>=25,"***",IF(H4>=20,"**","*"))

	A	B	C	D	E	F	G	H	I
1									
2									
3	旅行先	10代	20代	30代	40代	50代	60代	合計	人気度
4	北海道	2	7	4	6	4	1	24	**
5	沖縄	3	6	7	3	1	0	20	**
6	ハワイ	2	7	9	6	3	1	28	***
7	香港	1	8	6	7	4	1	27	***
8	アメリカ	2	4	4	3	2	2	17	*
9	ヨーロッパ	1	5	4	9	2	2	23	**
10	オーストラリア	2	7	7	1	3	1	21	**
11	エジプト	2	3	5	1	2	1	14	*
12	アフリカ	2	5	4	1	1	2	15	*
13	南アメリカ	1	2	5	2	1	0	11	*
14									

●問題2

「男女別構成比」表を作成します。ピボットテーブルを使って、男女別の集計を計算します。問題1で作成したピボットテーブルの「年齢」を「列」エリアからドラッグして外し、代わりに「性別」を「列」エリアにドラッグします。

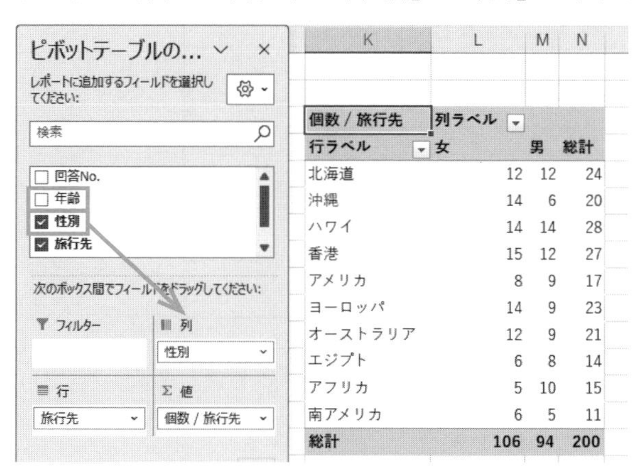

個数 / 旅行先	列ラベル		
行ラベル	女	男	総計
北海道	12	12	24
沖縄	14	6	20
ハワイ	14	14	28
香港	15	12	27
アメリカ	8	9	17
ヨーロッパ	14	9	23
オーストラリア	12	9	21
エジプト	6	8	14
アフリカ	5	10	15
南アメリカ	6	5	11
総計	106	94	200

男性・女性の数値を、それぞれコピーして、シート「男女別構成比」の表に値を貼り付けます。

個数 / 旅行先	列ラベル		
行ラベル	女	男	総計
北海道	12	12	24
沖縄	14	6	20
ハワイ	14	14	28
香港	15	12	27
アメリカ	8	9	17
ヨーロッパ	14	9	23
オーストラリア	12	9	21
エジプト	6	8	14
アフリカ	5	10	15
南アメリカ	6	5	11
総計	106	94	200

	A	B	C	D	E
1					
2					
3	旅行先	男性	男性構成比（%）	女性	女性構成比（%）
4	北海道	12		12	
5	沖縄	6		14	
6	ハワイ	14		14	
7	香港	12		15	
8	アメリカ	9		8	
9	ヨーロッパ	9		14	
10	オーストラリア	9		12	
11	エジプト	8		6	
12	アフリカ	10		5	
13	南アメリカ	5		6	
14	合計	94		106	

男女それぞれに「構成比」を計算します。小数点第1位までの表示に設定します。

IF　=B4/$B$14*100

	A	B	C	D	E
1					
2					
3	旅行先	男性	男性構成比（%）	女性	女性構成比（%）
4	北海道	12	=B4/$B$14*100	12	
5	沖縄	6		14	
6	ハワイ	14		14	
7	香港	12		15	
8	アメリカ	9		8	
9	ヨーロッパ	9		14	
10	オーストラリア	9		12	
11	エジプト	8		6	
12	アフリカ	10		5	
13	南アメリカ	5		6	
14	合計	94		106	

表のタイトルを入力して、完成です。

	A	B	C	D	E
1	男女別構成比				
2					
3	旅行先	男性	男性構成比（%）	女性	女性構成比（%）
4	北海道	12	12.8	12	11.3
5	沖縄	6	6.4	14	13.2
6	ハワイ	14	14.9	14	13.2
7	香港	12	12.8	15	14.2
8	アメリカ	9	9.6	8	7.5
9	ヨーロッパ	9	9.6	14	13.2
10	オーストラリア	9	9.6	12	11.3
11	エジプト	8	8.5	6	5.7
12	アフリカ	10	10.6	5	4.7
13	南アメリカ	5	5.3	6	5.7
14	合計	94	100.0	106	100.0

●問題3

「男女比較グラフ」の作成です。グラフの作成範囲はセル「A3:B13」と「D3:D13」、グラフの種類…「100%積み上げ横棒グラフ」としましょう。

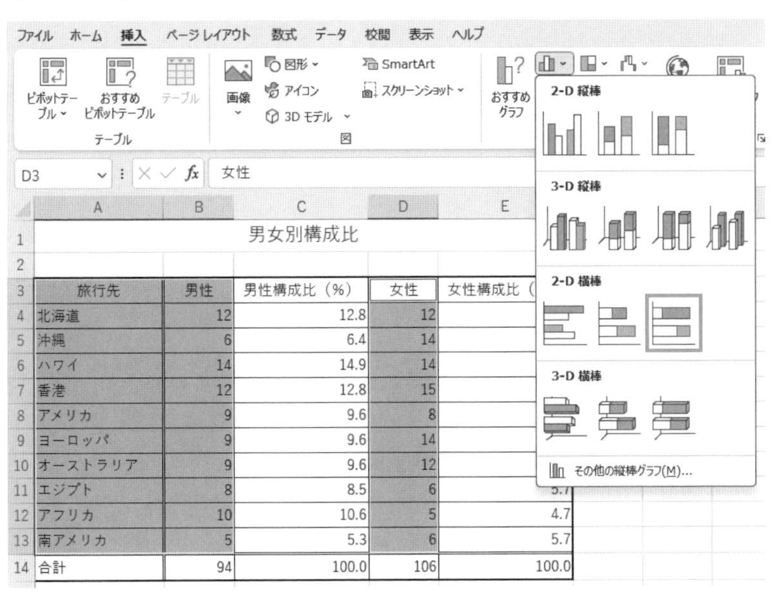

グラフタイトルは「男女比較グラフ」、グラフ要素は「データラベル」です。グラフの完成図は以下の通りです。

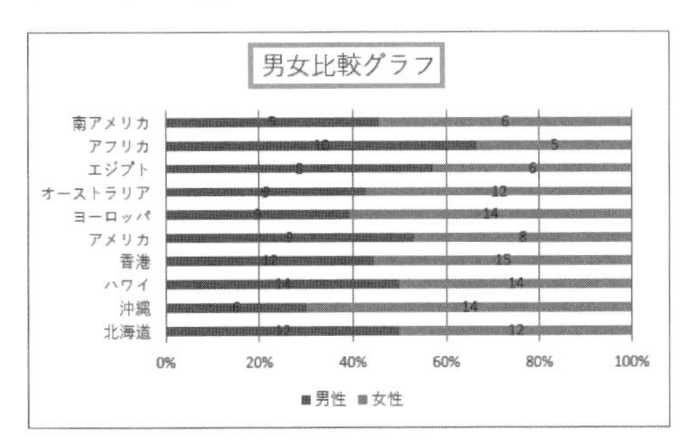

4-3 請求書作成問題

4-3-1 受注に関する請求書

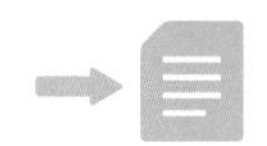

「3-1　請求書作成問題」ファイルを開いてください。

受注に関する請求書を作成してください。

●問題1

シート「受注データ」を完成させてください。 その際、以下の指示に従うこと。
（指示）

- 「店名」と「単価」は、シート「店コード ・ 単価表」のデータを表示させること。
- 「売上金額」を計算すること。 数値には、「桁区切り」を設定すること。

●問題2

問題1で作成した表を元に、「みどり生花店」の8月分の請求書を完成させてください。 請求内容は、日付順に表示できるようにし、請求金額はセルの参照によって表示してください。

●問題3

シート「受注目標」に、各商品の8月受注金額と9月受注目標を計算してください。 また、受注目標の表の下に、7月から9月にかけての受注金額および受注目標の推移を表した折れ線グラフを作成してください。 その際、以下の指示に従うこと。
（指示）

- 9月受注目標は、8月受注金額が7月受注金額よりも上回っているものは、8月受注金額の3割増、そうでないものは8月と同じ受注金額として計算すること。 計算した数値には桁区切りを設定すること。
- 表は、9月受注目標の高い順に並べ替えること。
- 標題は、「9月受注目標」とし、作成した表の上、中央に配置すること。
- グラフタイトルは「受注金額推移」とすること。
- 数値軸には、「単位 ： 円」を表示すること。
- 凡例をグラフの下に表示すること。

●問題4

問題1～3で作成したファイルは、「8月請求書」というファイル名にして保存してください。

※なお、「●問題4」については本稿では解説を省略しております。 ファイルを保存する手順については、2章の「2-1-3　ファイルの保存」をご参照ください。

問題に使うデータと解答の表を確認してみましょう。シート「受注データ」の店名と単価は、シート「店コード・単価表」からVLOOKUP関数を使って表示します。

	A	B	C	D	E	F	G
1	日付	店名	店コード	商品名	数量	単価	受注金額
2	8月1日		2601	カーネーション	5		
3	8月1日		2502	パンジー	3		
4	8月2日		2502	カサブランカ	10		
5	8月2日		2501	スイートピー	3		

	A	B
1		
2	コード	店名
3	2501	フラワーショップ・はな
4	2502	みどり生花店
5	2601	フローラル・アイ
6	2603	花工房・グリーン
7		
8		
9	商品名	単価
10	カーネーション	350
11	パンジー	120
12	カサブランカ	500
13	スイートピー	280
14	マーガレット	260
15	チューリップ	240
16	カトレア	400

①シート「請求書」に日付ごとに集計した請求書を作成

	A	B	C	D	E	F	G
1							
2				請　求　書			
3							
4			御中				
5							
6					グリーン＆フラワー販売株式会社		
7						経理部	佐藤
8		※下記のとおり、ご請求申し上げます					
9				円			
10							
11							
12		日付	商品名	単価	数量	金額	
13							
14							
15							
16							
17							
18							
19							
20							
21							
22							
23							
24							
25					合計		

②シート「受注目標」に8月の受注金額と9月の受注目標を計算

	A	B	C	D
1				
2				
3	商品名	7月受注金額	8月受注金額	9月受注目標
4	カーネーション	6,850		
5	カサブランカ	11,000		
6	カトレア	3,000		
7	スイートピー	4,580		
8	チューリップ	9,460		
9	パンジー	1,300		
10	マーガレット	4,660		

解説　受注に関する請求書

●問題1

まず、「販売データ」表の作成です。「店名」と「単価」は、シート「店コード・単価表」から、「VLOOKUP関数」を使って表示させます。

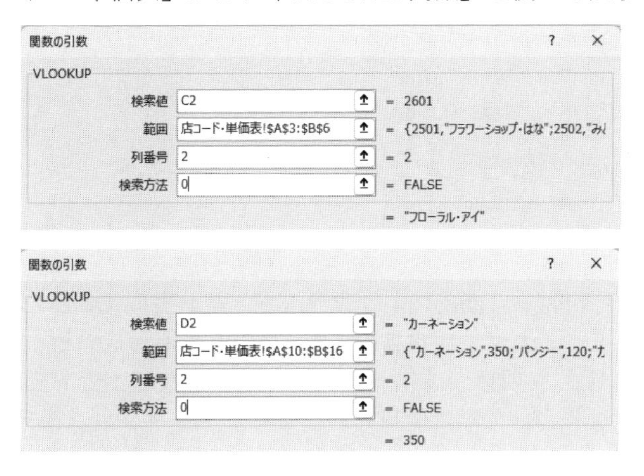

表の最終行まで、それぞれオートフィルしておきます。

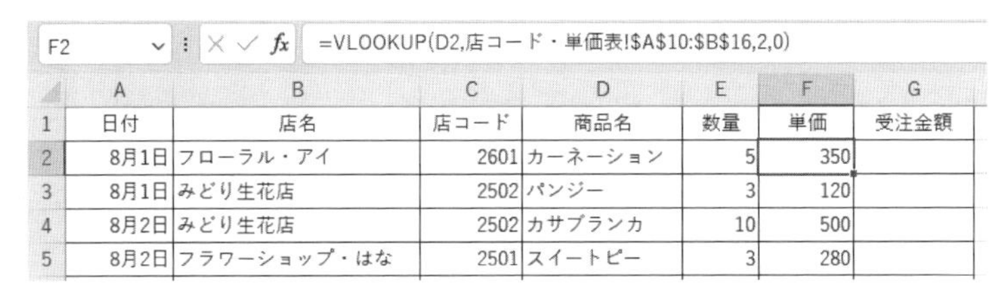

F2　=VLOOKUP(D2,店コード・単価表!$A$10:$B$16,2,0)

	A	B	C	D	E	F	G
1	日付	店名	店コード	商品名	数量	単価	受注金額
2	8月1日	フローラル・アイ	2601	カーネーション	5	350	
3	8月1日	みどり生花店	2502	パンジー	3	120	
4	8月2日	みどり生花店	2502	カサブランカ	10	500	
5	8月2日	フラワーショップ・はな	2501	スイートピー	3	280	

「受注金額」を計算します。「数量×単価」で求められます。表の最終行までオートフィルして、桁区切りを設定します。

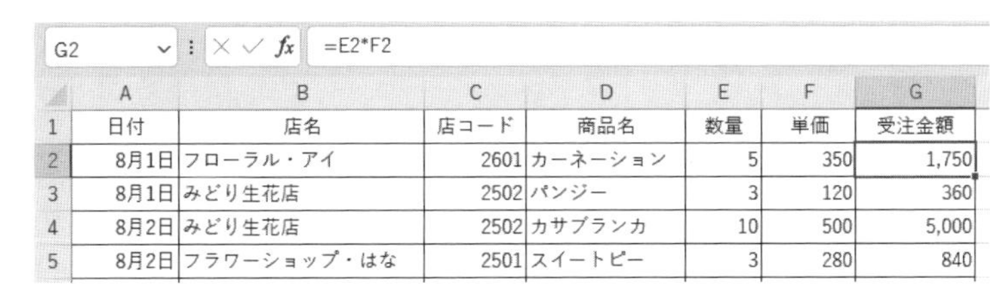

G2　=E2*F2

	A	B	C	D	E	F	G
1	日付	店名	店コード	商品名	数量	単価	受注金額
2	8月1日	フローラル・アイ	2601	カーネーション	5	350	1,750
3	8月1日	みどり生花店	2502	パンジー	3	120	360
4	8月2日	みどり生花店	2502	カサブランカ	10	500	5,000
5	8月2日	フラワーショップ・はな	2501	スイートピー	3	280	840

●**問題2**

シート「請求書」の作成です。問題1で作成したシート「受注データ」を、ピボットテーブルを使って集計します。

ピボットテーブルの「行」に複数のデータをドラッグすると、複数の項目が「縦」に並びます。このデザインを「コンパクト形式」のピボットテーブルデザインといいます。

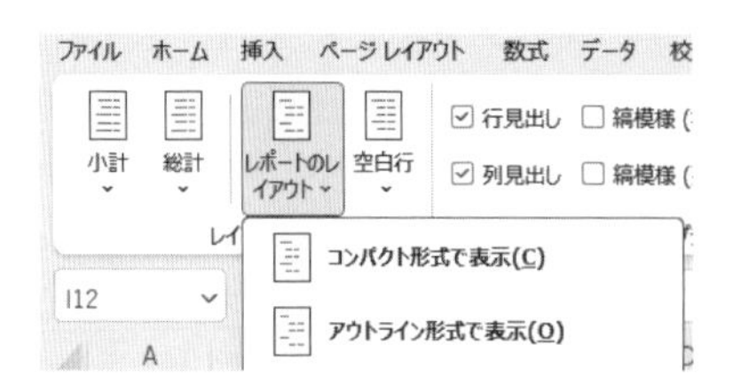

このとき、「日付」「商品名」「単価」が「縦」方向に並んだ形のピボットテーブルができます。これは、請求書の表内に集計した数値をコピー・貼り付けするのに適していません。項目が「横」方向に並ぶようなピボットテーブルを作成すると、コピー・貼り付けの際に便利です。ピボットテーブルの「デザイン」を変更します。

請求書の問題をする場合に限って、「表形式で表示」に変更する必要があります。「表形式で表示」されたピボットテーブルを使うと、「日付」「商品名」「単価」が横に並ぶので、集計したデータをコピー・貼り付けする際に、便利です。

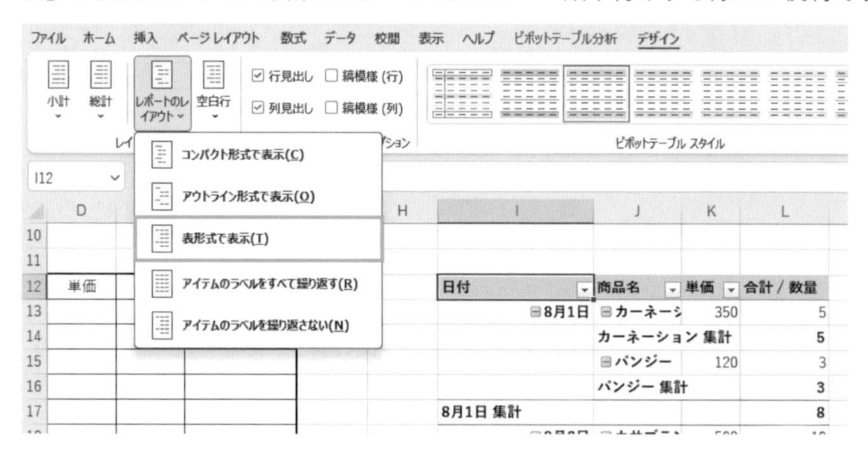

ピボットテーブルを、以下の通りに注意して作成します。

- 「フィルター」エリアに「店名」（「みどり生花店」のみ表示）
- 「行」に「日付」「商品名」「単価」の順にドラッグ
- 「値」に「数量」　（実際に集計する数値は「数量」のみである）

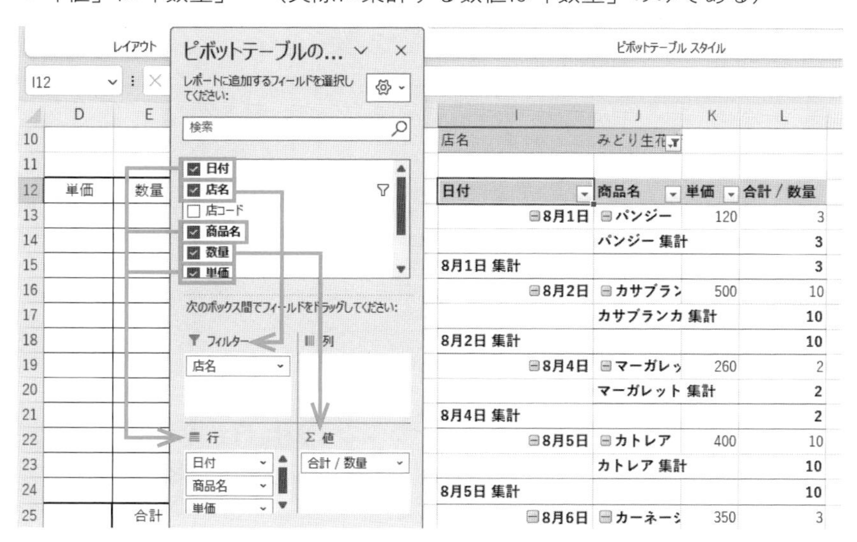

「日付」ごとの小計行と「商品名」ごとの小計行を非表示にします。小計行の上で右クリックして、「"日付"の小計」のチェックを外します。

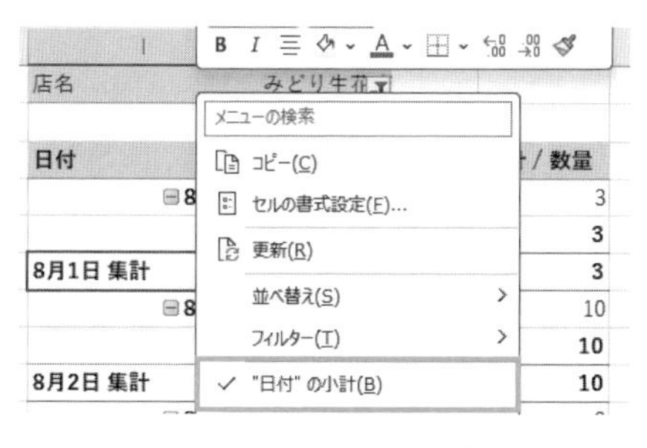

同様に、「"商品名"の小計」行もチェックを外し、非表示にします。

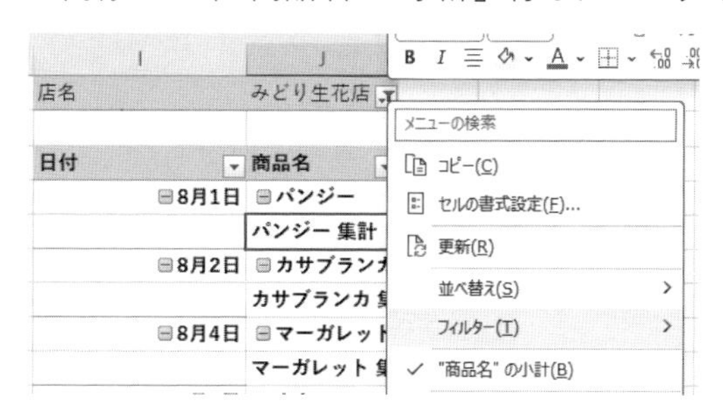

これで、ピボットテーブルの出来上がりです。店名は「みどり生花店」のみ、「値」には「数量」がドラッグされていることを確認しましょう。

店名	みどり生花店		
日付	商品名	単価	合計 / 数量
8月1日	パンジー	120	3
8月2日	カサブランカ	500	10
8月4日	マーガレット	260	2
8月5日	カトレア	400	10
8月6日	カーネーショ	350	3
	スイートピー	280	4
8月15日	スイートピー	280	8
	パンジー	120	4
8月18日	カサブランカ	500	5
8月26日	チューリップ	240	3
8月30日	カトレア	400	5
総計			57

出来上がったピボットテーブルの「8月1日」のセルから数量の最終行「5」までをコピーして、シート「請求書」のセル「B13」をクリックして、値を貼り付けます。

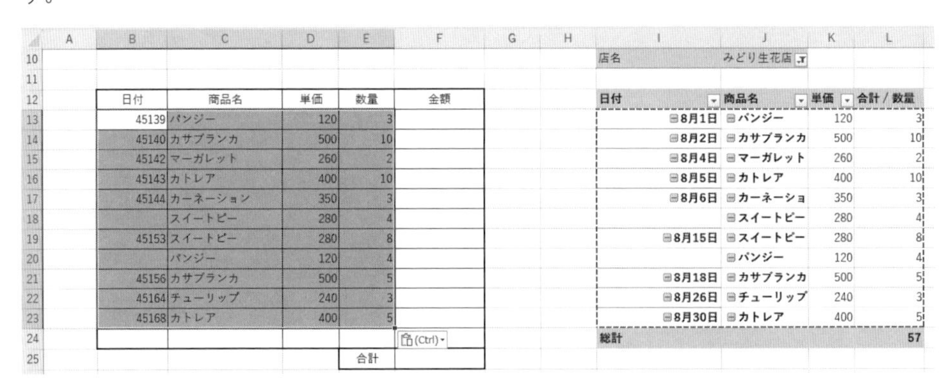

日付	商品名	単価	数量	金額
45139	パンジー	120	3	
45140	カサブランカ	500	10	
45142	マーガレット	260	2	
45143	カトレア	400	10	
45144	カーネーション	350	3	
	スイートピー	280	4	
45153	スイートピー	280	8	
	パンジー	120	4	
45156	カサブランカ	500	5	
45164	チューリップ	240	3	
45168	カトレア	400	5	
			合計	

値を貼り付けた後は、日付の表示形式を「○月○日」という表示に設定しなおします。

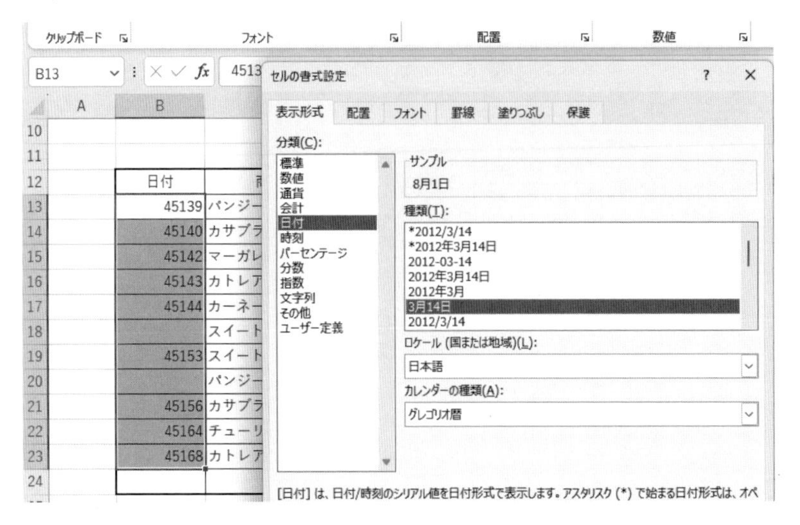

列「F」に、「金額」を計算します。「単価×数量」で求められます。

VLOOKUP =D13*E13

	A	B	C	D	E	F
11						
12		日付	商品名	単価	数量	金額
13		8月1日	パンジー	120	3	=D13*E13
14		8月2日	カサブランカ	500	10	

セル「F23」までオートフィルしておきます。

セル「F25」には、オートSUMを使って金額の合計を計算します。

VLOOKUP =SUM(F13:F24)

	A	B	C	D	E	F	G
11							
12		日付	商品名	単価	数量	金額	
13		8月1日	パンジー	120	3	360	
14		8月2日	カサブランカ	500	10	5000	
15		8月4日	マーガレット	260	2	520	
16		8月5日	カトレア	400	10	4000	
17		8月6日	カーネーション	350	3	1050	
18			スイートピー	280	4	1120	
19		8月15日	スイートピー	280	8	2240	
20			パンジー	120	4	480	
21		8月18日	カサブランカ	500	5	2500	
22		8月26日	チューリップ	240	3	720	
23		8月30日	カトレア	400	5	2000	
24							
25					合計	=SUM(F13:F24)	
26						SUM(数値1, [数値2], ...)	

金額には、桁区切りを設定します。

	A	B	C	D	E	F
11						
12		日付	商品名	単価	数量	金額
13		8月1日	パンジー	120	3	360
14		8月2日	カサブランカ	500	10	5,000
15		8月4日	マーガレット	260	2	520
16		8月5日	カトレア	400	10	4,000
17		8月6日	カーネーション	350	3	1,050
18			スイートピー	280	4	1,120
19		8月15日	スイートピー	280	8	2,240
20			パンジー	120	4	480
21		8月18日	カサブランカ	500	5	2,500
22		8月26日	チューリップ	240	3	720
23		8月30日	カトレア	400	5	2,000
24						
25					合計	19,990

セル「C9」には、セル参照を使って、合計金額を表示させます。まず、セル「C9」をクリックし、「＝」を入力します。セル「F25」をクリックして、Enterキーを押すと合計金額が表示されます。

VLOOKUP　=F25

	A	B	C	D	E	F
8		※下記のとおり、ご請求申し上げます				
9			=F25	円		
10						
11						
12		日付	商品名	単価	数量	金額
13		8月1日	パンジー	120	3	360
14		8月2日	カサブランカ	500	10	5,000
15		8月4日	マーガレット	260	2	520
16		8月5日	カトレア	400	10	4,000
17		8月6日	カーネーション	350	3	1,050
18			スイートピー	280	4	1,120
19		8月15日	スイートピー	280	8	2,240
20			パンジー	120	4	480
21		8月18日	カサブランカ	500	5	2,500
22		8月26日	チューリップ	240	3	720
23		8月30日	カトレア	400	5	2,000
24						
25					合計	19,990

セル「F25」に表示されている数値が表示されました。

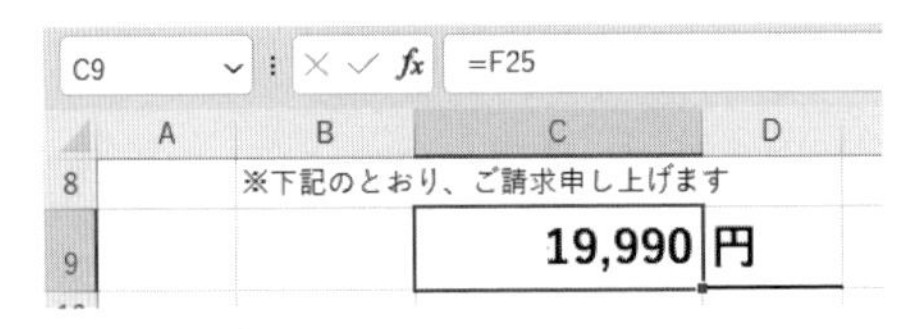

「=F25」とは、セル「F25」に入力されている数値や文字をそのまま表示します、という意味で「セル参照」といいます。

請求書のあて先（みどり生花店）を入力して、請求書の完成です。

	A	B	C	D	E	F	G
1							
2			請　求　書				
3							
4	みどり生花店		御中				
5							
6					グリーン＆フラワー販売株式会社		
7						経理部	佐藤
8		※下記のとおり、ご請求申し上げます					
9			19,990 円				
10							
11							
12		日付	商品名	単価	数量	金額	
13		8月1日	パンジー	120	3	360	
14		8月2日	カサブランカ	500	10	5,000	
15		8月4日	マーガレット	260	2	520	
16		8月5日	カトレア	400	10	4,000	
17		8月6日	カーネーション	350	3	1,050	
18			スイートピー	280	4	1,120	
19		8月15日	スイートピー	280	8	2,240	
20			パンジー	120	4	480	
21		8月18日	カサブランカ	500	5	2,500	
22		8月26日	チューリップ	240	3	720	
23		8月30日	カトレア	400	5	2,000	
24							
25					合計	19,990	

● **問題3**

シート「受注目標」を作成します。問題2で作成したピボットテーブルを「商品名」と「受注金額」を集計したピボットテーブルに変更します。このとき、「店名」のフィールドをピボットテーブルから外すよう注意してください。

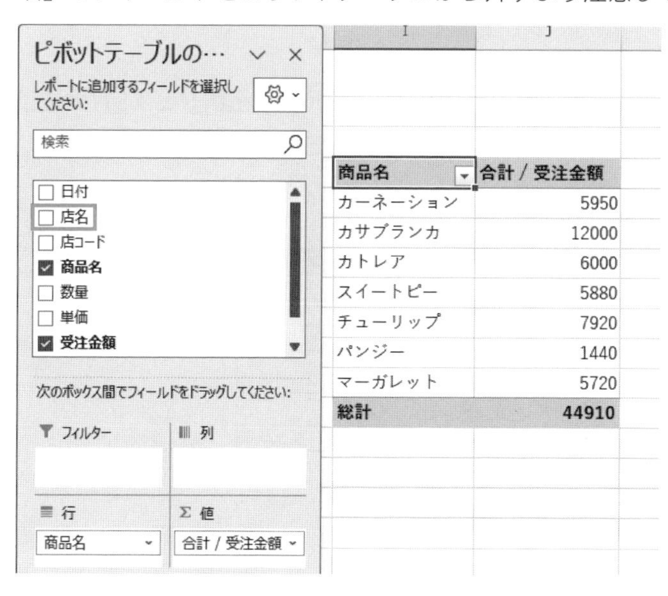

商品名	合計 / 受注金額
カーネーション	5950
カサブランカ	12000
カトレア	6000
スイートピー	5880
チューリップ	7920
パンジー	1440
マーガレット	5720
総計	44910

「受注金額」の数値をコピーして、シート「受注目標」のセル「C4」に値を貼り付けます。

	A	B	C	D
1				
2				
3	商品名	7月受注金額	8月受注金額	9月受注目標
4	カーネーション	6,850	5950	
5	カサブランカ	11,000	12000	
6	カトレア	3,000	6000	
7	スイートピー	4,580	5880	
8	チューリップ	9,460	7920	
9	パンジー	1,300	1440	
10	マーガレット	4,660	5720	

「IF関数」を使って、「9月受注目標」を計算します。IF関数は、論理式を「C4>B4」とします。値が真の場合は「C4×130%」、すなわちC4（8月受注金額）の3割増で表示し、値が偽の場合は「C4」（8月受注金額のまま）を表示する、という条件にします。

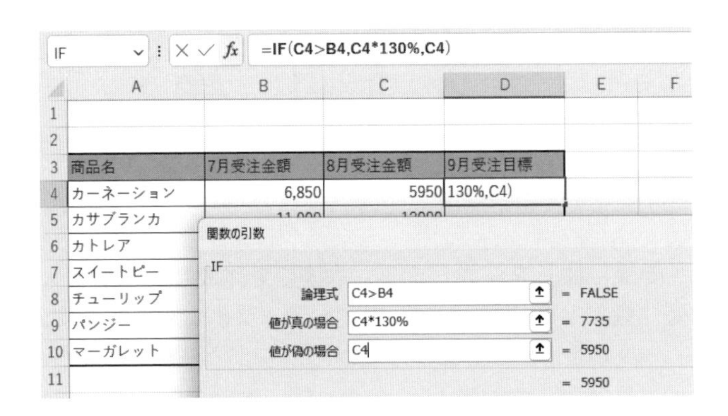

10行目までオートフィルして、「8月受注金額」と「9月受注目標」の数値に桁区切りを設定します。

	A	B	C	D
1				
2				
3	商品名	7月受注金額	8月受注金額	9月受注目標
4	カーネーション	6,850	5,950	5,950
5	カサブランカ	11,000	12,000	15,600
6	カトレア	3,000	6,000	7,800
7	スイートピー	4,580	5,880	7,644
8	チューリップ	9,460	7,920	7,920
9	パンジー	1,300	1,440	1,872
10	マーガレット	4,660	5,720	7,436

表を「9月受注目標」の高い順に並べ替えます。

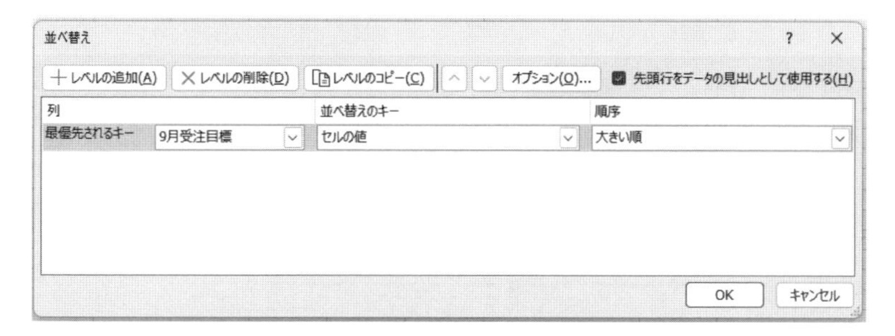

タイトルを入力して、完成です。

	A	B	C	D
1	9月受注目標			
2				
3	商品名	7月受注金額	8月受注金額	9月受注目標
4	カサブランカ	11,000	12,000	15,600
5	チューリップ	9,460	7,920	7,920
6	カトレア	3,000	6,000	7,800
7	スイートピー	4,580	5,880	7,644
8	マーガレット	4,660	5,720	7,436
9	カーネーション	6,850	5,950	5,950
10	パンジー	1,300	1,440	1,872

「受注金額推移」グラフの作成です。以下の点に注意しましょう。

- グラフの作成範囲…セル「A3:D10」
- グラフの種類…「マーカー付き折れ線グラフ」

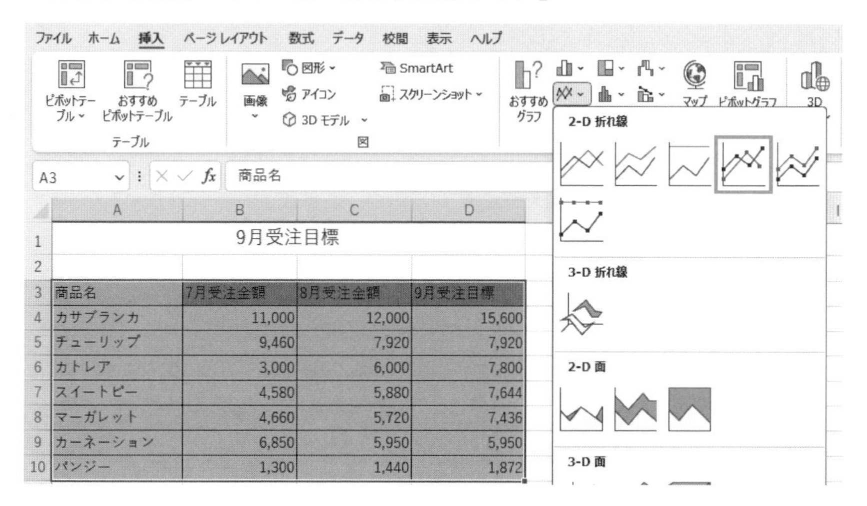

	A	B	C	D
1	9月受注目標			
2				
3	商品名	7月受注金額	8月受注金額	9月受注目標
4	カサブランカ	11,000	12,000	15,600
5	チューリップ	9,460	7,920	7,920
6	カトレア	3,000	6,000	7,800
7	スイートピー	4,580	5,880	7,644
8	マーガレット	4,660	5,720	7,436
9	カーネーション	6,850	5,950	5,950
10	パンジー	1,300	1,440	1,872

行/列の切り替えは、時系列を項目軸に設定するようにしましょう。

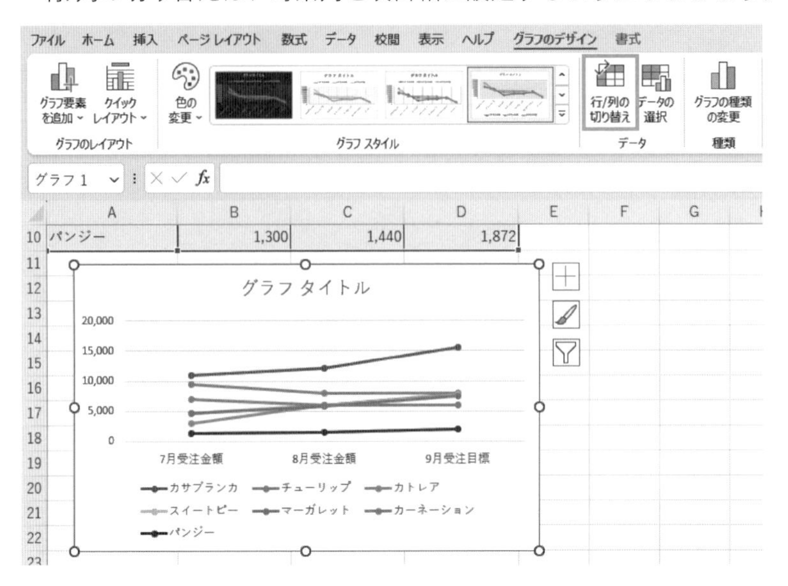

「項目軸（横軸）」と「凡例」を入れ替えるのが、「行/列の切り替え」です。折れ線グラフは、原則「時系列」といって、時間を表す項目（年、月、日）を「項目軸（横軸）」にします。

グラフタイトルに「受注金額推移」、主縦軸ラベルに「単位 ： 円」と入力して、グラフの完成です。

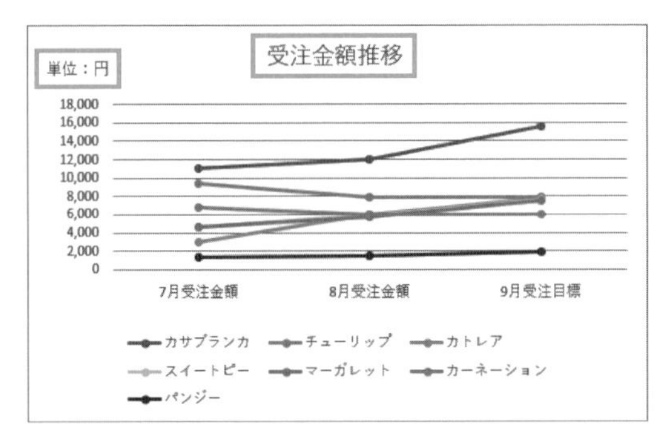

4-3-2 11月度の各取引電気店の売上

11月度の各取引電気店の売上を集計し、商品の販売状況と請求書を作成してください。

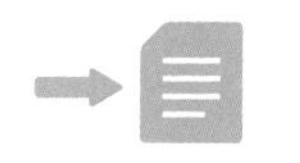

「3-2 請求書作成問題」ファイルを開いてください。

●問題1

未入力の売上伝票が見つかりました。「販売データ」シートに下の伝票と「店舗コード」を使って「販売データ」シートを完成させてください。

販売日 11月10日
販売先 たま電化サービス
商 品 ネットブックパソコン
台 数 5台

販売日 11月15日
販売先 よこた電機(有)
商 品 デスクトップパソコン
台 数 2台

販売日 11月23日
販売先 (株)ディーエーエフ
商 品 一眼レフデジタルカメラ
台 数 3台

販売日 11月29日
販売先 やまお電気
商 品 レーザープリンタ
台 数 8台

●問題2

完成した「販売データ」シートを元に、「(株)ディーエーエフ」の11月分の「請求書」を仕上げてください。請求内容は、日付順に表示できるようにし、請求金額をセルの参照によって表示してください。

●問題3

「構成比」シートに各商品の11月度売上の全商品に対する売上の「構成比」を求めてください。また、作成した表の下に「構成比」がわかる円グラフを作成してください。その際、以下の指示に従うこと。

（指示）

- 構成比の計算は、小数第2位を四捨五入し、小数点第1位まで表示すること。
- 構成比の高い順に並べ替えること。
- 標題は、「11月度商品別売上構成比」として、作成した表の上、中央に配置すること。
- グラフのタイトルは、「商品別売上構成比」とすること。
- グラフは、割合が表示されるようにし、小数点第1位までのパーセント表示とすること。
- 凡例は、グラフの右側に表示すること。

●問題4

問題1～3で作成したファイルは、「11月度売上集計」というファイル名にして保存してください。

※なお、「●問題4」については本稿では解説を省略しております。ファイルを保存する手順については、2章の「2-1-3 ファイルの保存」をご参照ください。

問題に使うデータと解答の表を確認してみましょう。シート「販売データ」の「店舗名」は、シート「店舗コード」から、「VLOOKUP関数」を使って表示させます。

	A	B	C	D	E	F	G	H
1	日付	店舗コード	店舗名	商品コード	商品名	数量	単価	金額
2	11月1日	1035		H18	デスクトップパソコン	7	98,000	686,000
3	11月1日	1204		H25	ノートパソコン	3	120,000	360,000
4	11月2日	1204		E20	インクジェットプリンタ	6	20,000	120,000
5	11月2日	1203		P42	デジタルビデオカメラ	3	85,000	255,000

	A	B
1		
2	コード	店舗名
3	1203	たま電化サービス
4	1204	㈱ディーエーエフ
5	1205	よこた電機㈲
6	1035	やまお電気

①シート「請求書」に日付ごとに集計した請求書を作成

請求書

御中

NAKKA電機販売株式会社

経理部　佐藤

※下記のとおり、ご請求申し上げます

円

日付	商品名	単価	数量	金額
			合計	

②シート「構成比」商品名ごとに売上金額を集計して、構成比を計算

	A	B	C
1			
2			
3	商品名	売上金額（円）	構成比（%）
4			
5			
6			
7			
8			
9			
10			
11	合計		

解説　11月度の各取引電気店の売上

●問題1

「販売データ」表の作成です。「店舗名」は、シート「店舗コード」から「VLOOKUP関数」を使って表示させます。表の最終行までオートフィルしておきます。

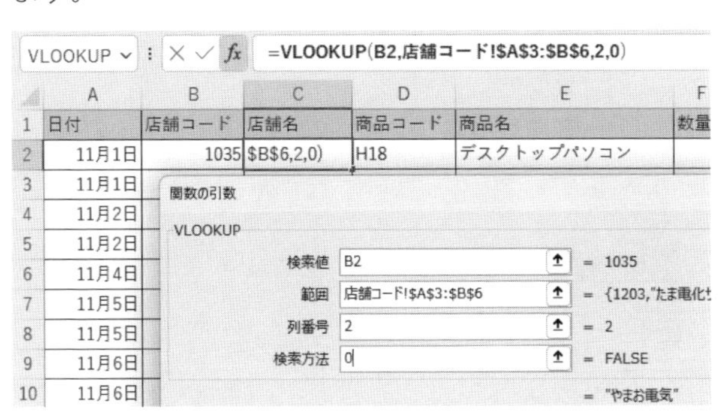

シート「経費明細」の適切な箇所に行を挿入し、追加データを入力していきます。12行目をクリックして、「ホーム」タブの「挿入」ボタンをクリックして、行の挿入をします。

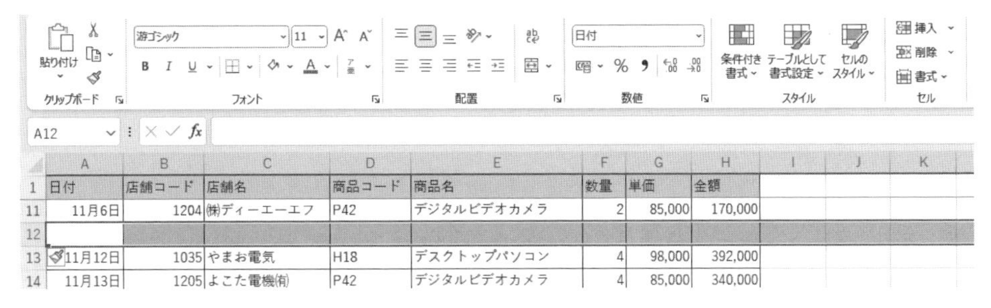

日付は、元から入力されている日付の「年」を、数式バーで確認してください。必ず、元ファイルと同じ「年」で入力するようにします。

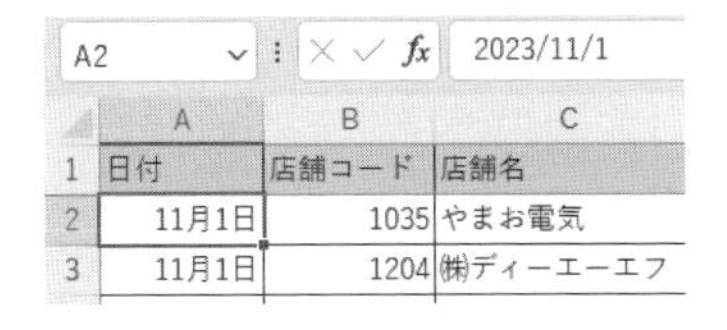

今回の問題は、「2023/11/1」と「2023年」のデータになっています。追加入力する日付も「2023/11/10」と「年」の数値から入力してください。もしくは、元から入力されている日付のセルをコピーして、「日」の数値だけを変更します。

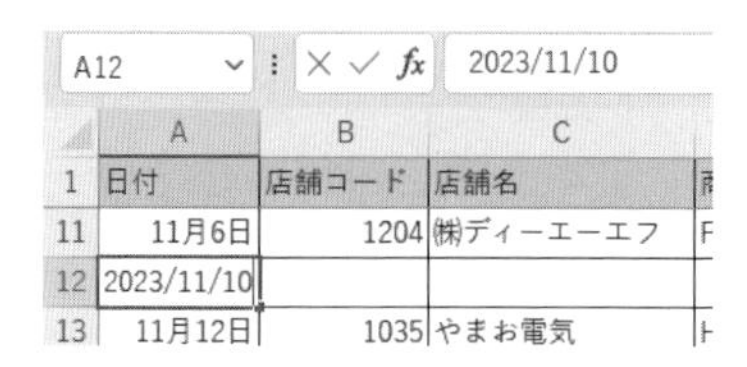

A12 | 2023/11/10

	A	B	C
1	日付	店舗コード	店舗名
11	11月6日	1204	㈱ディーエーエフ
12	2023/11/10		
13	11月12日	1035	やまお電気

「店舗コード」は、直接数値を入力します。

B12 | 1203

	A	B	C
1	日付	店舗コード	店舗名
11	11月6日	1204	㈱ディーエーエフ
12	11月10日	1203	
13	11月12日	1035	やまお電気

「店舗名」は、すぐ上のセルに入力されたVLOOKUP関数の計算式をオートフィルします。

C12 | =VLOOKUP(B12,店舗コード!$A$3:$B$6,2,0)

	A	B	C	D	E
1	日付	店舗コード	店舗名	商品コード	商品名
11	11月6日	1204	㈱ディーエーエフ	P42	デジタルビデオカ
12	11月10日	1203	たま電化サービス		
13	11月12日	1035	やまお電気	8	デスクトップパソ

店舗コードに応じた店舗名が表示されます。

「商品コード」から「単価」までは、元から入力されているデータをコピーして利用します。「11月10日」は「ネットブックパソコン」なので、ネットブックパソコンが入力されている行を探して、商品コードから単価までをコピーします。

	A	B	C	D	E	F	G	H
1	日付	店舗コード	店舗名	商品コード	商品名	数量	単価	金額
11	11月6日	1204	㈱ディーエーエフ	P42	デジタルビデオカメラ	2	85,000	170,000
12	11月10日	1203	たま電化サービス					
13	11月12日	1035	やまお電気	8	デスクトップパソコン	4	98,000	392,000
14	11月13日	1205	よこた電機㈲	P42	デジタルビデオカメラ	4	85,000	340,000
15	11月15日	1204	㈱ディーエーエフ	H25	ノートパソコン	4	120,000	480,000
16	11月15日	1204	㈱ディーエーエフ	P42	デジタルビデオカメラ	3	85,000	255,000
17	11月15日	1035	やまお電気	E32	レーザープリンタ	5	200,000	1,000,000
18	11月15日	1204	㈱ディーエーエフ	P42	デジタルビデオカメラ	5	85,000	425,000
19	11月18日	1204	㈱ディーエーエフ	E20	インクジェットプリンタ	5	20,000	100,000
20	11月18日	1035	やまお電気	P42	デジタルビデオカメラ	2	85,000	170,000
21	11月18日	1205	よこた電機㈲	E32	レーザープリンタ	3	200,000	600,000
22	11月19日	1035	やまお電気	H42	ネットブックパソコン	8	40,000	320,000
23	11月22日	1205	よこた電機㈲	E20	インクジェットプリンタ	6	20,000	120,000

「商品コード」により「商品名」と「単価」は決まっています。自分で入力すると入力ミスになりかねないので、ここは元から入力されている商品コードから単価の数値を利用して入力していくようにしましょう。

「数量」の数値を入力しなおします。コピーした数値のままにしないように気をつけましょう。

	A	B	C	D	E	F	G	H
1	日付	店舗コード	店舗名	商品コード	商品名	数量	単価	金額
11	11月6日	1204	㈱ディーエーエフ	P42	デジタルビデオカメラ	2	85,000	170,000
12	11月10日	1203	たま電化サービス	H42	ネットブックパソコン	5	40,000	
13	11月12日	1035	やまお電気	H18	デスクトップパソコン	4	98,000	392,000
14	11月13日	1205	よこた電機㈲	P42	デジタルビデオカメラ	4	85,000	340,000
15	11月15日	1204	㈱ディーエーエフ	H25	ノートパソコン	4	120,000	480,000
16	11月15日	1204	㈱ディーエーエフ	P42	デジタルビデオカメラ	3	85,000	255,000
17	11月15日	1035	やまお電気	E32	レーザープリンタ	5	200,000	1,000,000
18	11月15日	1204	㈱ディーエーエフ	P42	デジタルビデオカメラ	5	85,000	425,000
19	11月18日	1204	㈱ディーエーエフ	E20	インクジェットプリンタ	5	20,000	100,000
20	11月18日	1035	やまお電気	P42	デジタルビデオカメラ	2	85,000	170,000
21	11月18日	1205	よこた電機㈲	E32	レーザープリンタ	3	200,000	600,000
22	11月19日	1035	やまお電気	H42	ネットブックパソコン	8	40,000	320,000

「金額」は、すぐ上のセルの計算式（「数量×単価」のかけ算）をオートフィルします。

H12 fx =F12*G12

	A	B	C	D	E	F	G	H
1	日付	店舗コード	店舗名	商品コード	商品名	数量	単価	金額
11	11月6日	1204	㈱ディーエーエフ	P42	デジタルビデオカメラ	2	85,000	170,000
12	11月10日	1203	たま電化サービス	H42	ネットブックパソコン	5	40,000	200,000
13	11月12日	1035	やまお電気	H18	デスクトップパソコン	4	98,000	392,000
14	11月13日	1205	よこた電機㈲	P42	デジタルビデオカメラ	4	85,000	340,000

同様の手順で、すべてのデータを追加入力していきます。直接入力するデータ（日付、店舗コード）と、計算式をオートフィルして入力するデータ（店舗名、金額）を、しっかりと使い分けるようにしてください。元ファイルのデータに合わせて入力することが大切です。「数量」の数値を修正するのを忘れないようにしましょう。

以下の通り、追加データの入力が完成しました。途中のデータは非表示にしてあります。下記の画面では、わかりやすいように、追加した行に色を付けていますが、実際の試験では、セルに色をつける必要はありません。

	A	B	C	D	E	F	G	H
1	日付	店舗コード	店舗名	商品コード	商品名	数量	単価	金額
11	11月6日	1204	㈱ディーエーエフ	P42	デジタルビデオカメラ	2	85,000	170,000
12	11月10日	1203	たま電化サービス	H42	ネットブックパソコン	5	40,000	200,000
13	11月12日	1035	やまお電気	H18	デスクトップパソコン	4	98,000	392,000
14	11月13日	1205	よこた電機㈲	P42	デジタルビデオカメラ	4	85,000	340,000
15	11月15日	1204	㈱ディーエーエフ	H25	ノートパソコン	4	120,000	480,000
16	11月15日	1204	㈱ディーエーエフ	P42	デジタルビデオカメラ	3	85,000	255,000
17	11月15日	1035	やまお電気	E32	レーザープリンタ	5	200,000	1,000,000
18	11月15日	1204	㈱ディーエーエフ	P42	デジタルビデオカメラ	5	85,000	425,000
19	11月16日	1205	よこた電機㈲	H18	デスクトップパソコン	2	98,000	196,000
20	11月18日	1204	㈱ディーエーエフ	E20	インクジェットプリンタ	5	20,000	100,000
21	11月18日	1035	やまお電気	P42	デジタルビデオカメラ	2	85,000	170,000
22	11月18日	1205	よこた電機㈲	E32	レーザープリンタ	3	200,000	600,000
23	11月19日	1035	やまお電気	H42	ネットブックパソコン	8	40,000	320,000
24	11月22日	1205	よこた電機㈲	E20	インクジェットプリンタ	6	20,000	120,000
25	11月22日	1203	たま電化サービス	H25	ノートパソコン	5	120,000	600,000
26	11月23日	1204	㈱ディーエーエフ	P37	一眼レフデジタルカメラ	3	80,000	240,000
27	11月25日	1203	たま電化サービス	E32	レーザープリンタ	4	200,000	800,000
28	11月26日	1205	よこた電機㈲	H18	デスクトップパソコン	1	98,000	98,000
29	11月26日	1204	㈱ディーエーエフ	H42	ネットブックパソコン	3	40,000	120,000
30	11月29日	1205	よこた電機㈲	E20	インクジェットプリンタ	3	20,000	60,000
31	11月29日	1035	やまお電気	H42	ネットブックパソコン	7	40,000	280,000
32	11月29日	1035	やまお電気	E32	レーザープリンタ	8	200,000	1,600,000
33	11月30日	1035	やまお電気	H42	ネットブックパソコン	5	40,000	200,000
34	11月30日	1203	たま電化サービス	H18	デスクトップパソコン	4	98,000	392,000
35	11月30日	1204	㈱ディーエーエフ	P37	一眼レフデジタルカメラ	5	80,000	400,000

●問題2

シート「請求書」の作成です。問題1で作成したシート「販売データ」をピボットテーブルを使って集計します。ピボットテーブルのデザインは「表形式」を使います。

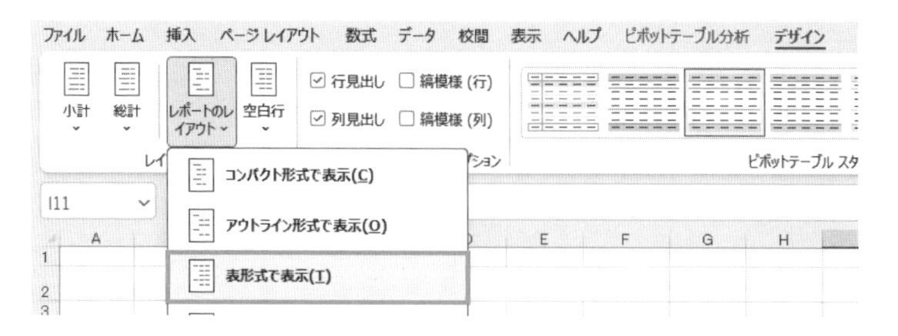

「フィルター」に「店舗名」（「㈱ディーエーエフ」のみ表示）、「行」に「日付」「商品名」「単価」、「値」に「数量」をドラッグしてください。

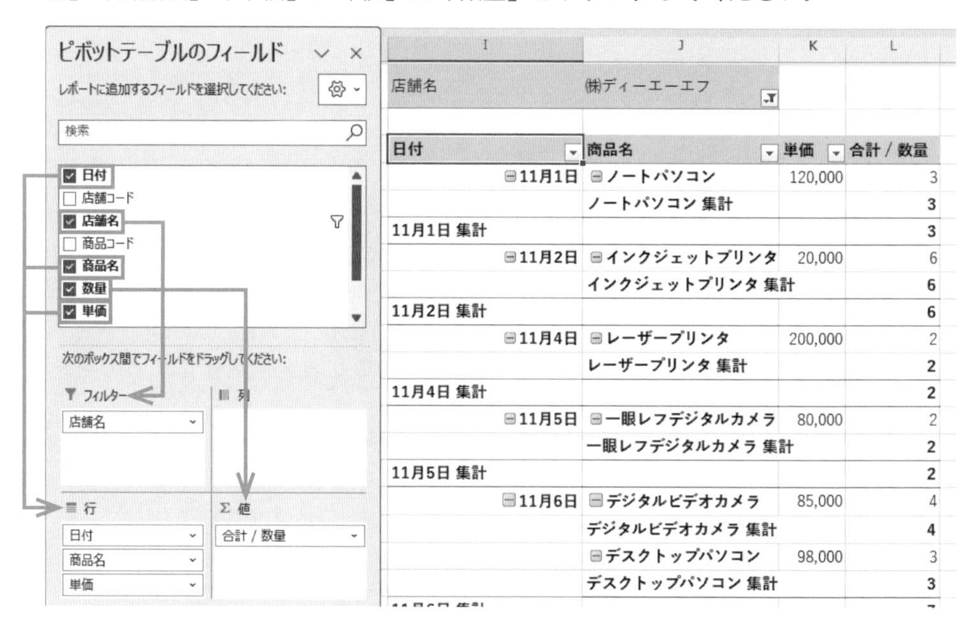

日付	商品名	単価	合計 / 数量
11月1日	ノートパソコン	120,000	3
	ノートパソコン 集計		3
11月1日 集計			3
11月2日	インクジェットプリンタ	20,000	6
	インクジェットプリンタ 集計		6
11月2日 集計			6
11月4日	レーザープリンタ	200,000	2
	レーザープリンタ 集計		2
11月4日 集計			2
11月5日	一眼レフデジタルカメラ	80,000	2
	一眼レフデジタルカメラ 集計		2
11月5日 集計			2
11月6日	デジタルビデオカメラ	85,000	4
	デジタルビデオカメラ 集計		4
	デスクトップパソコン	98,000	3
	デスクトップパソコン 集計		3

「日付」ごとの小計行と「商品名」ごとの小計行を非表示にします。小計行の上で右クリックして、「"日付"の小計」のチェックを外します。

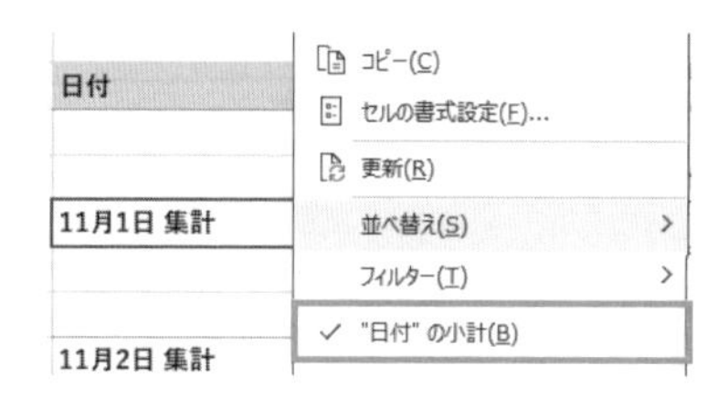

同様に、"商品名の小計"行も非表示にします。出来上がったピボットテーブルのセル「I12」から「L23」までをコピーして、シート「請求書」のセル「B13」に値を貼り付けます。

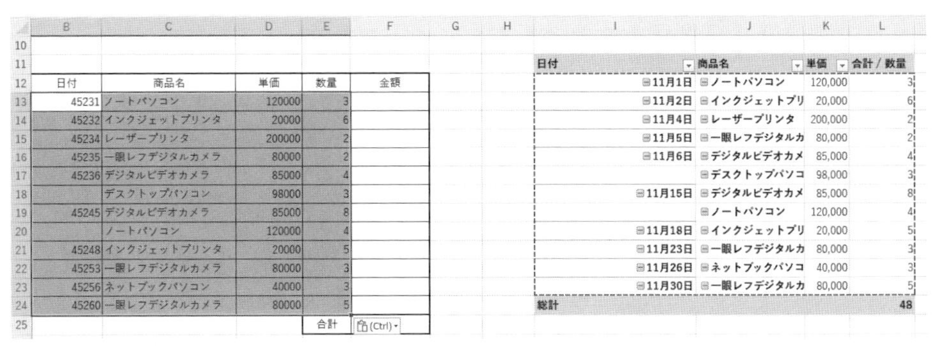

「日付」の表示形式を設定しなおします。

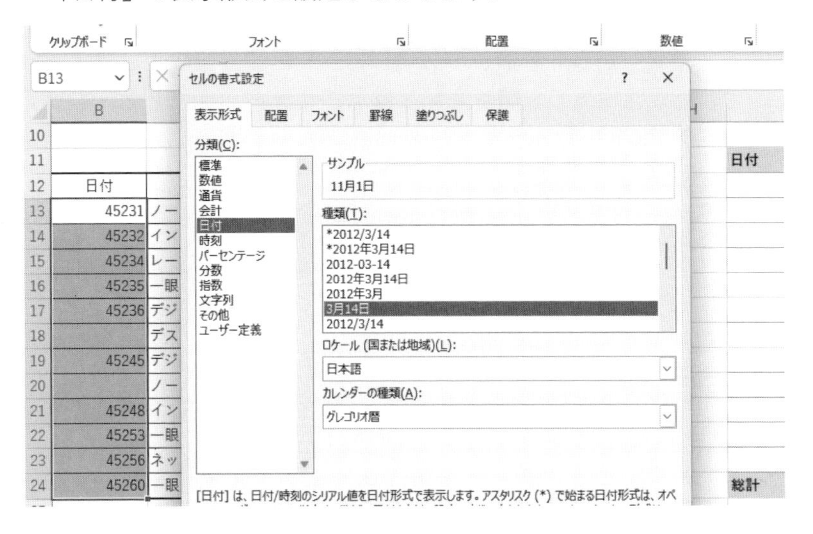

列「F」に、「金額」を計算します。「単価×数量」です。24行目までオートフィルしておきます。

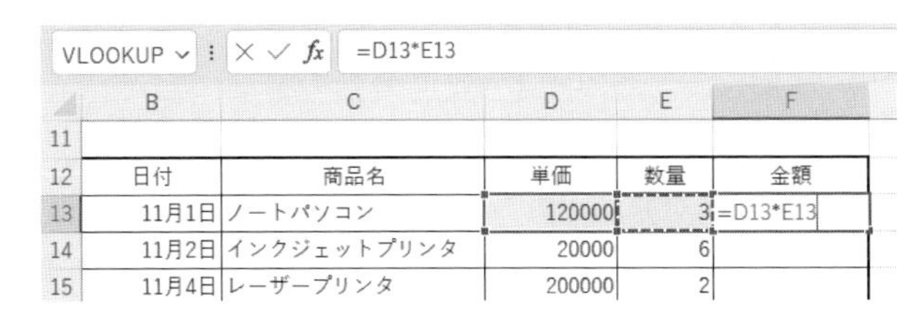

オートSUMを使って、合計金額を計算します。

VLOOKUP | =SUM(F13:F24)

	B	C	D	E	F	G
11						
12	日付	商品名	単価	数量	金額	
13	11月1日	ノートパソコン	120000	3	360000	
14	11月2日	インクジェットプリンタ	20000	6	120000	
15	11月4日	レーザープリンタ	200000	2	400000	
16	11月5日	一眼レフデジタルカメラ	80000	2	160000	
17	11月6日	デジタルビデオカメラ	85000	4	340000	
18		デスクトップパソコン	98000	3	294000	
19	11月15日	デジタルビデオカメラ	85000	8	680000	
20		ノートパソコン	120000	4	480000	
21	11月18日	インクジェットプリンタ	20000	5	100000	
22	11月23日	一眼レフデジタルカメラ	80000	3	240000	
23	11月26日	ネットブックパソコン	40000	3	120000	
24	11月30日	一眼レフデジタルカメラ	80000	5	400000	
25				合計	=SUM(F13:F24)	
26					SUM(数値1, [数値2], ...)	

「単価」から「金額」の数値には、桁区切りを設定します。セル「C9」には、セル参照を使って、請求金額を表示させます。「=」を入力して、セル「F25」をクリックして、Enterキーを押します（セル参照）。

VLOOKUP | =F25

	B	C	D	E	F
8	※下記のとおり、ご請求申し上げます				
9		=F25	円		
10					
11					
12	日付	商品名	単価	数量	金額
13	11月1日	ノートパソコン	120,000	3	360,000
14	11月2日	インクジェットプリンタ	20,000	6	120,000
15	11月4日	レーザープリンタ	200,000	2	400,000
16	11月5日	一眼レフデジタルカメラ	80,000	2	160,000
17	11月6日	デジタルビデオカメラ	85,000	4	340,000
18		デスクトップパソコン	98,000	3	294,000
19	11月15日	デジタルビデオカメラ	85,000	8	680,000
20		ノートパソコン	120,000	4	480,000
21	11月18日	インクジェットプリンタ	20,000	5	100,000
22	11月23日	一眼レフデジタルカメラ	80,000	3	240,000
23	11月26日	ネットブックパソコン	40,000	3	120,000
24	11月30日	一眼レフデジタルカメラ	80,000	5	400,000
25				合計	3,694,000

請求書のあて先（㈱ディーエーエフ）を入力して完成です。

請　求　書

㈱ディーエーエフ　御中

NAKKA電機販売株式会社
経理部　佐藤

※下記のとおり、ご請求申し上げます

3,694,000 円

日付	商品名	単価	数量	金額
11月1日	ノートパソコン	120,000	3	360,000
11月2日	インクジェットプリンタ	20,000	6	120,000
11月4日	レーザープリンタ	200,000	2	400,000
11月5日	一眼レフデジタルカメラ	80,000	2	160,000
11月6日	デジタルビデオカメラ	85,000	4	340,000
	デスクトップパソコン	98,000	3	294,000
11月15日	デジタルビデオカメラ	85,000	8	680,000
	ノートパソコン	120,000	4	480,000
11月18日	インクジェットプリンタ	20,000	5	100,000
11月23日	一眼レフデジタルカメラ	80,000	3	240,000
11月26日	ネットブックパソコン	40,000	3	120,000
11月30日	一眼レフデジタルカメラ	80,000	5	400,000
			合計	3,694,000

第1章
第2章
第3章
第4章
第5章
第6章

●問題3

問題2で作成したピボットテーブルを、「商品名」と「金額」の集計に変更します。このとき、すべての店舗名で集計するようにしてください。「店舗名」のフィールドを外すことを忘れないようにしましょう。

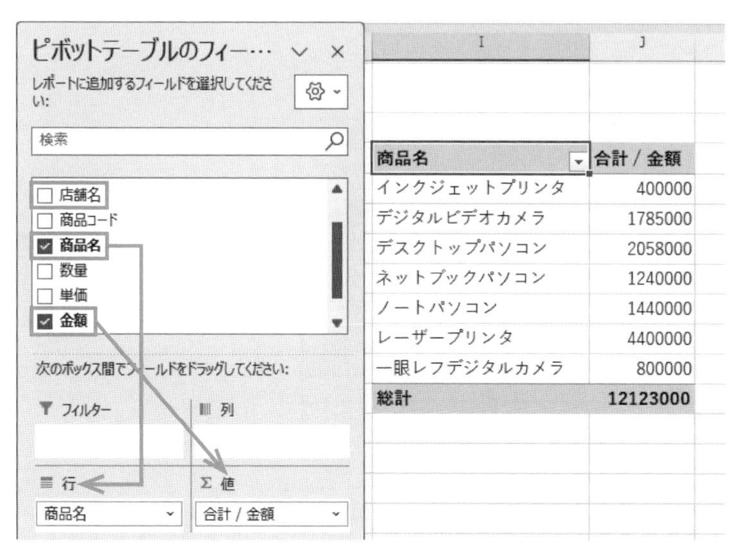

商品名	合計 / 金額
インクジェットプリンタ	400000
デジタルビデオカメラ	1785000
デスクトップパソコン	2058000
ネットブックパソコン	1240000
ノートパソコン	1440000
レーザープリンタ	4400000
一眼レフデジタルカメラ	800000
総計	12123000

集計した数値をコピーして、シート「構成比」のセル「A4」に値を貼り付けます。

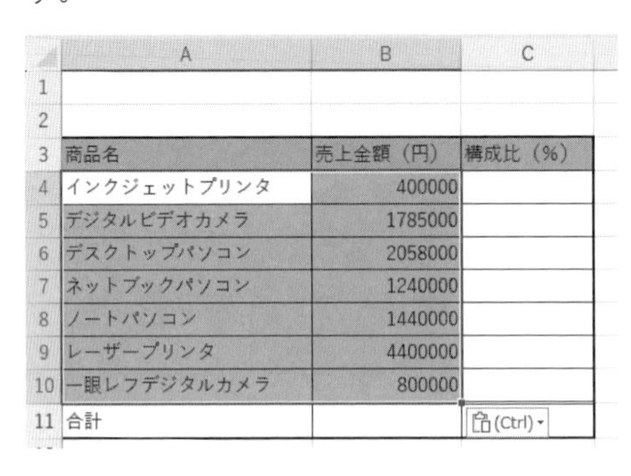

	A	B	C
1			
2			
3	商品名	売上金額（円）	構成比（%）
4	インクジェットプリンタ	400000	
5	デジタルビデオカメラ	1785000	
6	デスクトップパソコン	2058000	
7	ネットブックパソコン	1240000	
8	ノートパソコン	1440000	
9	レーザープリンタ	4400000	
10	一眼レフデジタルカメラ	800000	
11	合計		(Ctrl)▾

セル「B11」に、売上金額の合計を計算します。金額の数値には桁区切りを設定します。

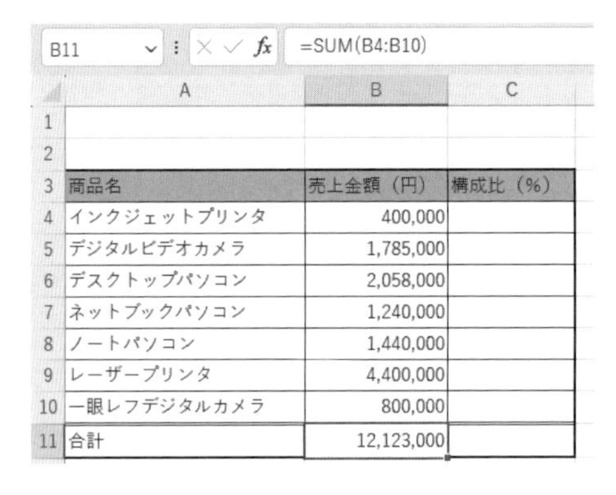

B11 =SUM(B4:B10)

	A	B	C
1			
2			
3	商品名	売上金額（円）	構成比（%）
4	インクジェットプリンタ	400,000	
5	デジタルビデオカメラ	1,785,000	
6	デスクトップパソコン	2,058,000	
7	ネットブックパソコン	1,240,000	
8	ノートパソコン	1,440,000	
9	レーザープリンタ	4,400,000	
10	一眼レフデジタルカメラ	800,000	
11	合計	12,123,000	

「構成比（%）」の計算をします。構成比を計算する際は、「絶対参照」を忘れないようにしましょう。

VLOOKUP =B4/$B$11*100

	A	B	C	D
1				
2				
3	商品名	売上金額（円）	構成比（%）	
4	インクジェットプリンタ	400,000	=B4/$B$11*100	
5	デジタルビデオカメラ	1,785,000		
6	デスクトップパソコン	2,058,000		
7	ネットブックパソコン	1,240,000		
8	ノートパソコン	1,440,000		
9	レーザープリンタ	4,400,000		
10	一眼レフデジタルカメラ	800,000		
11	合計	12,123,000		

11行目までオートフィルして、小数点第1位までの設定にします。

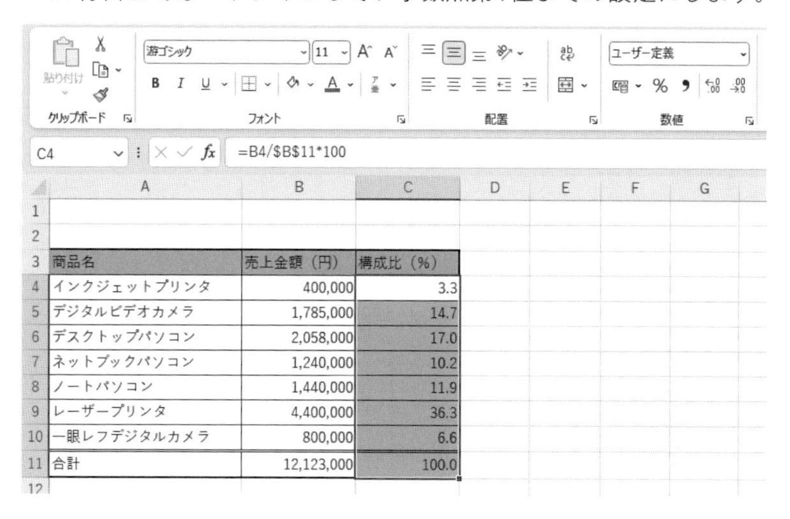

	A	B	C
1			
2			
3	商品名	売上金額（円）	構成比（%）
4	インクジェットプリンタ	400,000	3.3
5	デジタルビデオカメラ	1,785,000	14.7
6	デスクトップパソコン	2,058,000	17.0
7	ネットブックパソコン	1,240,000	10.2
8	ノートパソコン	1,440,000	11.9
9	レーザープリンタ	4,400,000	36.3
10	一眼レフデジタルカメラ	800,000	6.6
11	合計	12,123,000	100.0

「構成比」の高い順に並べ替えをします。タイトルを入力して、表の完成です。

	A	B	C
1	11月度商品別構成比		
2			
3	商品名	売上金額（円）	構成比（%）
4	レーザープリンタ	4,400,000	36.3
5	デスクトップパソコン	2,058,000	17.0
6	デジタルビデオカメラ	1,785,000	14.7
7	ノートパソコン	1,440,000	11.9
8	ネットブックパソコン	1,240,000	10.2
9	一眼レフデジタルカメラ	800,000	6.6
10	インクジェットプリンタ	400,000	3.3
11	合計	12,123,000	100.0

続けて「商品別売上構成比」グラフの作成です。円グラフは、もともと「割合」を表すグラフです。今回のデータ範囲も、「売上金額」をデータ範囲に指定し、円グラフを作成すると、自動的に「構成割合」を表したグラフとなります。

- グラフの作成範囲…セル「A4:B10」　（売上金額をデータ範囲に設定）
- グラフの種類…「円グラフ」

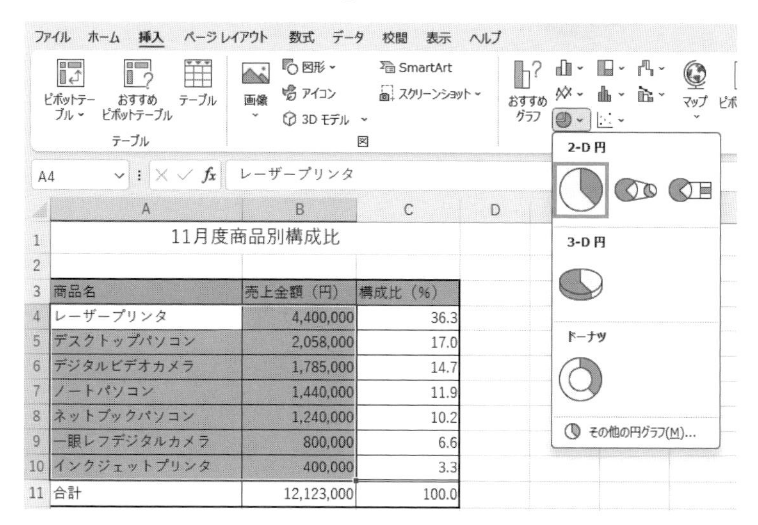

	A	B	C
1	11月度商品別構成比		
2			
3	商品名	売上金額（円）	構成比（%）
4	レーザープリンタ	4,400,000	36.3
5	デスクトップパソコン	2,058,000	17.0
6	デジタルビデオカメラ	1,785,000	14.7
7	ノートパソコン	1,440,000	11.9
8	ネットブックパソコン	1,240,000	10.2
9	一眼レフデジタルカメラ	800,000	6.6
10	インクジェットプリンタ	400,000	3.3
11	合計	12,123,000	100.0

● グラフタイトル…「商品別売上構成比」
● グラフ要素…「データラベル」にチェック
● データラベルの書式設定…「パーセンテージ」
　　　　　　表示形式…「パーセンテージ」
　　　　　　小数点以下の桁数…「1」
● 凡例…「右」

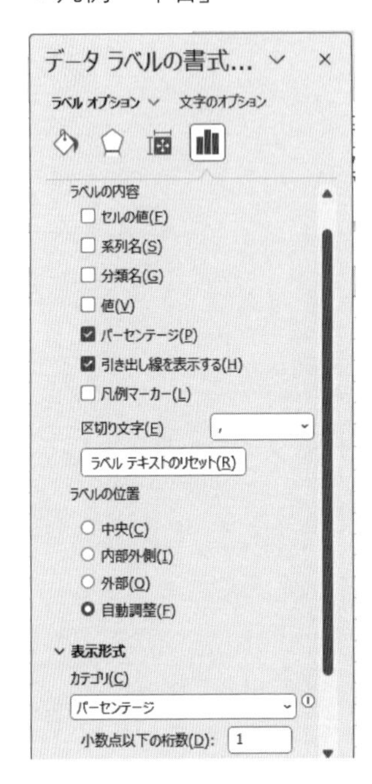

グラフの完成図は次の通りです。

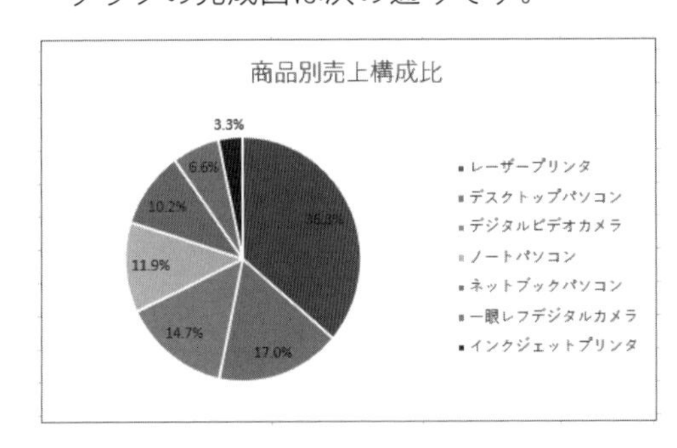

4-3-3 売上に関する請求書

売上に関する請求書を作成してください。

「3-3　請求書作成問題」ファイルを開いてください。

●問題1

売上金額の集計を行う際に、未入力のデータがあることに気が付きました。シート「販売データ」に、下記の伝票をもとにデータを追加入力・修正してください。データの入力後は、以下の指示に従って表を完成させること。

5月売上伝票
店名　星文堂

日	商品名	数量
8	ブックカバー	3
8	ボールペン(1ダース)	5
9	卓上メモ	4

5月売上伝票
店名　木村文具店

日	商品名	数量
20	色鉛筆	6
23	電卓	3
24	B5ノート	8

5月29日の『中田事務機器販売』ブックカバーの数量を、「6」に修正すること。
（指示）

- 「店名」「と「単価」は、シート「店コード・単価・原価表」からのデータを表示させること。
- 「売上金額」を計算すること。数値には、「桁区切り」を設定すること。

●問題2

問題1で作成した表を元に、「ステーショナリー林」の5月分の請求書を完成させてください。請求内容は、日付順に表示できるようにし、請求金額はセルの参照によって表示してください。

●問題3

「利益集計表」シートに、各商品の5月売上金額と粗利益（円）を計算してください。また、粗利益（円）の表の下に、5月の商品別の売上金額を縦棒グラフ、粗利益金額を折れ線グラフで表した複合グラフを作成してください。その際、以下の指示に従うこと。
（指示）

- 表の標題は、「5月利益集計」とし、作成した表の上、中央に配置すること。
- グラフタイトルは「5月度売上・利益比較グラフ」とすること。
- 数値軸には、単位を表示すること。
- 凡例をグラフの下に表示すること。
- 作成したグラフは、「5月利益集計」の表の下に配置すること。

●問題4

問題1～3で作成したファイルは、「5月請求書」というファイル名にして保存してください。

※なお、「●問題4」については本稿では解説を省略しております。 ファイルを保存する手順については、2章の「2-1-3　ファイルの保存」をご参照ください。

問題に使うデータと解答の表を確認してみましょう。シート「販売データ」の「店名」と「単価」は、シート「店コード・単価・原価表」よりVLOOKUP関数を使って表示します。

	A	B	C	D	E	F	G
1	日付	店コード	店名	商品名	数量	単価	売上金額
2	1	4703		B5ノート	5		
3	1	3705		ブックカバー	3		
4	2	3705		電卓	10		
5	2	3702		ペンケース	3		

	A	B	C	D	E	F
1						
2	コード	店名		商品名	単価	原価率
3	3702	木村文具店		B5ノート	480	65%
4	3705	ステーショナリー林		ブックカバー	680	70%
5	4703	中田事務機器販売		電卓	980	75%
6	4708	星文堂		ペンケース	1,480	60%
7				ボールペン（1ダース）	580	50%
8				色鉛筆	780	62%
9				卓上メモ	400	55%

①シート「請求書」に日付ごとに集計した請求書を作成

	A	B	C	D	E	F	G
1							
2			請　求　書（5月）				
3							
4			御中				
5							
6					モンブラン販売株式会社		
7						経理部	本田
8		※下記のとおり、ご請求申し上げます					
9				円			
10							
11							
12		日付	商品名	単価	数量	金額	
13							
14							
15							
16							
17							
18							
19							
20							
21							
22							
23							
24							
25					合計		

②シート「利益集計表」に5月の売上金額を集計して、粗利益を計算

	A	B	C	D
1				
2				
3	商品名	4月売上金額	5月売上金額	粗利益（円）
4	B5ノート	15,840		
5	ブックカバー	12,240		
6	電卓	19,600		
7	ペンケース	39,960		
8	ボールペン（1ダース）	20,300		
9	色鉛筆	18,720		
10	卓上メモ	5,200		

解説

売上に関する請求書

●問題1

シート「販売データ」の適切な箇所に行を挿入し、データの追加、修正をします。「店名」「単価」は、VLOOKUP関数を使って表示させます。

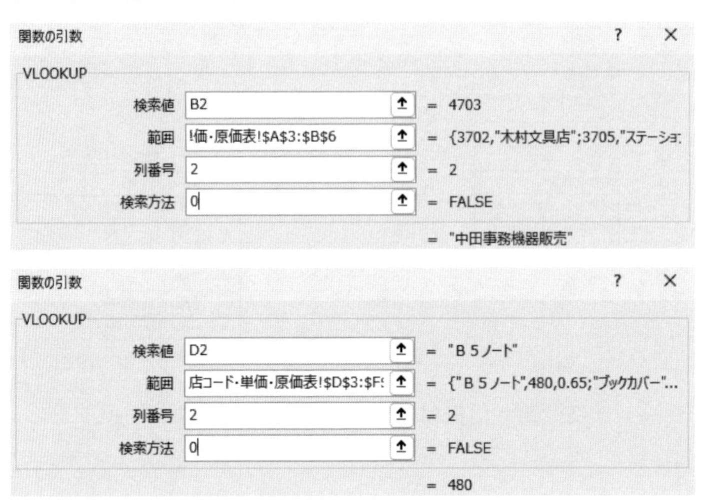

列「G」に、「売上金額」を計算します。最終行までオートフィルして、「桁区切り」を設定します。

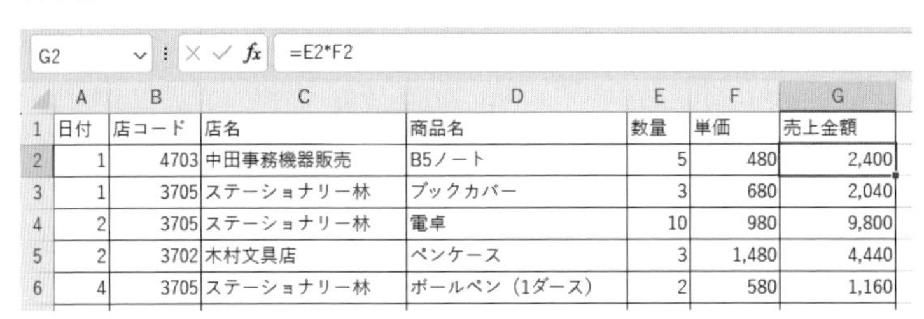

G2 =E2*F2

	A	B	C	D	E	F	G
1	日付	店コード	店名	商品名	数量	単価	売上金額
2	1	4703	中田事務機器販売	B5ノート	5	480	2,400
3	1	3705	ステーショナリー林	ブックカバー	3	680	2,040
4	2	3705	ステーショナリー林	電卓	10	980	9,800
5	2	3702	木村文具店	ペンケース	3	1,480	4,440
6	4	3705	ステーショナリー林	ボールペン（1ダース）	2	580	1,160

必要なデータを追加・修正していきます。「6日」と「12日」の間に3行挿入します。「日付」と「店コード」はそのまま数値を入力します。

	A	B	C	D	E	F	G
1	日付	店コード	店名	商品名	数量	単価	売上金額
11	6	3705	ステーショナリー林	ペンケース	2	1,480	2,960
12	8	4708					
13	8	4708					
14	9	4708					
15	12	4703	中田事務機器販売	B5ノート	4	480	1,920

「店名」は、すぐ上のセルに入力されたVLOOKUP関数の計算式をオートフィルします。

C11　=VLOOKUP(B11,店コード・単価・原価表!$A$3:$B$6,2,0)

	A	B	C	D	E	F	G
1	日付	店コード	店名	商品名	数量	単価	売上金額
11	6	3705	ステーショナリー林	ペンケース	2	1,480	2,960
12	8	4708	星文堂				
13	8	4708	星文堂				
14	9	4708	星文堂				
15	12	4703	中田事務機器販売	ノート	4	480	1,920

「商品名」から「単価」までは、元から入力されているデータから、同じ商品名を探してコピー・貼り付けします。

	A	B	C	D	E	F	G
1	日付	店コード	店名	商品名	数量	単価	売上金額
11	6	3705	ステーショナリー林	ペンケース	2	1,480	2,960
12	8	4708	星文堂	ブックカバー	4	680	
13	8	4708	星文堂				(Ctrl)
14	9	4708	星文堂				
15	12	4703	中田事務機器販売	B5ノート	4	480	1,920
16	13	4708	星文堂	ペンケース	4	1,480	5,920
17	15	3705	ステーショナリー林	ブックカバー	4	680	2,720
18	15	3705	ステーショナリー林	ペンケース	3	1,480	4,440

数量だけ修正します。

	A	B	C	D	E	F	G
1	日付	店コード	店名	商品名	数量	単価	売上金額
11	6	3705	ステーショナリー林	ペンケース	2	1,480	2,960
12	8	4708	星文堂	ブックカバー	3	680	
13	8	4708	星文堂				
14	9	4708	星文堂				
15	12	4703	中田事務機器販売	B5ノート	4	480	1,920

「商品名」と「単価」を別々にコピーすると間違いを起こしやすいので、「商品名」「数量」「単価」までをまとめてコピーして、「数量」だけを修正する、という方法で入力してください。

「売上金額」は、上のセルに入力されている「数量×単価」の計算式をオートフィルします。

G12　=E12*F12

	A	B	C	D	E	F	G
1	日付	店コード	店名	商品名	数量	単価	売上金額
11	6	3705	ステーショナリー林	ペンケース	2	1,480	2,960
12	8	4708	星文堂	ブックカバー	3	680	2,040
13	8	4708	星文堂				
14	9	4708	星文堂				
15	12	4703	中田事務機器販売	B5ノート	4	480	1,920

同様の手順で、すべてのデータを追加入力していきます。「29日」の「ブックカバー」の数量を「6」に修正します。

	A	B	C	D	E	F	G
1	日付	店コード	店名	商品名	数量	単価	売上金額
11	6	3705	ステーショナリー林	ペンケース	2	1,480	2,960
12	8	4708	星文堂	ブックカバー	3	680	2,040
13	8	4708	星文堂	ボールペン（1ダース）	5	580	2,900
14	9	4708	星文堂	卓上メモ	4	400	1,600
15	12	4703	中田事務機器販売	B5ノート	4	480	1,920
16	13	4708	星文堂	ペンケース	4	1,480	5,920
17	15	3705	ステーショナリー林	ブックカバー	4	680	2,720
18	15	3705	ステーショナリー林	ペンケース	3	1,480	4,440
19	15	4703	中田事務機器販売	ボールペン（1ダース）	5	580	2,900
20	15	3705	ステーショナリー林	ペンケース	5	1,480	7,400
21	18	3705	ステーショナリー林	電卓	5	980	4,900
22	18	4703	中田事務機器販売	ペンケース	2	1,480	2,960
23	18	4708	星文堂	ボールペン（1ダース）	11	580	6,380
24	19	4703	中田事務機器販売	色鉛筆	5	780	3,900
25	20	3702	木村文具店	色鉛筆	6	780	4,680
26	22	4708	星文堂	電卓	6	980	5,880
27	22	3702	木村文具店	ブックカバー	5	680	3,400
28	23	3702	木村文具店	電卓	3	980	2,940
29	24	3702	木村文具店	B5ノート	8	480	3,840
30	25	3702	木村文具店	ボールペン（1ダース）	7	580	4,060
31	26	4708	星文堂	B5ノート	3	480	1,440
32	26	3705	ステーショナリー林	色鉛筆	3	780	2,340
33	29	4708	星文堂	電卓	3	980	2,940
34	29	4703	中田事務機器販売	ブックカバー	6	680	4,080
35	30	4703	中田事務機器販売	色鉛筆	4	780	3,120
36	30	3702	木村文具店	B5ノート	4	480	1,920
37	30	3705	ステーショナリー林	卓上メモ	5	400	2,000

途中のデータは非表示にしてあります。解答見本は、追加、修正した個所をわかりやすくするために色を付けていますが、実際は色を付ける必要はありません。

●問題2

「請求書」シートの作成です。問題1で作成したシート「販売データ」を、ピボットテーブルを使って集計します。「フィルター」に「店名」（「ステーショナリー林」のみ表示）、「行」に「日付」「商品名」「単価」、「値」に「数量」にドラッグしてください。

ピボットテーブルのレイアウトデザインは「表形式で表示」を使います。

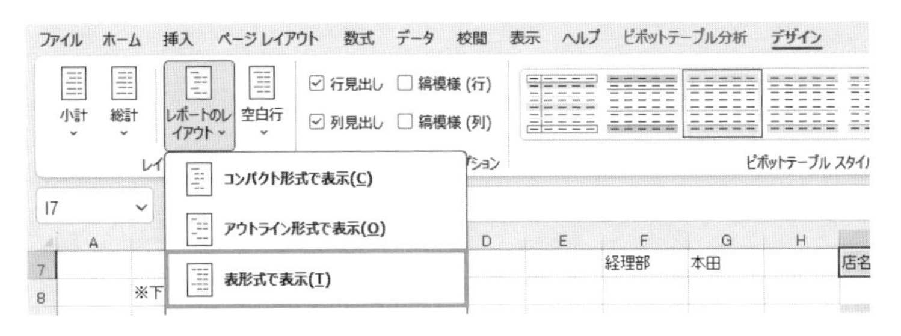

「日付」ごとの小計行と「商品名」ごとの小計行を非表示にします。小計行の上で右クリックして、「"日付"の小計」をクリックして、チェックを外します。同様に、「"商品名"の小計」のチェックも外します。

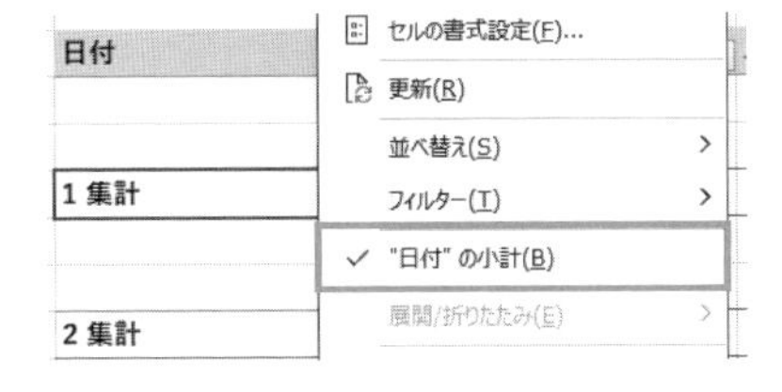

出来上がったピボットテーブルのセル「I13」から「L23」までをコピーして、シート「請求書」のセル「B13」に値を貼り付けます。

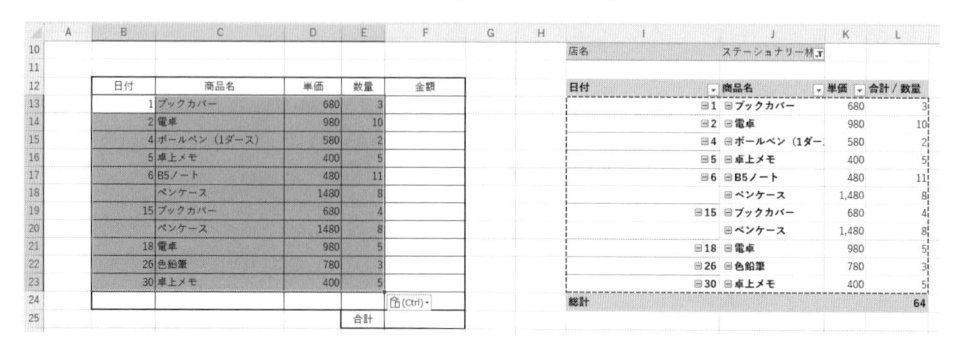

日付	商品名	単価	数量	金額
1	ブックカバー	680	3	
2	電卓	980	10	
4	ボールペン（1ダース）	580	2	
5	卓上メモ	400	5	
6	B5ノート	480	11	
	ペンケース	1480	8	
15	ブックカバー	680	4	
	ペンケース	1480	8	
18	電卓	980	5	
26	色鉛筆	780	3	
30	卓上メモ	400	5	
			合計	

店名 ステーショナリー林

日付	商品名	単価	合計 / 数量
⊟1	⊟ブックカバー	680	3
⊟2	⊟電卓	980	10
⊟4	⊟ボールペン（1ダー.	580	2
⊟5	⊟卓上メモ	400	5
⊟6	⊟B5ノート	480	11
	⊟ペンケース	1,480	8
⊟15	⊟ブックカバー	680	4
	⊟ペンケース	1,480	8
⊟18	⊟電卓	980	5
⊟26	⊟色鉛筆	780	3
⊟30	⊟卓上メモ	400	5
総計			64

「金額」を計算します。数式は「単価×数量」です。

VLOOKUP　=D13*E13

日付	商品名	単価	数量	金額
1	ブックカバー	680	3	=D13*E13
2	電卓	980	10	

オートSUMを使って、「合計」を計算します。金額には「桁区切り」を設定してください。

VLOOKUP　=SUM(F13:F24)

日付	商品名	単価	数量	金額
1	ブックカバー	680	3	2040
2	電卓	980	10	9800
4	ボールペン（1ダース）	580	2	1160
5	卓上メモ	400	5	2000
6	B5ノート	480	11	5280
	ペンケース	1480	8	11840
15	ブックカバー	680	4	2720
	ペンケース	1480	8	11840
18	電卓	980	5	4900
26	色鉛筆	780	3	2340
30	卓上メモ	400	5	2000
			合計	=SUM(F13:F24)

SUM(数値1, [数値2], ...)

セル「C9」には、セル参照を使って、合計金額を表示させます。

C9 =F25

	A	B	C	D	E	F
8		※下記のとおり、ご請求申し上げます				
9			55,920	円		
10						
11						
12		日付	商品名	単価	数量	金額
13		1	ブックカバー	680	3	2,040
14		2	電卓	980	10	9,800
15		4	ボールペン（1ダース）	580	2	1,160
16		5	卓上メモ	400	5	2,000
17		6	B5ノート	480	11	5,280
18			ペンケース	1,480	8	11,840
19		15	ブックカバー	680	4	2,720
20			ペンケース	1,480	8	11,840
21		18	電卓	980	5	4,900
22		26	色鉛筆	780	3	2,340
23		30	卓上メモ	400	5	2,000
24						
25					合計	55,920

請求書のあて先（ステーショナリー林）を入力して完成です。

	A	B	C	D	E	F	G
1							
2			請　求　書（5月）				
3							
4	ステーショナリー林		御中				
5							
6					モンブラン販売株式会社		
7						経理部	本田
8		※下記のとおり、ご請求申し上げます					
9			55,920	円			
10							
11							
12		日付	商品名	単価	数量	金額	
13		1	ブックカバー	680	3	2,040	
14		2	電卓	980	10	9,800	
15		4	ボールペン（1ダース）	580	2	1,160	
16		5	卓上メモ	400	5	2,000	
17		6	B5ノート	480	11	5,280	
18			ペンケース	1,480	8	11,840	
19		15	ブックカバー	680	4	2,720	
20			ペンケース	1,480	8	11,840	
21		18	電卓	980	5	4,900	
22		26	色鉛筆	780	3	2,340	
23		30	卓上メモ	400	5	2,000	
24							
25					合計	55,920	

●**問題3**

ピボットテーブルを、シート「利益集計表」に移動します（後のコピー・ 貼り付け作業を楽にするためです）。 ピボットテーブル内をクリックし、「ピボットテーブル分析」タブ→「アクション」をクリックし、「ピボットテーブルの移動」をクリックしてください。

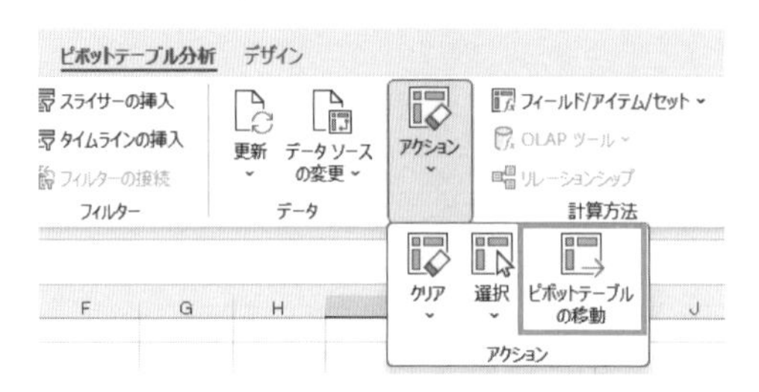

ピボットテーブルレポートの配置する場所に、シート「利益集計表」の任意のセルを選択します。

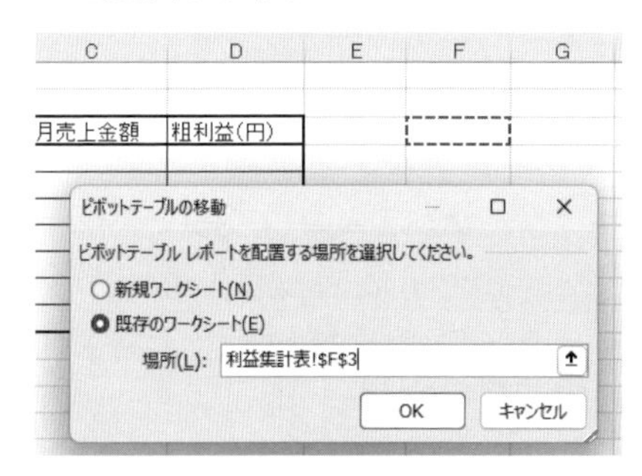

ピボットテーブルの配置場所は、解答となる表の「右横」を使うようにしてください。 解答の表の下に作成してしまうと、ピボットテーブルの項目をドラッグしたときに、列の幅が変わってしまいます。 解答の表の書式は「変更しない」ことが、試験のコツです。

問題2で作成したピボットテーブルを、「行」に「商品名」、「値」に「売上金額」と変更します。

商品名	合計 / 売上金額
B5ノート	16800
ブックカバー	14280
ペンケース	37000
ボールペン（1ダース）	17400
色鉛筆	16380
卓上メモ	5600
電卓	26460
総計	133920

ピボットテーブルの商品名の並び順を集計させる表に合わせて変更します。

	A	B	C	D	E	F	G
1							
2							
3	商品名	4月売上金額	5月売上金額	粗利益（円）		商品名	合計 / 売上金額
4	B5ノート	15,840				B5ノート	16800
5	ブックカバー	12,240				ブックカバー	14280
6	電卓	19,600				ペンケース	37000
7	ペンケース	39,960				ボールペン（1ダース）	17400
8	ボールペン（1ダース）	20,300				色鉛筆	16380
9	色鉛筆	18,720				卓上メモ	5600
10	卓上メモ	5,200				電卓	26460
11						総計	133920

出来上がったピボットテーブルの値をコピーして、解答の表に値を貼り付けます。

	A	B	C	D	E	F	G
1							
2							
3	商品名	4月売上金額	5月売上金額	粗利益（円）		商品名	合計 / 売上金額
4	B5ノート	15,840	16800			B5ノート	16800
5	ブックカバー	12,240	14280			ブックカバー	14280
6	電卓	19,600	26460			電卓	26460
7	ペンケース	39,960	37000			ペンケース	37000
8	ボールペン（1ダース）	20,300	17400			ボールペン（1ダース）	17400
9	色鉛筆	18,720	16380			色鉛筆	16380
10	卓上メモ	5,200	5600			卓上メモ	5600
11				(Ctrl)		総計	133920

粗利益（円）を計算します。商品ごとの原価率（%）が別のシート「店コード・単価・原価表」にあるので、計算しやすいように、原価率（%）をコピーして、任意のセルに貼り付けておきます。

	A	B	C	D	E	F	G	H	I	J
1										
2										
3	商品名	4月売上金額	5月売上金額	粗利益（円）		商品名	合計 / 売上金額		商品名	原価率
4	B5ノート	15,840	16800			B5ノート	16800		B5ノート	0.65
5	ブックカバー	12,240	14280			ブックカバー	14280		ブックカバ	0.7
6	電卓	19,600	26460			電卓	26460		電卓	0.75
7	ペンケース	39,960	37000			ペンケース	37000		ペンケース	0.6
8	ボールペン（1ダース）	20,300	17400			ボールペン（1ダース）	17400		ボールペン	0.5
9	色鉛筆	18,720	16380			色鉛筆	16380		色鉛筆	0.62
10	卓上メモ	5,200	5600			卓上メモ	5600		卓上メモ	0.55
11						総計	133920			

粗利益（円）を求める計算式は「粗利益＝売上金額－（売上金額×原価率）」です。このときの計算に使う「売上金額」の数値は、ピボットテーブル内の数値を使って計算するのではなく、列「C」にある売上金額の数値を使った計算をしてください。

	C	D	E	F	G	H	I	J	K	L
1										
2										
3	5月売上金額	粗利益（円）		商品名	合計 / 売上金額		商品名	原価率	粗利益	
4	16800			B5ノート	16800		B5ノート	0.65	=C4-(C4*J4)	
5	14280			ブックカバー	14280		ブックカ	0.7		
6	26460			電卓	26460		電卓	0.75		
7	37000			ペンケース	37000		ペンケー	0.6		
8	17400			ボールペン（1ダース）	17400		ボールペ	0.5		
9	16380			色鉛筆	16380		色鉛筆	0.62		
10	5600			卓上メモ	5600		卓上メモ	0.55		
11				総計	133920					

注意

今回の問題では、原価率が解答の表以外のセルにあります。この場合、解答となる表の中に、表の外にあるデータ（原価率）を使った計算式を入れないようにしてください。
表の外（任意のセル）で計算を行い、解答表には計算した答え（値）のみ貼り付けるようにします。

計算した「粗利益（円）」の数値をコピーして、解答の表に値を貼り付けます。

	C	D	E	F	G	H	I	J	K
1									
2									
3	5月売上金額	粗利益（円）		商品名	合計 / 売上金額		商品名	原価率	粗利益
4	16800	5880		B5ノート	16800		B5ノート	0.65	5880
5	14280	4284		ブックカバー	14280		ブックカ	0.7	4284
6	26460	6615		電卓	26460		電卓	0.75	6615
7	37000	14800		ペンケース	37000		ペンケー	0.6	14800
8	17400	8700		ボールペン（1ダース）	17400		ボールペ	0.5	8700
9	16380	6224.4		色鉛筆	16380		色鉛筆	0.62	6224.4
10	5600	2520		卓上メモ	5600		卓上メモ	0.55	2520
11			(Ctrl)	総計	133920				
12									

金額には「桁区切り」を設定し、表のタイトルを入力して、完成です。

	A	B	C	D
1	5月利益集計			
2				
3	商品名	4月売上金額	5月売上金額	粗利益（円）
4	B5ノート	15,840	16,800	5,880
5	ブックカバー	12,240	14,280	4,284
6	電卓	19,600	26,460	6,615
7	ペンケース	39,960	37,000	14,800
8	ボールペン（1ダース）	20,300	17,400	8,700
9	色鉛筆	18,720	16,380	6,224
10	卓上メモ	5,200	5,600	2,520

複合グラフの作成です。グラフのデータ範囲を選択して、「組み合わせ」→「縦棒ー第2軸の折れ線」を選択します。

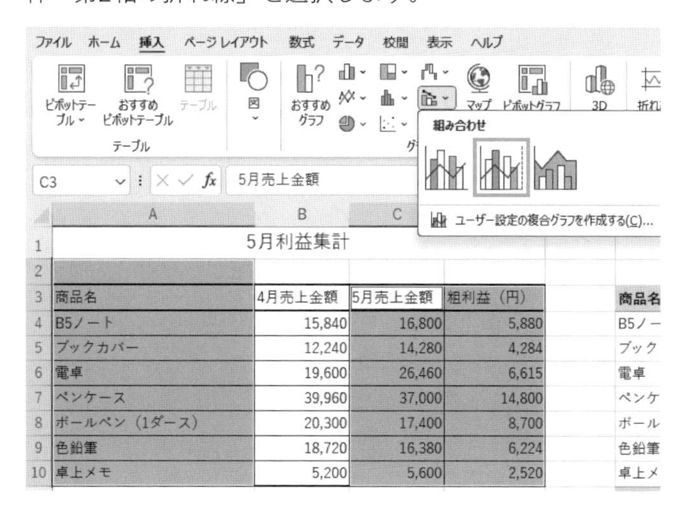

グラフタイトルは「5月度売上・利益比較グラフ」とし、グラフ要素は「軸ラベル」を選択し数値軸の単位は「単位：円」と入力してください。

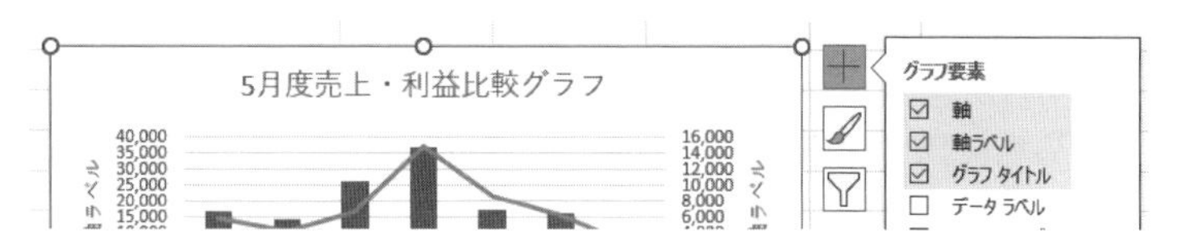

「軸ラベルの書式設定」は以下のようにしてください。

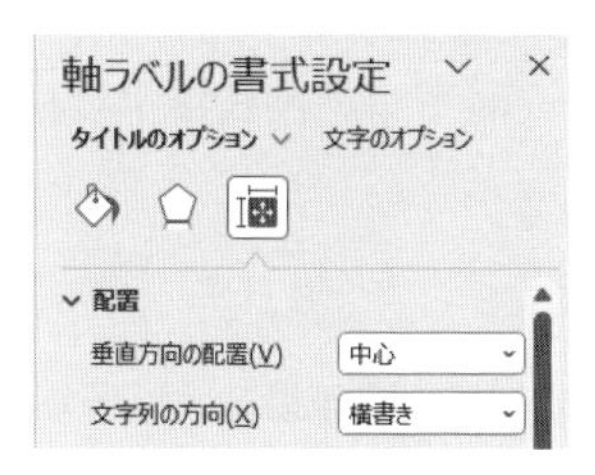

グラフが完成しました。

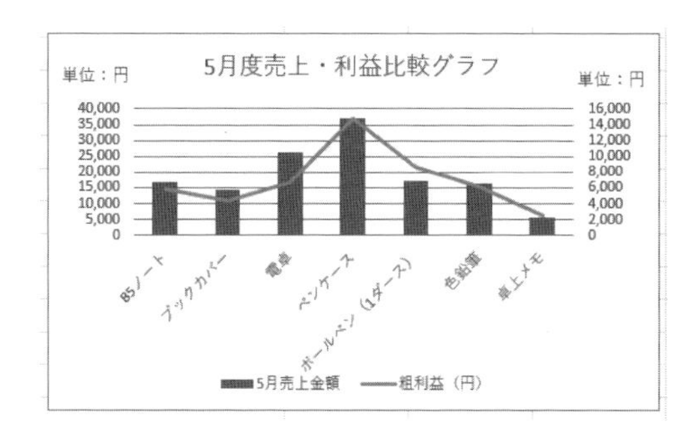

4-4 チャレンジ問題

「4-1 チャレンジ問題」ファイルを開いてください。

売上に関する集計表を作成してください。

●問題1

売上金額の集計を行う際に、未入力のデータがあることに気が付きました。 シート「売上高」に、下記の伝票をもとにデータを追加入力してください。

日 付	7月1日
商 品	緑茶
数 量	1780

日 付	8月10日
商 品	レモン炭酸
数 量	2255

日 付	9月26日
商 品	緑茶
数 量	2490

日 付	11月10日
商 品	紅茶
数 量	1645

作成した表をもとに、2023年度の売上実績を集計した表を完成させてください。
（指示）

- シート「売上実績」に集計すること。
- 集計の際には、数値の単位を合わせ、形式を統一して作成すること。

●問題2

問題1で作成した表をもとに、シート「売上目標」に、5年間の売上金額の平均と、売上構成比率（%）、2024年度売上目標を計算してください。 その際、以下の指示に従うこと。 また、金額には桁区切りを設定し、割合は小数点以下第1位までの表示とすること。
（指示）

- シート「売上目標」に集計すること。
- 5年間の売上金額の平均は、2019年度から2023年度までの5年間の平均売上額とすること。
- 売上構成比率（%）は、5年間の売上金額の平均の構成比として計算し、小数点以下第1位までの表示とすること。
- 2024年度売上目標は、「5年間平均売上」年間売上の13%増として計算した値をもとに、売上構成比率に従って求めること。

●問題3

問題1で作成した「売上実績」シートをコピーし、2022年度実績から2024年度売上目標までの売上実績表を作成すること。 その際、以下の指示に従うこと。
（指示）

- コピーしたシートに、「2024年度売上目標」の項目を追加し、2022年度から2024年度売上目標までの売上実績表を作成すること。
- コピーしたシートは、シート名を「3年間の売上推移」とすること。

●問題4

問題3で作成した表をもとに、3年間の売上推移を表した折れ線グラフを作成してください。 その際、以下の指示に従うこと。

（指示）

- グラフタイトルは「3年間の売上推移グラフ」とすること。
- 数値軸は、最小値を「1000」とし、軸には単位を表示すること。
- 凡例をグラフの下に表示すること。
- 作成したグラフは、「3年間の売上実績表」の下に配置すること。

●問題5

問題1～4で作成したファイルは、「売上実績」というファイル名にして保存してください。

※なお、「●問題5」については本稿では解説を省略しております。 ファイルを保存する手順については、2章の「2-1-3　ファイルの保存」をご参照ください。

解説

チャレンジ問題

●問題1

データの追加入力です。問題文の指示通りにデータを追加入力していきます。

- 日付の「年」は、元から入力されている日付「2023年」に合わせて入力してください。
- 「商品分類」から「単価」までは、同じ商品分類からコピーして貼り付け、「売上数量」だけ変更します。
- 「売上高」は、「売上数量×単価」の計算式をオートフィルします。

	A	B	C	D	E
1	今年度売上			単位：円	
2	日付	商品分類	売上数量	単価	売上高
47	6月28日	レモン炭酸	1,605	160	256,800
48	6月30日	緑茶	2,130	130	276,900
49	7月1日	緑茶	1,780	130	231,400
50	7月2日	紅茶	2,280	250	570,000
69	8月9日	100%りんご	2,280	220	501,600
70	8月10日	レモン炭酸	2,255	160	360,800
71	8月11日	紅茶	2,770	250	692,500
94	9月26日	コーヒー	2,450	280	686,000
95	9月26日	緑茶	2,490	130	323,700
96	9月28日	100%オレンジ	3,295	250	823,750
117	11月9日	コーヒー	2,250	280	630,000
118	11月10日	紅茶	1,645	250	411,250
119	11月11日	栄養ドリンク	1,850	260	481,000
120	11月13日	100%りんご	2,280	220	501,600

途中の表示は省略してあります。色をつける必要はありません。

注意

データの追加入力には、細心の注意を払ってください。ここで日付、商品名、単価や数量を間違えて入力してしまうと、この先の計算やグラフがすべて間違いになってしまいます。

シート「売上実績」に集計します。シート「売上高」の表には、1行目に「表のタイトル」と「単位：円」が入力されています。ここをピボットテーブルのデータ範囲に含めないよう、先に範囲（A2:E187）をドラッグして選択してから、「挿入」タブより「ピボットテーブル」をクリックしてください。

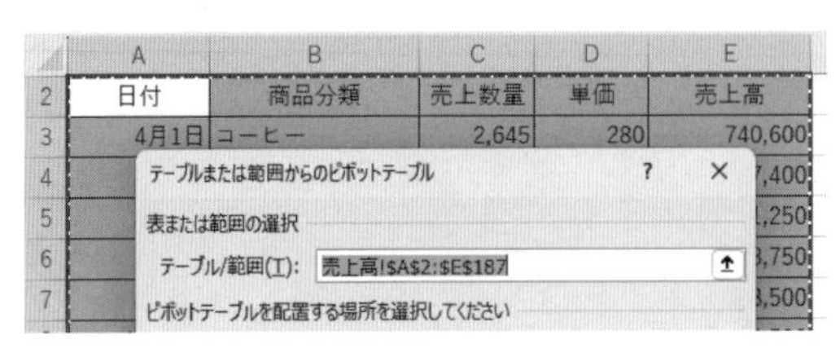

ピボットテーブルの作成場所は、シート「売上実績」の任意のセルにしておくと便利です。

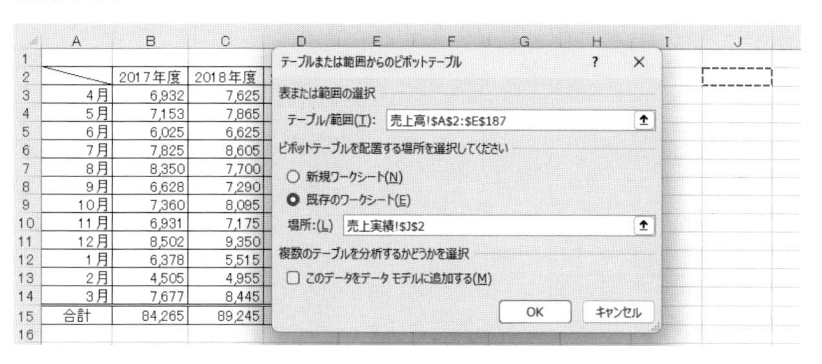

	2017年度	2018年度
4月	6,932	7,625
5月	7,153	7,865
6月	6,025	6,625
7月	7,825	8,605
8月	8,350	7,700
9月	6,628	7,290
10月	7,360	8,095
11月	6,931	7,175
12月	8,502	9,350
1月	6,378	5,515
2月	4,505	4,955
3月	7,677	8,445
合計	84,265	89,245

ピボットテーブルを以下のように作成します。「行」に「日付」、「値」に「売上高」をそれぞれドラッグしてください。

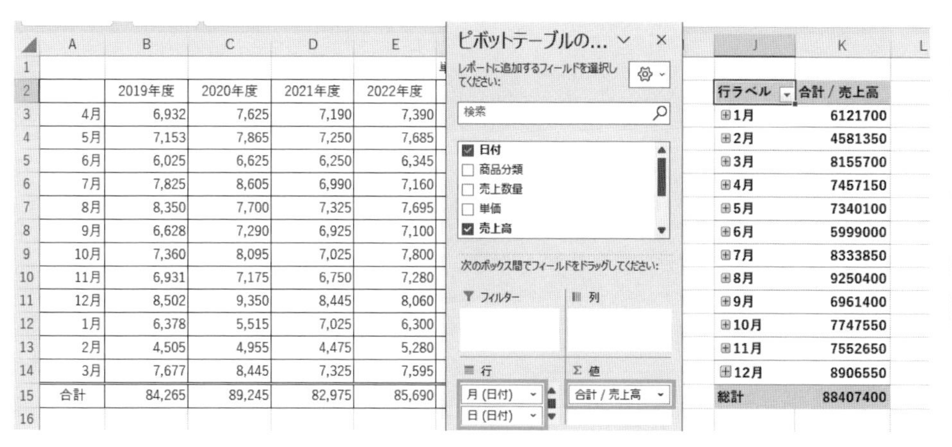

	2019年度	2020年度	2021年度	2022年度
4月	6,932	7,625	7,190	7,390
5月	7,153	7,865	7,250	7,685
6月	6,025	6,625	6,250	6,345
7月	7,825	8,605	6,990	7,160
8月	8,350	7,700	7,325	7,695
9月	6,628	7,290	6,925	7,100
10月	7,360	8,095	7,025	7,800
11月	6,931	7,175	6,750	7,280
12月	8,502	9,350	8,445	8,060
1月	6,378	5,515	7,025	6,300
2月	4,505	4,955	4,475	5,280
3月	7,677	8,445	7,325	7,595
合計	84,265	89,245	82,975	85,690

行ラベル	合計 / 売上高
1月	6121700
2月	4581350
3月	8155700
4月	7457150
5月	7340100
6月	5999000
7月	8333850
8月	9250400
9月	6961400
10月	7747550
11月	7552650
12月	8906550
総計	88407400

「日付」を月ごとにグループ化します（Excel 2021は自動で月ごとにグループ化）。集計させる表に合わせて、月の順番を4月から順になるように並べ替えます。

単位：千円

	2019年度	2020年度	2021年度	2022年度	2023年度
4月	6,932	7,625	7,190	7,390	
5月	7,153	7,865	7,250	7,685	
6月	6,025	6,625	6,250	6,345	
7月	7,825	8,605	6,990	7,160	
8月	8,350	7,700	7,325	7,695	
9月	6,628	7,290	6,925	7,100	
10月	7,360	8,095	7,025	7,800	
11月	6,931	7,175	6,750	7,280	
12月	8,502	9,350	8,445	8,060	
1月	6,378	5,515	7,025	6,300	
2月	4,505	4,955	4,475	5,280	
3月	7,677	8,445	7,325	7,595	
合計	84,265	89,245	82,975	85,690	

行ラベル	合計 / 売上高
4月	7457150
5月	7340100
6月	5999000
7月	8333850
8月	9250400
9月	6961400
10月	7747550
11月	7552650
12月	8906550
1月	6121700
2月	4581350
3月	8155700
総計	88407400

問題文の指示に、「数値の単位を合わせ、形式を統一して作成」とあるので、集計した数値を「千円単位」の数値にします。 ピボットテーブルの数値を任意のセルにコピー、値を貼り付けます。

	E	F	G	H	I	J	K	L
1		単位：千円						
2	2022年度	2023年度				行ラベル	合計 / 売上高	
3	7,390					⊞4月	7457150	7457150
4	7,685					⊞5月	7340100	7340100
5	6,345					⊞6月	5999000	5999000
6	7,160					⊞7月	8333850	8333850
7	7,695					⊞8月	9250400	9250400
8	7,100					⊞9月	6961400	6961400
9	7,800					⊞10月	7747550	7747550
10	7,280					⊞11月	7552650	7552650
11	8,060					⊞12月	8906550	8906550
12	6,300					⊞1月	6121700	6121700
13	5,280					⊞2月	4581350	4581350
14	7,595					⊞3月	8155700	8155700
15	85,690					総計	88407400	88407400

! 注　意　ピボットテーブル内の数値を、そのまま計算に使うことはできません。

貼り付けた値を、千円単位になるよう計算します（÷1000）。

VLOOKUP　=L3/1000

	E	F	G	H	I	J	K	L	M	N
1		単位：千円								
2	2022年度	2023年度				行ラベル	合計 / 売上高			
3	7,390					⊞4月	7457150	7457150	=L3/1000	
4	7,685					⊞5月	7340100	7340100		
5	6,345					⊞6月	5999000	5999000		
6	7,160					⊞7月	8333850	8333850		
7	7,695					⊞8月	9250400	9250400		
8	7,100					⊞9月	6961400	6961400		
9	7,800					⊞10月	7747550	7747550		
10	7,280					⊞11月	7552650	7552650		
11	8,060					⊞12月	8906550	8906550		
12	6,300					⊞1月	6121700	6121700		
13	5,280					⊞2月	4581350	4581350		
14	7,595					⊞3月	8155700	8155700		
15	85,690					総計	88407400	88407400		

計算した数値をコピー、値を貼り付けます。

	E	F	G	H	I	J	K	L	M
1		単位：千円							
2	2022年度	2023年度				行ラベル	合計 / 売上高		
3	7,390	7457.15				⊞4月	7457150	7457150	7457.15
4	7,685	7340.1				⊞5月	7340100	7340100	7340.1
5	6,345	5999				⊞6月	5999000	5999000	5999
6	7,160	8333.85				⊞7月	8333850	8333850	8333.85
7	7,695	9250.4				⊞8月	9250400	9250400	9250.4
8	7,100	6961.4				⊞9月	6961400	6961400	6961.4
9	7,800	7747.55				⊞10月	7747550	7747550	7747.55
10	7,280	7552.65				⊞11月	7552650	7552650	7552.65
11	8,060	8906.55				⊞12月	8906550	8906550	8906.55
12	6,300	6121.7				⊞1月	6121700	6121700	6121.7
13	5,280	4581.35				⊞2月	4581350	4581350	4581.35
14	7,595	8155.7				⊞3月	8155700	8155700	8155.7
15	85,690	88407.4				総計	88407400	88407400	88407.4

貼り付けた数値には「桁区切り」を設定します。

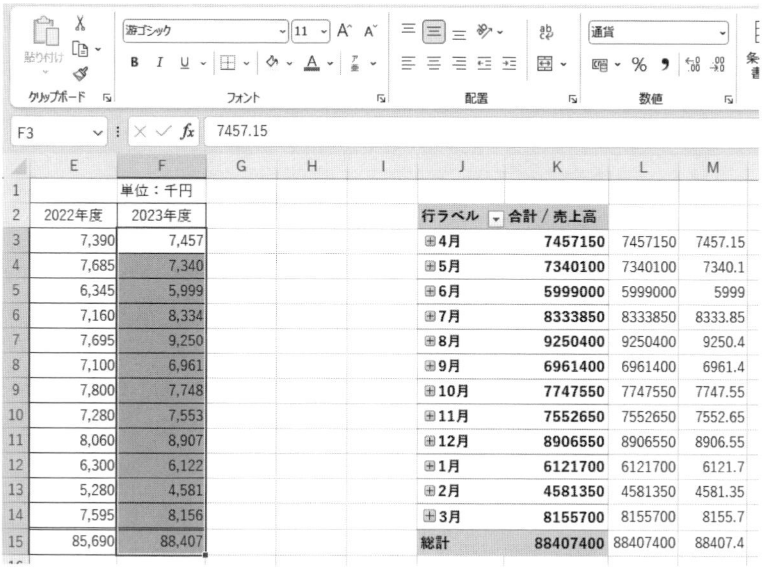

F3　7457.15

	E	F	G	H	I	J	K	L	M
1		単位：千円							
2	2022年度	2023年度				行ラベル	合計 / 売上高		
3	7,390	7,457				⊞4月	7457150	7457150	7457.15
4	7,685	7,340				⊞5月	7340100	7340100	7340.1
5	6,345	5,999				⊞6月	5999000	5999000	5999
6	7,160	8,334				⊞7月	8333850	8333850	8333.85
7	7,695	9,250				⊞8月	9250400	9250400	9250.4
8	7,100	6,961				⊞9月	6961400	6961400	6961.4
9	7,800	7,748				⊞10月	7747550	7747550	7747.55
10	7,280	7,553				⊞11月	7552650	7552650	7552.65
11	8,060	8,907				⊞12月	8906550	8906550	8906.55
12	6,300	6,122				⊞1月	6121700	6121700	6121.7
13	5,280	4,581				⊞2月	4581350	4581350	4581.35
14	7,595	8,156				⊞3月	8155700	8155700	8155.7
15	85,690	88,407				総計	88407400	88407400	88407.4

●問題2

シート「売上目標」を作成します。「5年間月別平均売上高」を計算します。オートSUMの横にある三角をクリックして、「平均」をクリックします。「=AVERAGE()」という計算式が表示されるので、セル「B3」から「F3」までをドラッグして選択し、Enterキーで決定します（AVERAGE関数＝平均を計算する関数）。

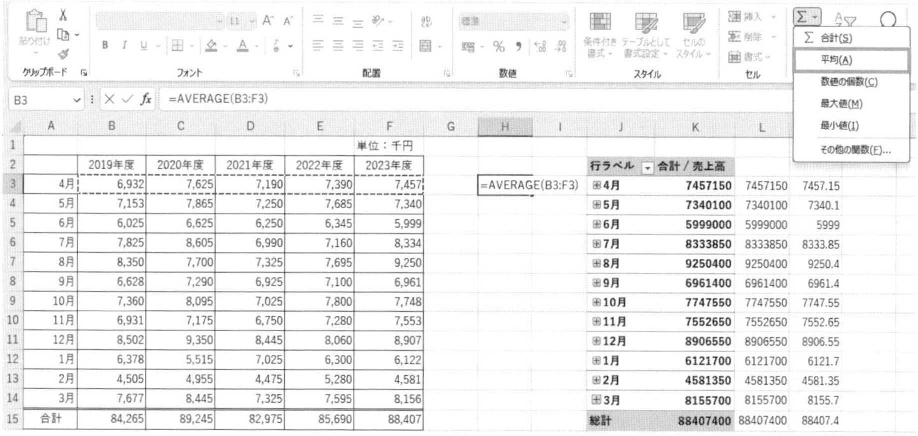

B3　=AVERAGE(B3:F3)

	A	B	C	D	E	F	G	H	I	J	K	L	M
1						単位：千円							
2		2019年度	2020年度	2021年度	2022年度	2023年度				行ラベル	合計 / 売上高		
3	4月	6,932	7,625	7,190	7,390	7,457		=AVERAGE(B3:F3)		⊞4月	7457150	7457150	7457.15
4	5月	7,153	7,865	7,250	7,685	7,340				⊞5月	7340100	7340100	7340.1
5	6月	6,025	6,625	6,250	6,345	5,999				⊞6月	5999000	5999000	5999
6	7月	7,825	8,605	6,990	7,160	8,334				⊞7月	8333850	8333850	8333.85
7	8月	8,350	7,700	7,325	7,695	9,250				⊞8月	9250400	9250400	9250.4
8	9月	6,628	7,290	6,925	7,100	6,961				⊞9月	6961400	6961400	6961.4
9	10月	7,360	8,095	7,025	7,800	7,748				⊞10月	7747550	7747550	7747.55
10	11月	6,931	7,175	6,750	7,280	7,553				⊞11月	7552650	7552650	7552.65
11	12月	8,502	9,350	8,445	8,060	8,907				⊞12月	8906550	8906550	8906.55
12	1月	6,378	5,515	7,025	6,300	6,122				⊞1月	6121700	6121700	6121.7
13	2月	4,505	4,955	4,475	5,280	4,581				⊞2月	4581350	4581350	4581.35
14	3月	7,677	8,445	7,325	7,595	8,156				⊞3月	8155700	8155700	8155.7
15	合計	84,265	89,245	82,975	85,690	88,407				総計	88407400	88407400	88407.4

計算した平均の値をコピーし、シート「売上目標」の平均売上高の列に値を貼り付けます。貼り付けた値には、桁区切りを設定しておきます。

	A	B	C	D
1				単位：千円
2		5年間月別 平均売上高	売上高 構成比率（%）	2024年度 売上目標
3	4月	7,319		
4	5月	7,459		
5	6月	6,249		
6	7月	7,783		
7	8月	8,064		
8	9月	6,981		
9	10月	7,606		
10	11月	7,138		
11	12月	8,653		
12	1月	6,268		
13	2月	4,759		
14	3月	7,840		
15	合計	86,117		

「売上高構成比率（%）」を計算します。

VLOOKUP　=B3/$B$15*100

	A	B	C	D
1				単位：千円
2		5年間月別 平均売上高	売上高 構成比率（%）	2024年度 売上目標
3	4月	7,319	=B3/$B$15*100	
4	5月	7,459		
5	6月	6,249		
6	7月	7,783		
7	8月	8,064		
8	9月	6,981		
9	10月	7,606		
10	11月	7,138		
11	12月	8,653		
12	1月	6,268		
13	2月	4,759		
14	3月	7,840		
15	合計	86,117		

セル「C15」までオートフィルして、小数点以下の桁数を1桁に設定しておきます。

「2024年売上目標」を計算します。5年間平均売上の年間売上額の13%増を計算し、その値を元に、売上構成比率に従って計算します。

VLOOKUP | =B15*113%

	A	B	C	D	E	F
1				単位：千円		
2		5年間月別 平均売上高	売上高 構成比率（%）	2024年度 売上目標		
3	4月	7,319	8.5			
4	5月	7,459	8.7			
5	6月	6,249	7.3			
6	7月	7,783	9.0			
7	8月	8,064	9.4			
8	9月	6,981	8.1			
9	10月	7,606	8.8			
10	11月	7,138	8.3			
11	12月	8,653	10.0			
12	1月	6,268	7.3			
13	2月	4,759	5.5			
14	3月	7,840	9.1			
15	合計	86,117	100.0			=B15*113%

年間売上の13%増の数値に、売上構成比率をかけて2024年度売上目標を計算します。

VLOOKUP | =$F$15*C3/100

	A	B	C	D	E	F	G
2		5年間月別 平均売上高	売上高 構成比率（%）	2024年度 売上目標			
3	4月	7,319	8.5			=$F$15*C3/100	
4	5月	7,459	8.7				
5	6月	6,249	7.3				
6	7月	7,783	9.0				
7	8月	8,064	9.4				
8	9月	6,981	8.1				
9	10月	7,606	8.8				
10	11月	7,138	8.3				
11	12月	8,653	10.0				
12	1月	6,268	7.3				
13	2月	4,759	5.5				
14	3月	7,840	9.1				
15	合計	86,117	100.0			97311.7	

計算した数値を14行目までオートフィルして、コピーします。解答の表に値を貼り付けて、「桁区切り」を設定し、表の完成です。

	A	B	C	D	E	F
2		5年間月別 平均売上高	売上高 構成比率（%）	2024年度 売上目標		
3	4月	7,319	8.5	8,270		8270.285
4	5月	7,459	8.7	8,428		8428.134
5	6月	6,249	7.3	7,061		7061.144
6	7月	7,783	9.0	8,795		8794.53
7	8月	8,064	9.4	9,112		9112.41
8	9月	6,981	8.1	7,888		7888.336
9	10月	7,606	8.8	8,594		8594.292
10	11月	7,138	8.3	8,066		8065.535
11	12月	8,653	10.0	9,777		9777.449
12	1月	6,268	7.3	7,083		7082.847
13	2月	4,759	5.5	5,378		5377.989
14	3月	7,840	9.1	8,859		8858.753
15	合計	86,117	100.0	97,312		97311.7

●**問題3**

まず、問題1で作成したシート「売上実績」をコピーします。シート「売上実績」」の上で右クリックし、「移動またはコピー」をクリックします。

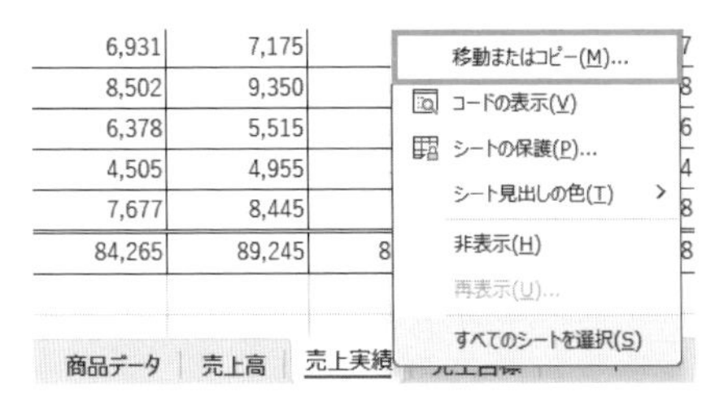

「（末尾へ移動）」をクリックし「コピーを作成する」にチェックを入れて「OK」をクリックします。

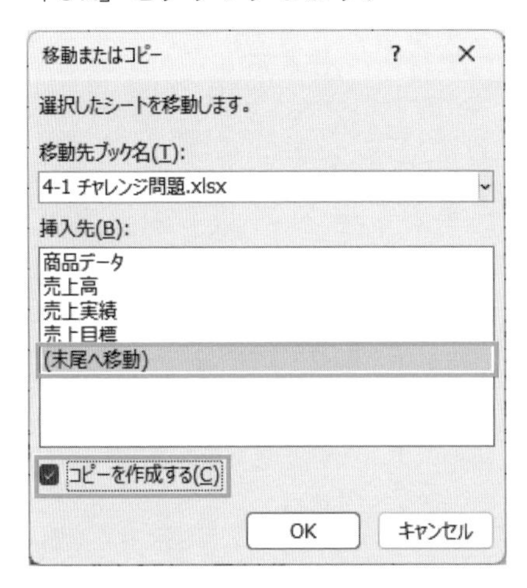

コピーした「売上実績（2）」のシートを編集していきます。
まず、「2019年度」から「2021年度」までの列を削除します。

	A	B	C	D	E
1					単
2		2019年度	2020年度	2021年度	2022年度
3	4月	6,932	7,625	7,190	7,390
4	5月	7,153	7,865	7,250	7,685
5	6月	6,025	6,625	6,250	6,345
6	7月	7,825	8,605	6,990	7,160
7	8月	8,350	7,700	7,325	7,695
8	9月	6,628	7,290	6,925	7,100
9	10月	7,360	8,095	7,025	7,800
10	11月	6,931	7,175	6,750	7,280
11	12月	8,502	9,350	8,445	8,060
12	1月	6,378	5,515	7,025	6,300
13	2月	4,505	4,955	4,475	5,280
14	3月	7,677	8,445	7,325	7,595
15	合計	84,265	89,245	82,975	85,690

「2024年度売上目標」の項目を追加します。表の右側にある平均の計算とピボットテーブルも列ごとドラッグして「削除」してください。

	A	B	C	D	E	F	G	H	I
1			単位：千円						
2		2022年度	2023年度	2024年度売上目標					
3	4月	7,390	7,457						
4	5月	7,685	7,340						
5	6月	6,345	5,999						
6	7月	7,160	8,334						
7	8月	7,695	9,250						
8	9月	7,100	6,961						
9	10月	7,800	7,748						
10	11月	7,280	7,553						
11	12月	8,060	8,907						
12	1月	6,300	6,122						
13	2月	5,280	4,581						
14	3月	7,595	8,156						
15	合計	85,690	88,407						

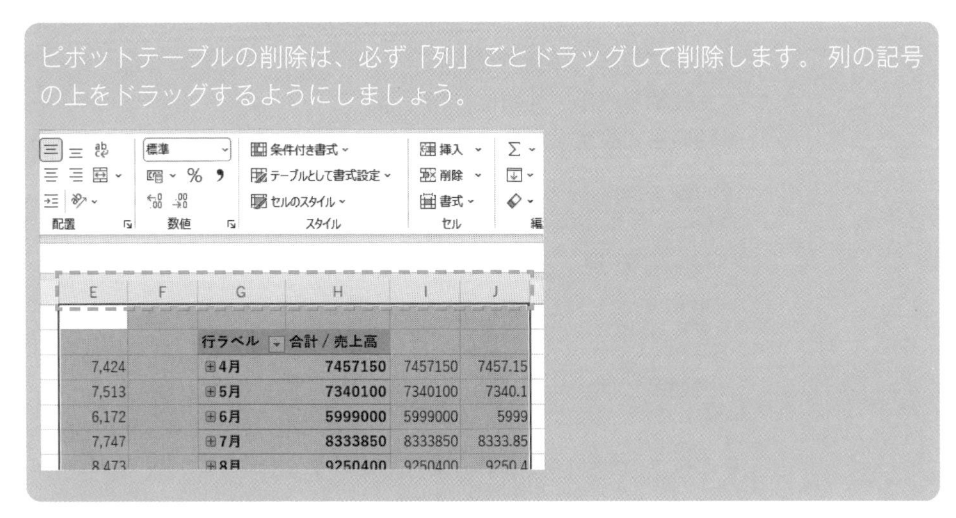

注意 ピボットテーブルの削除は、必ず「列」ごとドラッグして削除します。列の記号の上をドラッグするようにしましょう。

問題2で計算した2024年度売上目標の数値をコピー、値を貼り付けます。また、シート名を「3年間の売上推移」に変更します。

	A	B	C	D	E	F
1			単位：千円			
2		2022年度	2023年度	2024年度売上目標		
3	4月	7,390	7,457	8,270		
4	5月	7,685	7,340	8,428		
5	6月	6,345	5,999	7,061		
6	7月	7,160	8,334	8,795		
7	8月	7,695	9,250	9,112		
8	9月	7,100	6,961	7,888		
9	10月	7,800	7,748	8,594		
10	11月	7,280	7,553	8,066		
11	12月	8,060	8,907	9,777		
12	1月	6,300	6,122	7,083		
13	2月	5,280	4,581	5,378		
14	3月	7,595	8,156	8,859		
15	合計	85,690	88,407	97,312		
16						

商品データ　売上高　売上実績　売上目標　3年間の売上推移

シート名の変更は、シート名を右クリックして「名前の変更」をクリックして行ってください。

7,800	7,748	8,594
7,280	7,553	8,066
8,060	8,907	9,777
6,300	6,122	7,083
5,280	4,581	5,378
7,595	8,156	8,859
85,690	88,407	97,312

名前の変更(R)
移動またはコピー(M)...
コードの表示(V)
シートの保護(P)...
シート見出しの色(T)
非表示(H)
再表示(U)...
すべてのシートを選択(S)

商品データ　売上高　売上実績　売上目標　売上実績(2)

●問題4

グラフの作成です。以下に注意して入力しましょう。

- グラフタイトル…「3年間の売上推移グラフ」
- グラフ要素…「軸ラベル」
- 主縦軸ラベル…「単位 ： 千円」
- 軸の書式設定…「最小値 ： 1000」

グラフの完成図は以下のようになります。

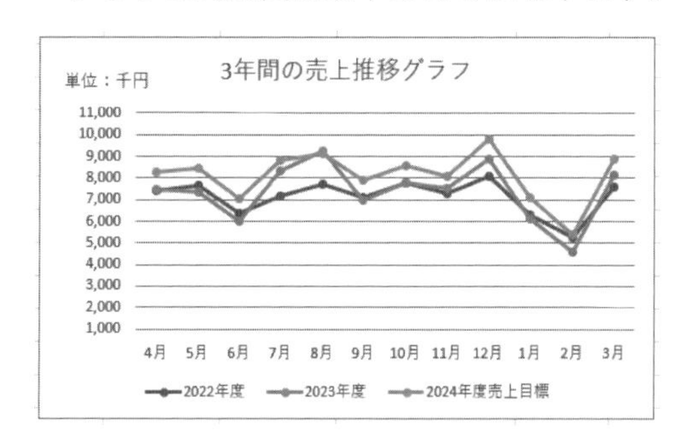

「ピボットテーブル分析」タブにある覚えておくと便利なボタンです。ただし、Excelの画面を縮小している場合、一部のアイコンが見えなくなってしまいます。「アクション」の下のVボタンをクリックすると、隠れているアイコンを表示することができます。

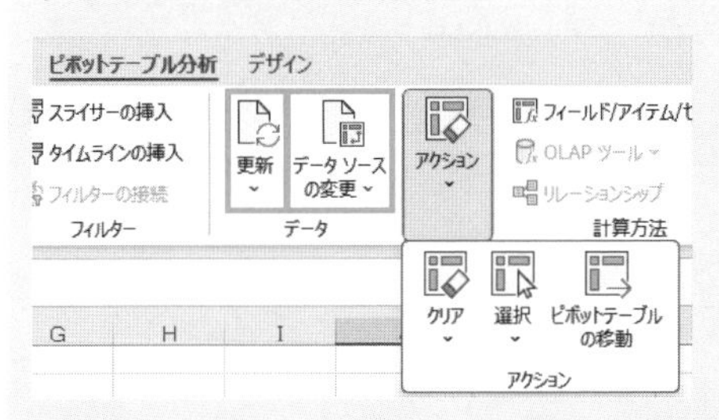

- 更新…ピボットテーブルの元データの入力間違いに気づいた場合、元データを修正した後に、「更新」ボタンをクリックしてください。修正したデータを、再度ピボットテーブルに読み込んでくれます。

- データソースの変更…ピボットテーブルのデータ範囲を選びなおすときに使います。「データソースの変更」ボタンをクリックすると、データ範囲を選択するウィンドウが表示されますので、正しいデータ範囲をドラッグして選択してください。

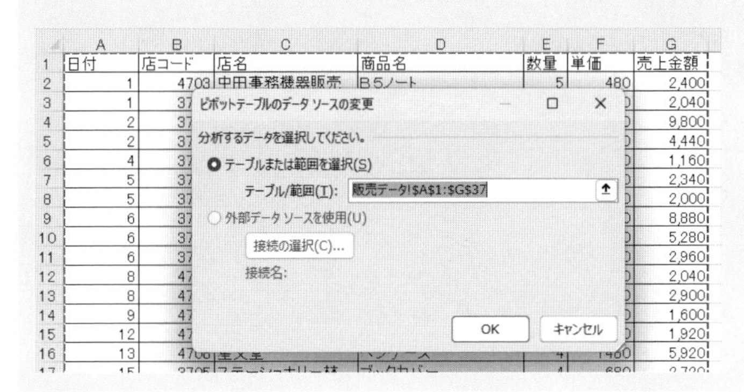

● ピボットテーブルの移動…ピボットテーブルを別のシートに移動する際に使います。「ピボットテーブルの移動」ボタンをクリックすると、移動先のシートを選択する画面が表示されるので、移動先のシートをクリックして、任意のセルをクリックしてください。

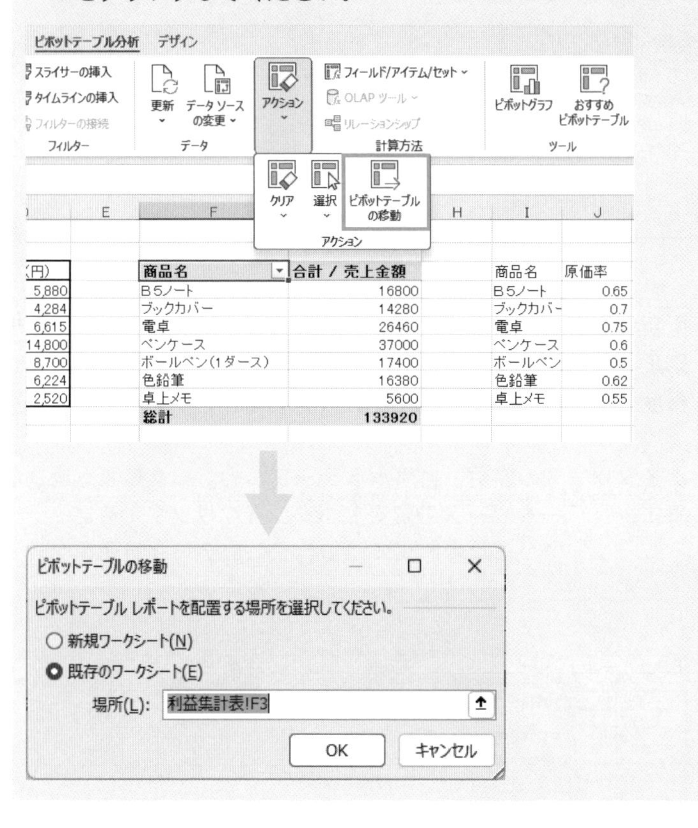

第5章 知識科目の練習

この章では、過去に出題された試験問題を参考に実践的なトレーニングができるように実際の試験と同様に3択の方法で学習していきます。また、インターネットで採点付きで学習できるシステム「DEKIDAS-WEB」を利用することで、スマホやPCからも挑戦することができます。なお、「DEKIDAS-WEB」は有効期限以降ご利用いただけなくなります。あしからずご了承ください。

DEKIDAS-WEBの使い方

本書をご購入いただいた方への特典として、「DEKIDAS-WEB」がご利用いただけます。「DEKIDAS-WEB」はスマホやPCからアクセスできる問題演習用WEBアプリです。知識科目の対策にお役立てください。

対応ブラウザは、Edge、Chrome、Safariです（IEは対応していません）。
スマートフォン、タブレットで利用する場合は以下のQRコードを読み取り、エントリーページにアクセスしてください。なお、ログインの際にメールアドレスが必要になります。QRコードを読み取れない場合は、下記URLからアクセスして登録してください。

・URL：https://entry.dekidas.com/
・認証コード：nd24zkQusS981Hni

※本アプリの有効期限は2027年03月12日です。

知識科目の概要

日商PC検定3級の知識科目では、試験時間15分間で30問の問題を解く必要があります。出題形式はすべて三択問題となっています。考える時間は1問につき30秒ですから、意外と時間がありません。わからない問題は後回しにして、確実に正答できる問題を一問でも多く解答することをおすすめします。

なお、明確な規定はありませんが、本試験では、共通分野から20問前後、専門分野から10問前後、出題されることが多いようです。

共通分野

共通分野の知識科目は、とても幅広い範囲から出題されます。技術の細かい部分まで詳しく知っている必要はありませんが、一般常識のような知識やよく耳にする用語の意味は理解して覚えておくようにしましょう。なかなかすぐには身に着けられない知識なので、日ごろの積み重ねが大切になります。

試験範囲が広いため、ポイントを絞って学習することが大切です。日本商工会議所では、3級の共通分野の出題範囲として、以下を挙げています。こうした項目に注意して知識を習得しましょう。

- ハードウェア、ソフトウェア、ネットワークに関する基本的な知識を身につけている。
- ネット社会における企業実務、ビジネススタイルについて理解している。
- 電子データ、電子コミュニケーションの特徴と留意点を理解している。
- デジタル情報、電子化資料の整理・管理について理解している。
- 電子メール、ホームページの特徴と仕組みについて理解している。
- 情報セキュリティ、コンプライアンスに関する基本的な知識を身につけている。

専門分野

「データ活用」3級の知識科目では、独自の範囲として次のような項目について理解しているかどうか問われます。学生の方には身近でない用語ばかりかもしれませんが、社会に出れば必ず必要になる知識なので、しっかり身につけましょう。

- 取引の仕組み（見積、受注、発注、納品、請求、契約、覚書等）と業務データの流れについて理解している。
- データベース管理（ファイリング、共有化、再利用）について理解している。
- 電子商取引の現状と形態、その特徴を理解している。
- 電子政府、電子自治体について理解している。
- ビジネスデータの取り扱い（売上管理、利益分析、生産管理、顧客管理、マーケティング等）について理解している。

共通分野の練習問題

コンピュータの利用や基本操作に関する知識

[問題1] 社内でファイルを保管する際のファイル名の付け方として不適切なものを、次の中から選びなさい。

❶ ファイル名は自由に付けてよい。
❷ ファイル名は社内ルールに基づいて付ける。
❸ ファイル名はわかりやすいように付ける。

[問題2] デジタルデータの容量として、左から小さい順に並んでいるものを、次の中から選びなさい。

❶ 1MB→1KB→1GB
❷ 1KB→1MB→1GB
❸ 1KB→1GB→1MB

[問題3] ファイルの種類を大きく2つに分けると、次のうちどれになりますか？

❶ CSVファイルとXMLファイル
❷ プログラムファイルとデータファイル
❸ LZHファイルとZIPファイル

[問題4] パソコンで文書を作成していたところ、急に画面が動かなくなりました。 キーボードを押してもマウス操作にも反応しません。 このような場合にどのような操作を試みればよいでしょうか？適切なものを選択してください。

❶ EscキーとAltキーを同時に押す。
❷ CtrlキーとAltキーとDeleteキーを同時に押す。
❸ パソコンの電源スイッチを押す。

[問題5] ピクチャフォルダー内に、デジタルカメラで撮影した画像が多数あるので整理したい。不連続の画像ファイルを一度に選択するには、マウスとキーボードのどのキーを押せばよいでしょうか？

❶ Shift
❷ Alt
❸ Ctrl

[問題6] キーボードでCtrlキーを押しながらPキーを押すと、どのようなショートカットキー操作になりますか？

❶ ファイルを上書き保存
❷ ファイルを印刷
❸ ファイルを開く

[問題7] ファイルを整理するときにフォルダーを用いますが、フォルダーの説明として間違っているものはどれでしょうか？

❶ フォルダーの中にフォルダーを作ることができる。
❷ フォルダー名は英数字を使用しなければならない。
❸ 同じフォルダー内で同じ名前のフォルダーは作れない。

[問題8] ファイルとフォルダーの説明で間違っているのはどれでしょうか？

❶ ファイルとフォルダーは、名前を変更できる。
❷ ファイルとフォルダーは、保存場所を移動できる。
❸ ファイルはコピーを作成できるが、フォルダーはコピーを作成できない。

ハードウェアに関する知識

[問題9] USBメモリーに関する説明で誤っている記述を、次の中から選びなさい。

❶ パソコンから直接読み書きできる。
❷ 100MBを超す大容量のファイルは保存できない。
❸ リーダーライターなどを必要とせず、単体で動作する。

[問題10] パソコンの頭脳にあたるCPUの処理速度を示す動作周波数の単位を、次の中から選びなさい。

❶ Hz（ヘルツ）
❷ W（ワット）
❸ B（バイト）

[問題11] **ハードディスクを追加することになり容量を検討しています。表示された単位で最もデータ容量が大きい単位はどれでしょうか？**

❶ M（メガバイト）
❷ T（テラバイト）
❸ G（ギガバイト）

[問題12] **パソコンを買い替えるにことになり、動作速度を重視して検討することになりました。何を基準に選択すればよいでしょうか？**

❶ CPU
❷ ハードディスクの容量
❸ ディスプレイの解像度

[問題13] **現在スマートフォンで使われているUSBコネクターの種類として正しいものはどれでしょうか？次の中から選びなさい。**

❶ Type-L
❷ Type-C
❸ Type-DX

[問題14] **パソコンやスマホなどから周辺機器をBluetoothの通信機能を使用して接続する作業を何といいますか？**

❶ チューニング
❷ マッチング
❸ ペアリング

ソフトウェアやアプリケーションの利用に関する知識

[問題15] **一元管理で既存文書を更新する際には、どの方法を使いますか。次の中から選びなさい。**

❶ 別名で保存する。
❷ 上書き保存する。
❸ 文書のコピーを保存する。

[問題16] **組織内では、それぞれの端末でスケジュールなどの情報管理をしていると、食い違いが出てきます。この食い違いを修正するためには、定期的に（　　）を行い、調整する必要があります。（　　）に該当するものはどれでしょうか？**

❶ 一元管理の実施
❷ 復元作業
❸ 同期をとる作業

[問題17] **以下のような図が表すものは、どれでしょうか？**

❶ 進行図
❷ フローチャート図
❸ マトリックス図

[問題18] **フォルダーやファイルを作成保存していくうち階層構造が深くなってわかりにくくなりました。それを解決するためによく使われるWindowsの機能はどれでしょうか？**

❶ ショートカットキー
❷ 仮想フォルダー
❸ ショートカット

[問題19] **コンピューターシステムの全体を管理するソフトウェアのことで「基本ソフト」とも呼ばれるものは何でしょうか？**

❶ オペレーションシステム（OS）
❷ アプリケーションソフト
❸ ユーティリティソフト

[問題20] **共有のスケジュール機能や電子掲示板機能が含まれた、共同の仕事に便利なシステムを何といいますか？**

❶ ブログ
❷ グループウェア
❸ BBS

[問題21] **次のうちでソフトウェアの小規模の更新、修正を意味しているのはどれでしょうか？**

❶ アップグレード
❷ アップデート
❸ アップロード

[問題22] **パソコンと周辺機器との間でスムーズに認識し利用できるようにするための設定用ソフトウェアを何といいますか？**

❶ ランチャー
❷ ドライバー
❸ ブラウザー

[問題23] **ソフトウェアロボットによる業務の自動化が進んでいるが、その略称を何というか、次の中から選びなさい。**
❶ IoT
❷ RPA
❸ SaaS

[問題24] **情報の共有や配信に有効なツールには該当しないものを、次の中から選びなさい。**
❶ メールソフト
❷ ウイルス対策ソフト
❸ グループウェア

ファイル形式、データ形式についての知識

[問題25] **共通EDIプラットフォームで計画されているデータ交換のデータ形式は次のうちどれでしょうか？**
❶ 固定長データ形式
❷ XMLデータ形式
❸ CSVデータ形式

[問題26] **電子名刺のデータは「vCard」の形式で保存しますが、正しい拡張子はどれでしょうか？**
❶ VCF
❷ VCD
❸ PIM

[問題27] **あなたは「研修会の案内文」をメールで担当企業に送るように指示されました。 相手のコンピューターの機種や環境によらず案内文を送ることができるファイル形式はどれでしょうか？**
❶ DOC
❷ PDF
❸ WORD

[問題28] **次のファイル形式のうち音楽や音声などのサウンドデータに使用するのはどれでしょうか？**
❶ MPEG
❷ MP3
❸ JPEG

[問題29] **Excelなどで簡単に作成でき、データベース情報をカンマ区切りのデータに区分けし他のコンピューターに理解させる記述方法は何でしょうか？**
❶ OCR
❷ CSV
❸ XML

データを利活用することに関する知識

[問題30] **データベースにデータを入力する際に注意すべきことを、次の中から選びなさい。**
❶ 項目ごとにデータの形式や桁数を決めて入力する。
❷ データの入力前に、郵便番号順やあいうえお順に整理してから入力する。
❸ データの発生した時間順に入力する。

[問題31] **紙に書かれた情報とデジタルデータでは、さまざまな違いがあります。 デジタルデータの特徴として正しくないものを次の中から選びなさい。**
❶ 大量の複写、配布、交換が容易になる。
❷ データの再利用、再加工、再編集が可能になる。
❸ データの入力はキーボードからのみ可能になる。

[問題32] **文書のライフサイクルにおける「文書データの保存」についての説明として、次の中から最も適切なものを選びなさい。**
❶ 文書データを個人のパソコンまたは部門のサーバーに格納し、活用している状態をいう。
❷ あまり使われなくなったが未だ廃棄できない文書データを、ハードディスクやDVDなど他のメディアに移し記録しておくことをいう。
❸ 紙の状態で管理し、電子データは、破棄した状態をいう。

[問題33] **訪問する会社を事前に（　　）で調べて情報を収集しておくことは、「デジタル仕事術」の第一歩です。 次の中から（　　）にあてはまるものを選んでください。**
❶ 電話によるヒアリング
❷ 検索エンジン
❸ 新聞 ・ テレビ

[問題34] 業務データを共有する場合、数ヶ所でデータを持つ複数管理と1ヶ所でデータを持つ一元管理があります。次の中で一元管理のメリットに該当しないものを選びなさい。

❶ 最新のデータを把握しておくことができる。
❷ データを簡単にコピーして配布することができる。
❸ データが変更になった場合1ヶ所を修正するだけでよい。

[問題35] 著作権などモラルの侵害にあたる可能性のある内容はどれでしょうか？

❶ デジタルカメラで撮った自分の写真を友人にメールで送信
❷ 芸能人のブログから気に入った写真を友人にメールで送信
❸ 自分で作詞作曲した音楽を友人にメールで送信

[問題36] 可逆圧縮と非可逆圧縮の説明として正しいものはどれですか？

❶ 可逆圧縮は圧縮できるが非可逆圧縮は圧縮できない。
❷ 可逆圧縮のほうが非可逆圧縮より圧縮率は高い。
❸ 可逆圧縮は、限界を超えない範囲でデータ量を減らすが、非可逆圧縮は、限界を超えて圧縮する。

[問題37] デジタル処理した図面のデータをメールで送付するために、データ量の多いファイルのデータ量をある方法で減らして送信します。この方法では、受信後に元に戻すことができます。受信後にファイルを元に戻すことを何というでしょうか？

❶ 解凍
❷ 分解
❸ 圧縮

[問題38] 新しい販売管理ソフトを購入しました。バックアップしてある既存のデータを利用し、新しいソフトで使えるように変換して取り込みたいと考えています。その方法はどれでしょうか？

❶ インストール
❷ エクスポート
❸ インポート

電子メールの利用に関する知識

[問題39] 電子メールで段落を示す方法として最も見やすく一般的なものはどれですか。次の中から選びなさい。

❶ 段落の最初の1文字分をあける。
❷ 1行空けや1字下げは行わないで改行だけで示す。
❸ 段落間を1行空ける。

[問題40] Webメールの説明として正しくないものはどれでしょうか？

❶ 出先から電子メールのチェックができる。
❷ メールソフトが必要である。
❸ 自分のパソコンがなくてもインターネットが使える場所があればどこでも利用できる。

[問題41] メールアドレスを表す表記で@の左側は、アカウントです。では、@の右側の○○.comや○○.co.jpなどの表記を何というでしょうか？

❶ ドメイン名
❷ URL名
❸ BCC名

[問題42] 電子メールに関する法律では、不特定多数への広告電子メールを送信するときには、件名に以下の表示が義務付けられています。正しいものは、どれでしょうか？

❶ ※未承諾広告
❷ 未承諾広告※
❸ ＊未承諾広告

[問題43] 海外向けの電子メールの利用についての記述で正しいものはどれでしょうか？

❶ 日本語仕様のパソコンでは、国外には電子メールを送付できない。
❷ 海外にメールを送付するのも、国内と同様であるが相手のパソコンの言語設定によって言語に注意する。
❸ 海外へのメールの利用は、別途国際料金が必要である。

[問題44] **イベント案内を顧客に電子メールで送付するにあたり、複数の顧客に電子メールを送付するとき、それぞれの人には、他の人に送付されたことがわからない送付方法を取るように指示されました。 どの方法を取ればよいでしょうか？**

❶ TO
❷ BCC
❸ CC

ネットワークやインターネットに関する知識

[問題45] **インターネットにおける情報の「住所」にあたるものはどれですか。次の中から選びなさい。**

❶ URL
❷ WWW
❸ HTTP

[問題46] **ホームページにいつどれだけの来訪者があり、どういう経路で来訪したかなど、来訪者の動向を知ることができる機能を、次の中から選びなさい。**

❶ アクセスログ
❷ 検索エンジン
❸ グループウェア

[問題47] **検索エンジンには「ロボット型」と「ディレクトリ型」があります。「ロボット型」検索エンジンの特長を次の中から選びなさい。**

❶ 検索サービス会社が審査をして適切なカテゴリーに分類、登録する。
❷ プログラムを使ってインターネット上のサイトを巡回して索引を作る。
❸ 登録依頼を受付け、人手によって階層的にジャンル分けする。

[問題48] **LANとインターネット機器を接続する際に使うのは、次のうちどれですか？**

❶ USB
❷ ルーター
❸ ハブ（HUB）

[問題49] **ネットワーク上でコンピューターを1台1台識別する設定情報を、次の中から選びなさい。**

❶ HUB
❷ DHCP
❸ IPアドレス

[問題50] **外部との通信を制御し、内部のネットワークの安全を維持する仕組みを、次の中から選びなさい。**

❶ ファイアウォール
❷ セキュリティーホール
❸ ワーム

[問題51] **情報を共有したり配信したりするための方法として「Push型」と「Pull型」があります。「Push型」の説明に該当するものを、次の中から選びなさい。**

❶ 新しい情報は原則として管理者以外見ることができない。
❷ 新しい情報はサーバーなどに蓄積され、必要な時に見に行く。
❸ 新しい情報は電子メールなどで知らせてくれる。

[問題52] **社内で使用している、社員共有のサーバー上の情報を、自ら取得して活用いく方法を何といいますか？**

❶ Pull型
❷ Push型
❸ Up型

[問題53] **ネットショップに来訪する顧客の動向に関する情報を収集するための仕組みは何というでしょうか？**

❶ アクセスサーチ
❷ アクセスログ
❸ アクセスタイムレコーダー

[問題54] **インターネットを使用するために回線を提供する業者に申し込むように言われました。 その業者の事を何と呼びますか？**

❶ ESP
❷ ASP
❸ ISP

[問題55] **ネットワークでサーバーと接続してサーバー内の資源や共有環境を利用するユーザー側のコンピューター機器を何と呼ぶでしょうか？**

❶ ペアレントコンピューター
❷ クライアントコンピューター
❸ フレンドコンピューター

[問題56] **インターネット回線を従来の電話線から光ファイバーに変更しスピードアップを図ります。 データ伝送のスピードを表す単位は、どの単位で比較すればよいのでしょうか？**

❶ bit
❷ bps
❸ hz

[問題57] **ネットワークを通じて、端末からネットワーク上のサーバーへデータを転送する操作を、次の中から選びなさい。**

❶ ダウンロード
❷ アップデート
❸ アップロード

[問題58] **ブロードバンドの活用により、アナログ時代よりコストダウンになる理由として正しい説明はどれでしょうか？**

❶ インターネット接続利用料金が一定の使用量を超えると段階的に増加する従量制のため。
❷ インターネット接続利用料金が沢山使っても増加しない定額固定制のため。
❸ インターネット接続利用料金が沢山使えば安くなる大口割引制のため。

[問題59] **Webページを閲覧するためのソフトを、次の中から選びなさい。**

❶ URL
❷ ブラウザー
❸ ハイパーリンク

[問題60] **インターネットを活用して情報発信する際に注意すべきことを、次の中から選びなさい。**

❶一度発信すると取り消すことができなくなる。
❷発信する情報はメールで知らせ合う必要がある。
❸ 特定のグループだけに情報提供できない。

セキュリティに関する知識

[問題61] **サーバーにあるファイルを特定のユーザーだけに読み書きできるようにするために与えるものを、次の中から選びなさい。**

❶ アクセス権限
❷ アドレス
❸ ライセンス

[問題62] **コンピューターウイルスの感染は企業活動に大きな影響を与えることから、社員全員が日ごろから十分に注意しておくことが必要です。 次の中からウイルス感染に直接関係ないものを選びなさい。**

❶ウイルス対策ソフトの最新情報を更新しておく。
❷ メールで大容量のファイルは送信しない。
❸出所のわからないソフトはインストールしない。

[問題63] **電子文書を保護するために、まずすることは文書にパスワードをかけることです。 パスワードには読み取りパスワードと書き込みパスワードがあります。 読み取りパスワードについて正しいのはどれでしょうか？**

❶ パスワードを入力しないと、ファイルを開けないようにする。
❷ ファイルを開いて読み取ることはできるが、パスワードを入力しないと、内容を修正したりすることはできない。
❸ ファイルを開いて読み取ることができて、修正したり削除したりすることができる。

[問題64] **ソフトウェアのバグや設定ミスのために、第三者がパソコンに侵入する可能性がある状況を何というでしょうか？**

❶ ファイアホール
❷ セキュリティーホール
❸ コンピューターホール

[問題65] **パソコン内にコンピューターウイルスが侵入していることが判りました。 ただちに実施しなければならないことは、どれでしょうか？**

❶ 至急電源を切る。
❷ ネットワークから至急離脱する。
❸ 至急専門家に連絡する。

[問題66] **ファイルやフォルダー、Webページを開いたときなどに、IDやパスワードの入力を必要とする仕組みは何というでしょうか?**

❶ アクセス制限
❷ 暗号化
❸ ファイアウォール

[問題67] **第三者機関により電子書類の日付、時刻の存在を証明し、ファイルの改ざんがないことを証明する仕組みは何というでしょうか?**

❶ 電子署名(デジタル署名)
❷ デジタルタイムスタンプ
❸ SSL

[問題68] **情報セキュリティ三大特性のひとつで、「認められた人だけが情報にアクセスできること」が挙げられるが、この特性のことを何というでしょうか?**

❶ 可用性
❷ 機密性
❸ 完全性

[問題69] **デジタルデータを保護するには、いくつかの局面を想定し、重要度に応じて対応していくことが大切です。そこで、電子書類を保護するために第一にすべきこととして、(　　)が挙げられます。**
次の中から(　　)に入る最も適切な語句を選びなさい。

❶ パスワードをかける
❷ デジタルタイムスタンプを付ける
❸ 電子署名を付ける

[問題70] **コンピューターウイルスのように悪意のあるプログラムをマルウェアという。このマルウェアのうち、利用者に気づかれないように個人情報を収集するプログラムの名称として適切なものを、次の中から選びなさい。**

❶ ランサムウェア
❷ ボット
❸ スパイウェア

ビジネスや法令に関する知識

[問題71] **一般に、商取引において作成する書類の順序として適切なものを、次の中から選びなさい。**

❶ 納品書→請求書→見積書
❷ 見積書→納品書→請求書
❸ 請求書→納品書→見積書

[問題72] **ネットを使って仕事をするうえで重要となる考え方として適切なものを次の中から選びなさい。**

❶ それぞれの部門・組織で最適な方法を考えること。
❷ 企業・組織全体として最適な方法を考えること。
❸ 個々人が自分にとって最適な方法を考えること。

[問題73] **お客様に案内等を送るとき、何通も同じ案内が届かないようにするにはどのような処理をするとよいでしょうか?**

❶ 名寄せ
❷ 禁則処理
❸ ソート

[問題74] **企業と個人顧客との間での電子商取引を何と呼ぶでしょうか?**

❶ B to C
❷ B to A
❸ B to B

[問題75] **トレーサビリティーの説明で間違った内容はどれでしょうか?**

❶ 宅急便の荷物の追跡状況を管理する。
❷ 建築用の図面のトレースのしやすさを表す。
❸ 危険部位を除去した、牛肉の個別管理で安全を確保する。

第1章 第2章 第3章 第4章 第5章 第6章

[問題76] **2005年施行のe-文書法により従来税法で7年間保存が義務付けられていた原始証憑（げんししょうひょう）…取引の事実を証するもの…が一定要件のもと電子データとして保存が認められるようになりました。この原始証憑に該当しないのはどれでしょうか？**

❶ 領収書
❷ 会社案内
❸ 納品書

[問題77] **建築会社の作成する売上伝票や仕訳伝票などのデータは、何データというでしょうか？**

❶ 定性データ
❷ 定量データ
❸ 売上伝票や仕訳伝票はデータではなく、紙の書類である。

[問題78] **製品、商品、事業などの成長を表すライフサイクルの順序を正しく示しているのは、どれでしょうか？**

❶ 導入期 ・ 成長期 ・ 成熟期 ・ 衰退期
❷ 導入期 ・ 成熟期 ・ 成長期 ・ 衰退期
❸ 導入期 ・ 成長期 ・ 衰退期 ・ 成熟期

[問題79] **インターネットなどのネットワークを含むデジタル仕事術の特徴と違うものはどれでしょうか？**

❶個々の人の知識とスキルが重要になってくる。
❷ チームワークを重視した仕事がより一層重要である。
❸ ネット社会は、目に見えない社会なのでより一層モラルが重要である。

その他の IT 用語に関する知識

[問題80] **情報伝達力の説明として間違っているものは、どれでしょうか？**

❶ 発信者がどんな情報を流したかではなく、受け手に正しく伝わったかが重要である。
❷ 伝えるためには、受け手の理解しやすい、わかりやすい表現とタイミングで伝えることが重要である。
❸ 伝わり方が、受け手のITに対する知識や経験の差により左右されることは当然であり、発信者が考える立場ではない。

[問題81] **ユニバーサルデザインとユビキタス社会について誤った記述は、どれでしょうか？**

❶ ユニバーサルデザインとは、男女の違い、年齢、高齢者や身体障害者の人、または、外国人の人でも、それぞれの人に能力の差があっても誰でも利用しやすいデザインのことである。
❷ ユビキタス社会とは、いつでも、どこでも、誰でもがネットワークにつながることにより、様々なサービスが提供される社会である。
❸ ユビキタス社会は、今後計画されている、コンピューターによる自動化されたインターネットの未来の姿である。

[問題82] **コミュニケーションコストは、ブロードバンドになるとどうなりますか？**

❶ 段階課金制
❷ 定額固定料金制
❸ 従量課金制

[問題83] **マンマシーン ・ インターフェイスと違うものは、どれでしょうか？**

❶ モニター（ディスプレイ）
❷ ハードディスク
❸ マウス

[問題84] **高速移動帯通信の5Gの「G」とは何の略でしょうか？次の中から選びなさい。**

❶ Generation
❷ Gear
❸ Guarantee

専門分野の練習問題

表計算ソフト（Excel）関連の知識

[問題85] **「売上個数」と「単価」より「売上金額」を算出する式で、個数が表示されていない場合、売上金額も表示されないように関数を使用して計算します。その際にどの関数を使用すればよいでしょうか？**

❶ OR関数
❷ IF関数
❸ VLOOKUP関数

[問題86] **Excelのデータで商品の売上金額を営業所別・担当者別に集計します。最適な集計方法はどれでしょうか？**

❶ RANK関数を使用する
❷ ピボットテーブルを使用する
❸ SUM関数を使用する

[問題87] **Excelに取り込む際に使うファイル形式で正しいものは次のうちどれですか？**

❶ CSVファイル
❷ PDFファイル
❸ HTMLファイル

[問題88] **表計算ソフト（Excel）で、項目数が多いデータを入力する際、どのような機能を使うと効率的に入力できますか。次の中から選びなさい。**

❶ ヘルプ
❷ フォーム
❸ フィルター

[問題89] **全国15支店の売上を分析し、対前期比が100%を超える支店の来期目標は10%増に、超えていない支店は5%増に、再計算可能な設定にしたい。この際に使用するものを、次の中から選びなさい。**

❶ IF関数
❷ ピボットテーブル
❸ アウトライン

[問題90] **Excelにて、セル内の数値を指定した桁数で四捨五入する関数は、どれでしょうか？**

❶ ROUND関数
❷ INT関数
❸ AVERAGE関数

[問題91] **Excelのセルでは、通常、数値を入力すると自動的に（　　）で表示される。また、文字列を入力すると自動的に（　　）で表示される。（　　）の中に入る組み合わせで適切なものはどれでしょうか？**

❶ 右揃え　　左揃え
❷ 左揃え　　右揃え
❸ 右揃え　　右揃え

[問題92] **Excelで、一部の列だけ印刷しない方法として適切な方法は、次のうちどれでしょうか？**

❶ 一部の列のフォントの色を白に設定する。
❷ 印刷しない列だけを非表示設定にする。
❸ 印刷しない列だけを削除する。

[問題93] **Excelのセル内で文字列を強制的に改行するための入力方法はどれでしょうか？次の中から選びなさい。**

❶ Ctrl＋Enter
❷ Alt＋Enter
❸ Ctrl＋Alt

[問題94] **表計算ソフトで（データ）タブの「アウトライン」グループにある「小計」機能からは操作できないものは、次のうちどれでしょうか？**

❶ 合計
❷ クロス集計
❸ 平均

データ（データベース）の利活用に関する知識

[問題95] **顧客情報を表形式の一覧にまとめて顧客データベースを作成しました。データを表形式にまとめたものを何というでしょうか？**

❶ レコード
❷ テーブル
❸ フィールド

第1章
第2章
第3章
第4章
第5章
第6章

[問題96] **売上（縦棒グラフ）と伸び率（折れ線グラフ）のように、性質の異なるデータを1つにまとめて表示したグラフを何と呼びますか。次の中から選びなさい。**
❶ 積み上げグラフ
❷ ABCグラフ
❸ 複合グラフ

[問題97] **支店別の売上の（　　）を表すために折れ線グラフを作成する。（　　）に入る最も適切な語句を、次の中から選びなさい。**
❶ 推移
❷ 割合
❸ 平均

[問題98] **個々の要素が全体に占める割合を表す言葉は、どれでしょうか？**
❶ 対前年比
❷ 構成比
❸ 伸長率

[問題99] **複数の項目について評価をするとき、重要視する度合いに応じて点数をつけて評価する手法はどれでしょうか？**
❶ 重さをはかる
❷ 重しをのせる
❸ 重みをつける

[問題100] **「毎月の売上」「月ごとの1年間の売上の累計」「移動合計」を3つの要素の折れ線グラフを使用して事業の成長状態を分析するグラフを何といいますか？**
❶ Xチャート
❷ Yチャート
❸ Zチャート

[問題101] **毎月の売上を、1日から2日、3日と合計していく処理方法はどれでしょうか？**
❶ 合計
❷ 概算
❸ 累計

商取引や会計に関する知識

[問題102] **5,250円（税込）で買い物をしました。その際、30%割引してくれました。支払った代金はいくらでしょうか？**
❶ 3,500円
❷ 3,675円
❸ 3,690円

[問題103] **あなたは、1,050円（税込）の商品を2割引で購入しました。支払った代金はいくらになりますか。次の中から選びなさい。**
❶ 840円
❷ 800円
❸ 880円

[問題104] **商品の仕入れに際して在庫を確認しておくように言われました。在庫数の求め方は「仕入数量」−「　？　」で求められます。「？」を下記から選びなさい。**
❶ 売上数量
❷ 生産数量
❸ 流通数量

[問題105] **企業の一定期間の収益及び費用の状況を示し、企業の経営成績がわかるものはどれでしょうか？**
❶ 損益計算書
❷ 貸借対照表
❸ キャッシュフロー

[問題106] **販売促進費や販売用消耗品費など売上高に比例して発生する費用のことを何というでしょうか？**
❶ 変動費
❷ 固定費
❸ 移動費

[問題107] **カッコ内の情報を含んだ売上伝票を電子データとしてもっている場合、実際に集計できないものを、次の中から選びなさい。**
（売上伝票の項目：　売上日、得意先名、商品名、単価、数量、金額）
❶ 得意先別の売上金額の集計

❷ 担当者別の売上金額の集計
❸ 商品別の売上金額の集計

[問題108] **売上からおおよその原価を差し引いたものを粗利益と呼ばれ日常的に活用されていますが、会計的には何というでしょうか？**
❶ 経常利益
❷ 営業利益
❸ 売上総利益

[問題109] **店舗の売上効率を比較する指標で店舗面積により比較するのは何でしょうか？**
❶ 客単価
❷ 家賃単価
❸ 坪単価

[問題110] **あなたは上司から売上目標に対する目標達成率（%）を算出するように指示されました。 次の中から適切な式を選んでください。**
❶ 売上目標額÷売上金額×100
❷ 売上金額÷売上目標額×100
❸ （売上金額－売上目標額）÷売上金額

共通分野の解説

コンピュータの利用や基本操作に関する知識

[問題1] ❶ **ファイル名は自由に付けてよい。**

個人使用のPCならファイル名は自由に付けられるが、社内でファイル名やフォルダー名を付ける場合、各自が自由に付けていては何のファイルかわからなくなることや、名前が重複するリスクもあるため、付け方のルールなどを社内で統一しておく。そうすることで、再利用したり検索したりするときでもネットワーク上から探しやすくもなる。

[問題2] ❷ **1KB→1MB→1GB**

KB（キロバイト）→MB（メガバイト）→GB（ギガバイト）→TB（テラバイト）の順に大きくなる。

[問題3] ❷ **プログラムファイルとデータファイル**

CSVファイルは、カンマ区切りのファイル形式。XMLファイルは、文書やデータの意味や構造を記述するためのマークアップ言語のひとつである。

LZHファイルとZIPファイルは、どちらも圧縮ファイルの種類である。

[問題4] ❷ **CtrlキーとAltキーとDeleteキーを同時に押す。**

CtrlキーとAltキーとDeleteキーを同時に押し、タスクマネージャーを起動させる。終了したいアプリケーション、または、シャットダウンを選択し、強制的に終了させる。

このタスクマネージャーでも反応しない場合は、パソコンの電源スイッチを「長押し」すれば強制終了できるが、のちに不具合が起こる可能性もあるので、注意が必要である。

ちなみに、EscキーとAltキーを同時に押すと、アクティブウィンドウが直接切り替わる。

[問題5] ❸ **Ctrl**

最初の1ファイルをクリックした後、Ctrlキーを押したまま、次々とマウスで選択すると、不連続のファイルを一度に選択できる。

連続したファイルすべてを選択したい場合は、最初の1ファイルをクリックした後、Shiftキーを押しながら最後のファイルをクリックする。

[問題6] ❷ **ファイルを印刷**

Pは「Print（印刷）」の頭文字。

ファイルを上書き保存する場合は、Ctrl+S（Save）。ファイルを開く場合は、Ctrl+O（Open）のように、多くのショートカットキーは英単語の頭文字が設定されている。

[問題7] ❷ **フォルダー名は英数字を使用しなければならない。**

フォルダー名は、状況に応じ適切な名称を付けるのがよく、英数字に限らない。

[問題8] ❸ **ファイルはコピーを作成できるが、フォルダーはコピーを作成できない。**

フォルダーもコピーできる。フォルダーをコピーすると、フォルダー内の情報も同時にコピーされる。

ハードウェアに関する知識

[問題9] ❷ **100MBを超す大容量のファイルは保存できない。**

USBメモリーはリーダーライターなどを利用せずに単体でパソコンに接続して使用できる。また、保存容量もG（ギガ）単位の大容量の保存もできる。

[問題10] ❶ **Hz（ヘルツ）**

CPUの動作速度はヘルツで表す。ワットは消費電力単位、バイトはコンピュータが扱うデータ量の単位。

[問題11] ❷ **T（テラバイト）**

M（メガ）<G（ギガ）<T（テラ）、の順で大きい。Mバイトの1024倍がGバイト、Gバイトの1024倍がTバイト。

ちなみに、音楽CDの容量が600Mバイトぐらい、DVDの映画が4.3Gバイトぐらい、ブルーレイが

25G～200Gバイトぐらいの容量。ハイビジョン放送をハードディスクに多く保存するには、Tバイトの容量のハードディスクが必要になる。

[問題12] ❶ CPU

CPUは中央演算処理装置のことで、計算処理部分に直結する。
ハードディスクは、ソフトやデータを格納するところ。容量が増えると空きスペースを仮想メモリーとして利用できるのでスピード向上にもつながるが、あくまで補助。
ディスプレイの解像度は、動作速度を重視する場合は無関係（むしろ、高解像度で表示するほど、一般的に動作速度は低下する）。

[問題13] ❷ Type-C

最大の特徴はコネクター部分のサイズが小さくリバーシブルになっていることで、上下の区別がなくなり、差し込む方向を間違えることがなくなった。
通常パソコンで使われるコネクターはType-Aが一般的となっている。
Type-Bはプリンターなどの周辺機器側で使用されている。Type-AとType-Bにはコネクターを小型化したmini USB、より小型化したMicro USBなどもある。
Type-L、Type-DXは、両方とも実在しない規格である。

※左からType-C、Type-B、Micro-B、Type-A

[問題14] ❸ ペアリング

マウスやキーボード、コードレスイヤホン、スピーカーなど、Bluetooth（ブルートゥース）に対応した機器を、パソコンやスマホで利用するために登録する作業をペアリングという。

ソフトウェアやアプリケーションの利用に関する知識

[問題15] ❷ 上書き保存する。

既存文書の更新とは、元の文書の内容を書き換えることなので、上書き保存する。

[問題16] ❸ 同期をとる作業

Aサーバーに午後5時の時点の最新情報があっても、Bパソコンには、前日のデータしかない場合、当日に更新された情報と重複したり矛盾したりする作業を行ってしまう可能性がある。そこで、Bパソコンでは、作業を始める前にAサーバーに接続し、最新情報を同期する必要がある。
一元管理とは、すべての情報をAサーバーに集中して管理すること。
復元は、元に戻す作業（異常を正常に戻す）。

[問題17] ❷ フローチャート図

コンピューターのプログラムの企画図、工場内の作業工程図などに用いる。条件分岐が多いと、図も当然枝分かれして複雑なものになる。

[問題18] ❸ ショートカット

ショートカットは、特定のファイルを起動するための呼び出し機能のようなもの。目的のファイルを素早く起動できる。
仮想フォルダーは、実際の保存場所が複数のフォルダーに分散しているものを、1つのフォルダーにまとまっているように扱える仕組み。Windowsでは、ライブラリーという仮想フォルダーが採用されている。ショートカットと同様によく使用するファイルを利用するには便利である。
ショートカットキーは、キーボードのキーだけでソフトウェアの操作を行うもの。例えば、Ctrlキーを押しながらPキーを押すと印刷機能が利用できる。

[問題19] ❶ オペレーションシステム（OS）

オペレーションシステム（OS）とは、コンピューターの基本動作を管理するソフトのこと。パソコンであればWindowsやmacOS、スマートフォンであればiOSやAndroidなどがある。

これに対して、アプリケーションソフトは応用ソフトとも呼ばれ、目的に応じてコンピューターに追加（インストール）して利用する。WordやExcelなど。
ユーティリティソフトとは、OSの機能を補完する付属アプリやツール類のこと（コントロールパネルやアクセサリー内の各種ソフトなど）。

[問題20] ❷ **グループウェア**
ブログは、日々の更新が容易に行える日記型のWebサイトのこと。
BBSは、電子掲示板の略。
グループウェアは、スケジュールなどを活用しながら共同の仕事を円滑に進めるのに適している。

[問題21] ❷ **アップデート**
アップグレードは、性能や品質を上げること。ハードウェアの買い替えや、ソフトウェアのバージョンアップを行うことなど（一般的には有償）。
アップデートは、ソフトウェアの小規模な更新のこと（一般的には無償）。
アップロードは、サーバーへデータを送ること。

[問題22] ❷ **ドライバー**
スキャナーやデジカメ、プリンターなどの周辺機器（ハードウェア）をコンピューターとの間で円滑に使用するために必要なものがドライバーソフト。
ランチャーとは、あらかじめ登録しておいたプログラムやファイルをアイコンで一覧表示し、簡単に起動できるようにするアプリケーションソフト。
ブラウザーはWebページを閲覧するためのアプリケーションソフト。

[問題23] ❷ **RPA**
RPA（Robotic Process Automation）は、コンピューター上で行われる業務プロセスや作業を自動化する技術。
IoT（Internet of Things ; モノのインターネット）は、自動車や家電のような「モノ」自体をインターネットに繋げ、より便利に活用するという試み。
SaaS（Software as a Service）は、インターネットを介して利用できるソフトウェアのこと。GoogleのGmailなどが有名。

[問題24] ❷ **ウイルス対策ソフト**
ウイルス対策ソフトは、情報の共有ではなく、セキュリティーのために必要なソフトウェアである。

ファイル形式、データ形式についての知識

[問題25] ❷ **XMLデータ形式**
固定長データ形式は、古い形式でPC以前の汎用コンピューター時代に使用されていた。
XMLデータ形式は、現在のEDI（企業間電子商取引）の主要なファイル交換方法。
CSVデータ形式は、データをカンマ区切りで保持するデータ形式。テキストデータなので汎用性が高く、異なるアプリケーション間でデータを受け渡す際などに利用される。

[問題26] ❶ **VCF**
VCFは、電子名刺の拡張子。VCDは、CDに映像を取り込むための規格。PIMは、従来は電子手帳などで行っていたような個人情報管理のためのソフトや機能の名称。

[問題27] ❷ **PDF**
DOCは、古いWordのファイル形式（現在はDOCX）。WORDは、ファイル形式ではなく、ワープロソフトの名称。
PDFは、環境によらず同じように文書が表示されることを目指して開発された文書形式。ほとんどのコンピューターで無料で閲覧できる。

[問題28] ❷ **MP3**
MPEGは、動画の圧縮ファイル。JPEGは、写真などの画像圧縮ファイル。

[問題29] ❷ **CSV**
OCRは、スキャナーなどで読み取った文字を自動的にテキストデータに変換するソフトのこと。
CSVは、カンマ区切りの形式のファイルで、コンピューターやアプリケーション間のファイルのやり取りによく使用されている。

XMLは、文書やデータの意味や構造を記述するためのマークアップ言語のひとつで、EDI（電子商取引）の政府推奨のプラットフォームに指定されている。

データを利活用することに関する知識

[問題30] ❶ **項目ごとにデータの形式や桁数を決めて入力する。**
入力後のデータの活用を考えて、データ形式や桁数など入力項目ごとにデータ入力規則を決めてから入力することが大切である。

[問題31] ❸ **データの入力はキーボードからのみ可能になる。**
スキャナー、カメラ、音声入力、マウス操作など、さまざまな方法で入力できる。

[問題32] ❷ **あまり使われなくなったが未だ廃棄できない文書データを、ハードディスクやDVDなど他のメディアに移し記録しておくことをいう。**
ここでいう「文書のライフスタイルにおける…」とは、最終保存状態を示す。e-文書法などの法律により、企業などに義務づけられている文書の保管には、紙に加えて、電子データの形式も認められるようになっている。

[問題33] ❷ **検索エンジン**
「デジタル仕事術」という設問なので「検索エンジン」を使うのが適切である。 その他は、従来からのアナログ仕事術。

[問題34] ❷ **データを簡単にコピーして配布することができる。**
一元管理で、データをコピーして簡単に配布できるが、特に重要なメリットではない。 また、複数管理でも可能である。

[問題35] ❷ **芸能人のブログから気に入った写真を友人にメールで送信**
カメラマンの著作権、または、タレントの肖像権などを侵害している可能性がある。

[問題36] ❸ **可逆圧縮は、限界を超えない範囲でデータ量を減らすが、非可逆圧縮は、限界を超えて圧縮する。**
可逆圧縮は、ZIPやLHAなど書庫と呼ばれるところに数々のファイルやフォルダーをひとまとめに圧縮し、解凍すると元に戻せる。 このため書類やプログラムの圧縮によく利用される。
非可逆圧縮は、JPEG、MP3、MPEGなど写真や音楽、動画によく利用される。 人間の目や耳では判別しにくい範囲を省くことで、大きい圧縮率を得られるが、省いてしまったところは元に戻せない。

[問題37] ❶ **解凍**
データ量を減らすことを圧縮という。
圧縮されたファイルを復元することを解凍（もしくは、展開）という。
分解という表現は、使われない。

[問題38] ❸ **インポート**
インストールは、新しいソフトをコンピュータに設定すること。
エクスポートは、他のソフトで使用できるようにデータ（入力されている情報）を吐き出すこと。
今回は、インストール後に既存のデータを読み込むことを意味するので、インポートが正解。

電子メールの利用に関する知識

[問題39] ❸ **段落間を1行空ける。**
小さなスペースの電子メールでは文字が込み合うので、内容の違う段落は1行分の空白行を設けて区別するのが望ましい。

[問題40] ❷ **メールソフトが必要である。**
Webメールは、ブラウザーで指定のWebサイトを閲覧することで利用できるため、メールソフトでなくてブラウザーが必要。

[問題41] ❶ **ドメイン名**
ドメインは、メールアドレスでは@の右側に表示され、アドレスの運用団体を表示している。
URLは、インターネット上のWebサイトのアドレスのこと。
BCCは、ブラインド・カーボン・コピーの略で、隠された複数の従たる宛先へのメール配信に使用する。

[問題42] ❷ **未承諾広告※**
「未承諾広告※」を件名の最初に表示することが電子メールに関する法律で定められている。

[問題43] ❷ **海外にメールを送付するのも、国内と同様であるが相手のパソコンの言語設定によって言語に注意する。**
海外にメールを送付するのも、国内と同様であるが、相手のパソコンの言語設定に日本語がインストールされていなかったり、使用可能の設定（エンコード）がされていなかったりすると文字化けしてメールを解読できない。日本語エンコードの設定がされているコンピューターにメールを送るか、英文などの半角英数字で送付する。
インターネット接続環境さえあれば、メールは世界中に無料で送ることができる。このことは、自宅に居ながら世界的ビジネスを一個人ができる可能性をもっている。
なお、海外旅行などに出かけて海外で自分の回線を利用する場合は、別途国際ローミング料金などが発生することがある（メールに限らず、通信したデータ量に課される）。

[問題44] ❷ **BCC**
TOは、主たる宛先欄のこと。相手にアドレスがすべて通知される。
CCは、カーボンコピー（複写）の略。従たる宛先として、すべての相手にアドレスが通知される。
BCCは、ブラインド（見えない）カーボンコピーの略。従たる宛先として、送信先にそれぞれの受信者情報は通知されない。

ネットワークやインターネットに関する知識

[問題45] ❶ **URL**
URLは「https://www.pcukaru.jp/」などの文字列を指すもので、世界に1つしかないインターネット上のアドレスを表す。
WWWはWorld Wide Web（世界に張り巡らされたクモの巣）の略で、Webと同義。
HTTPは、HTMLファイルを送受信するための通信プロトコル。

[問題46] ❶ **アクセスログ**
アクセスログは、ホームページのあるサーバーに設置されるシステムで、訪問者のIPアドレス、使用しているWebブラウザー名やOS名、アクセス日付や時刻、アクセスしたファイル名、送受信バイト数、サービス状態などを記録する。
検索エンジンは、探したい情報に関するキーワードで検索すると、その情報が載っているWebページを探すことができるサービス。
グループウェアとは、電子掲示板やスケジュール管理など、社内のネットワークを活用した情報共有のための仕組み。

[問題47] ❷ **プログラムを使ってインターネット上のサイトを巡回して索引を作る。**
「検索ロボット」というプログラムをインターネット上で巡回させて索引を作り上げる種類の検索エンジンをロボット型という（現在の検索エンジンはすべてロボット型）。
ディレクトリ型の検索エンジンの特長は、選択肢❶と❸に書かれているとおり。

[問題48] ❷ **ルーター**
USBは周辺機器を接続するコネクター規格の名称。HUB（ハブ）は、ネットワークの集線（分岐）装置のこと。

[問題49] ❸ **IPアドレス**
ルーターにはグローバルIPアドレスが1つ割り当てられ、そこに繋がっているパソコンには、ルーターからプライベートIPアドレスが割り振られる。ルーターがプライベートIPアドレスを振り分ける機能を「DHCPサーバー機能」と呼ぶ。
HUB（ハブ）は、ネットワークの集線（分岐）装置のこと。

[問題50] ❶ **ファイアウォール**
ファイアウォールは「防火壁」の意味で、ネットワークを監視し、不正なアクセスを遮断する機材あるいはその機能のこと。インターネットなどを通じて第三者から攻撃されたり、データが盗まれることを防ぐ。
セキュリティーホールは、情報セキュリティー上の欠陥のことである。
ワームは不正ソフトの一種で、自己増殖を繰り返し行うプログラムである。

[問題51] ❸ 新しい情報は電子メールなどで知らせてくれる。
「Pull型」は、新しい情報はサーバーなどに蓄積され、必要な時に見に行く（こちらから情報を引っ張りにいく）。
「Push型」は、新しい情報は電子メールなどで知らせてくれる（向こうから情報が押し出されてくる）。

[問題52] ❶ Pull型
Pull型は、自ら共有情報を取りに行くこと。
Push型は、メールマガジンのような形で情報を配信してもらうこと。
Up型という用語はない。

[問題53] ❷ アクセスログ
アクセスログは、ホームページのあるサーバーに設置されるシステムで、訪問者のIPアドレス、使用しているWebブラウザー名やOS名、アクセス日付や時刻、アクセスしたファイル名、送受信バイト数、サービス状態などを記録する。
なお、アクセスサーチ、アクセスタイムレコーダーという用語は存在しない。

[問題54] ❸ ISP
ISPは、インターネットサービスプロバイダーの略。インターネット回線接続やメールサービスを主業務にしている。プロバイダーは本来、サービス提供者を意味するが、日本語で単に「プロバイダー」という場合は、このISPを指すことが多い。
ASPは、アプリケーションサービスプロバイダーの略で、インターネット上でアプリケーションプログラム（アプリ）を提供している。
ESPは、IPsecという暗号通信規格においてデータを暗号化する形式（日商PC検定では覚えなくてよい）。

[問題55] ❷ クライアントコンピューター
クライアントとは、お客様や依頼人の意味で、コンピューターではサービスを受ける側を指す。サービスを提供する側が「サーバー」である。
IT用語として、ペアレントコンピューター、フレンドコンピューターという用語はない。

[問題56] ❷ bps
bitはコンピューターの情報量単位。
hzは振動数（CPUのクロック数など）の単位で、ヘルツと読む。
bpsは通信速度の単位。bit per secondの略で、1秒間に送信できるビット数を表す。

[問題57] ❸ アップロード
サーバーへデータを送ることをアップロード、反対に、ネットワーク上から端末へデータを受信することをダウンロードという。コンピューター同士の繋がりを階層構造で表した場合の、上流方向ならアップロード、下流方向ならダウンロードである。
同じ階層同士（サーバー同士、パソコン同士など）の場合や、一般的な用語として、データを送ることを「転送」ともいう。
アップデートは、ソフトウェアの小規模な更新のこと。

[問題58] ❷ インターネット接続利用料金が沢山使っても増加しない定額固定制のため。
定額固定料金は、いくら使っても同じ料金なので、1件、1回、当たりのコストが使えば使うほど下がる。
選択肢❸の大口割引制もコストダウンにつながりそうだが、インターネット接続においては定額固定制が普及しており、一般的ではない。

[問題59] ❷ ブラウザー
ブラウザーは、Webサイト閲覧を主に目的としたソフトウェア。有名なものにGoogle Chrome、Microsoft Edge、アップル製品で主流のSafariなどがある。古いパソコンではInternet Explorer（IE）がよく使用されていた。
URLは「https://～」などで始まるインターネット上のアドレスのこと。
ハイパーリンクは、Webページからほかのページに飛ぶためのリンクのことで、通常はURLを指定する。オフィスソフトなどでもテキスト文字に設定することができ、リンクをクリック

第1章 第2章 第3章 第4章 第5章 第6章

するとブラウザーが起動し、リンク先のWebページが表示される。

[問題60] ❶ 一度発信すると取り消すことができなくなる。
後から間違いに気づいて取り消し処理をしても、すでに配信・掲載された情報は、履歴として記録され、しばらくの間は検索結果に表示される。また、すぐに多くの人に情報として伝わってしまうため、一度発信した情報を取り消すことは困難。
発信する情報はWebサイトやSNSなどでも配信できるので、メールでの告知なしでも利用できる。
SNSでは、特定のグループだけの情報伝達手段が用意されている。また、Webサイトでも特定の人だけが閲覧できるようにアクセス制限をかけられる。

セキュリティに関する知識

[問題61] ❶ アクセス権限
閲覧のみの権限や読み書きできる権限など、ファイルやシステムを利用する権限を「アクセス権限」と呼ぶ。フォルダーやファイル単位でユーザーに対して管理者がアクセス権限を付与することができる。アクセス制限と勘違いしないこと。

[問題62] ❷ メールで大容量のファイルは送信しない。
送信という作業では、通常、コンピューターウイルスに感染することはない。

[問題63] ❶ パスワードを入力しないと、ファイルを開けないようにする。
Office 2021の例では、名前を付けて保存→ツール→全般オプション、で設定できる。

[問題64] ❷ セキュリティーホール
セキュリティーホールは、セキュリティーの抜け穴という意味。
ファイアホール、コンピューターホールという用語はない。

[問題65] ❷ ネットワークから至急離脱する。
一番大切なことは、他に迷惑をかけないこと。とにかく急いでLANケーブルを引き抜くか、Wi-Fi接続を遮断してコンピューターを孤立させること。
連絡をとったり、電源を切る間にも被害が広がり、ネットワークを通じて他のコンピューターに広がる。また、再起動しても状況は変わらない。

[問題66] ❶ アクセス制限
暗号化は、ファイル情報や入力情報を第三者が見ても意味のわからないものにする技術。
ファイアウォールは、コンピューター内で第三者からの侵入を防ぐシステム。
アクセス制限が設定されたファイルやページを閲覧するためには、ID（ユーザー名）とパスワードが要求される。

このサイトにアクセスするにはサインインしてください
https://pcukaru.com では認証が必要となります
ユーザー名
パスワード
サインイン　キャンセル

[問題67] ❷ デジタルタイムスタンプ
電子署名（デジタル署名）は、ファイルに作成者情報を記録する仕組み。
デジタルタイムスタンプは、電子署名と類似なものであるが、日付、時刻に重点を置いている。
SSLは、Webブラウザーとサーバー間の通信を暗号化する仕組み。「https」で始まるURLはSSLに対応している（技術的にはTLSに移行しているため、SSL/TLSや単にTLSと表記される）。

[問題68] ❷ 機密性
情報セキュリティ三大特性は、情報セキュリティーに関する国際規格群である「ISO/IEC 27000」によって以下の3つに定義されている（3つの頭文字より情報セキュリティーのCIAと呼ばれる）。
- 機密性（Confidentiality）：限られた人だけが情報に接触できるように制限をかけること。漏洩対策ができている状態か。
- 完全性（Integrity）：不正な改ざんなどから

保護すること。改ざん等がされずに正しい情報であるか。

・可用性（Availability）：利用者が必要なときに安全にアクセスできる環境であること。使いたいときに使える状態であるか。

[問題69] ❶ **パスワードをかける**

パスワードは、電子書類を保護していることになる。

電子署名には電子契約書の本人性・非改ざん性を証明する役割が、タイムスタンプにはいつの時点で存在していたかを証明する役割がある。要するに、どちらも電子書類の正当性（本物であること）を証明できるが、書類を保護することはできない（例えば、改ざん自体は可能）。

[問題70] ❸ **スパイウェア**

ランサムウェアは、コンピューターに侵入して利用者にとって特別に重要なファイルやフォルダーにパスワードを設定して利用者が開けられないようにしてしまう。そして、ファイルやフォルダーを人質として解放するためのパスワードを教える見返りに金銭などを要求する犯罪を目的としたマルウェアのこと。

ボットは、ネットワークやコンピューター内で自動的に活動するプログラムの総称。悪意のあるものだけではなく、役に立つ目的で利用されているものも多くある（例えば、検索エンジンのボット）。

スパイウェアは、悪意をもって利用者に気づかれないように個人情報を収集するプログラムのこと。

ビジネスや法令に関する知識

[問題71] ❷ **見積書→納品書→請求書**

商品やサービスが幾らになるか提示（見積）が応諾されれば、商品やサービスを先方に引き渡す（納品）、先方が受領すれば当初の取り決めの条件で代金を支払ってもらう（請求）。

[問題72] ❷ **企業・組織全体として最適な方法を考えること。**

「デジタル仕事術」では、企業・組織全体としてのポリシーやルールづくりなど、組織全体での最適な方法を考えると同時に、業界や社会全体との整合性なども加味して運用していくことが求められている。

[問題73] ❶ **名寄せ**

ソート（並べ替え）は、名前順に並べ替えるだけなので、ベストな選択ではない。禁則処理は、文章のルールを定めておくもの。例えば、日本語で“、”などの句読点は文頭に来ない、「括弧の終わり」を文頭には使用しない、など。

[問題74] ❶ **B to C**

Bはビジネス（企業）、Cはコンシューマー（消費者）の略。

B to Bは企業間の商取引を表すが、B to Aという用語はない。

[問題75] ❷ **建築用の図面のトレースのしやすさを表す。**

「トレーサビリティ」におけるトレースは、「追跡する」という意味。例えば和牛は、固体ごとに番号をつけ、肉がバラバラの状況でも追跡管理するように定められている。

選択肢❷のトレースは、「なぞる」の意味。

[問題76] ❷ **会社案内**

領収書は、お金を受け取ったという記録。

納品書は、○○の金額で商品を納品した記録。

会社案内は、会社の概要紹介で税金の発生根拠にはならない（お金の記録ではない）。

[問題77] ❷ **定量データ**

単純に数値化すればデータ化できるものは、定量データ。

定性データとは、数値化が難しいデータのこと。例えば、「少なめ／多め」、「弱め／強め」といった、人によって受け取り方が変わる表現が含まれたテキストデータなど。

[問題78] ❶ **導入期・成長期・成熟期・衰退期**
携帯電話（ガラケー）を例にすると、

- 物珍しい時期（鞄のようなショルダー型）の大きな電話時代から、ポケットに入るアナログ携帯電話時代（導入期）
- デジタル携帯電話、iモードの登場で爆発的広がり（成長期）
- 全国で携帯電話を持っていないのは、小さな子供だけの状態にまで普及。もうこれ以上台数は増えない（成熟期）
- スマートフォンの登場で、徐々に携帯電話時代は終わりが見えてきた（衰退期）

[問題79] ❷ **チームワークを重視した仕事がより一層重要である。**
社会人としてチームワークは、非常に重要なテーマであるが、「デジタル仕事術」というくくりでは、個人のモラルや知識、スキルが重要になる。

その他の IT 用語に関する知識

[問題80] ❸ **伝わり方が、受け手のITに対する知識や経験の差により左右されることは当然であり、発信者が考える立場ではない。**

[問題81] ❸ **ユビキタス社会は、今後計画されている、コンピューターによる自動化されたインターネットの未来の姿である。**
ユニバーサルデザインは選択肢❶を、ユビキタス社会の説明は選択肢❷を参照。

[問題82] ❷ **定額固定料金制**
大量に長時間使用してもコストが増加しないので、1件当たりのコストがとても安くなる。

[問題83] ❷ **ハードディスク**
マンマシーンとは、人と機械の意味。インターフェイスは、接点や境界の意味。
人は、マウス操作やモニターの画面表示を通じてコンピューターの状態を把握したり指示を出したりする。
ハードディスクは、通常はコンピューターの内部にあり、人が直接見たり触れたりする必要はないので該当しない。

[問題84] ❶ **Generation**
ジェネレーションは「世代」のこと。5Gは「5th Generation」の略で、第5世代移動通信システムのことをいう。高速・大容量に加え、多接続、低遅延（リアルタイム）が実現される。

▼表　移動体通信の世代ごとの特徴

世代	時期	通信速度	特徴
第1世代（1G）	1980年代	10キロbps	アナログ方式
第2世代（2G）	1990年代	数十キロbps	デジタル化、iモードなどの携帯IP接続サービスが始まる
第3世代（3G）	2000年代	数メガbps	スマホが登場し、データ通信需要が高まる
第4世代（4G）	2010年代	数十メガ～1ギガbps	スマホの普及に伴い、漸進的に高速化
第5世代（5G）	2020年代	数ギガbps	IoT需要を見越した低遅延、多数同時接続

専門分野の解説

表計算ソフト（Excel）関連の知識

[問題85] ❷ **IF関数**
条件によって、計算したり文字表示したり、空白表示を選択できるのがIF関数。

[問題86] ❷ **ピボットテーブルを使用する**
ピボットテーブルは、各種の集計を行える。
RANK関数は、順位を求めるための関数。
SUM関数は、合計を求める関数。

[問題87] ❶ **CSVファイル**
CSVファイルは、カンマ区切りのデータの集まりで、簡単にExcelの各セルに区切って表示できる。
PDFファイルは、一体の画像のような状態でしか表示できない。
HTMLファイルは、Webサイト用の記述ファイルなので、データの並べ方によっては、Excelで表示できるが、最適ではない。

[問題88] ❷ **フォーム**
入力フォームともいう。「名前」「郵便番号」「住所」「電話」など多数の項目を入力する際に便利な機能。
「ヘルプ」はわからないことを検索して調べる機能。
「フィルター」はろ過することを意味し、あるデータを抜き出して表示させることをいう。

[問題89] ❶ **IF関数**
条件によって違う結果を求めるにはIF関数が適している。

[問題90] ❶ **ROUND関数**
INT関数は、整数を求める関数で、小数点以下を切り捨てる。桁数は指定できない。
AVERAGE関数は、平均を求める関数。
ROUND関数は、指定した桁数で四捨五入を行う。

[問題91] ❶ **右揃え　左揃え**

[問題92] ❷ **印刷しない列だけを非表示設定にする。**
Excelでは、印刷しない列だけを選択して、表示／非表示を切り替えることができる。

[問題93] ❷ **Alt＋Enter**
マウスカーソルが文字入力中の状態のとき、改行位置でキーボードのAltキーとEnterキーを同時に押すと強制改行できる。

[問題94] ❷ **クロス集計**
「小計」機能からは「合計」「個数」「平均」等が計算できるが、クロス集計は質問項目を2つ以上かけ合わせて集計する手法なので、小計とは別の機能である。

データ（データベース）の利活用に関する知識

[問題95] ❷ **テーブル**
レコード… 1件分の情報のまとまり。行情報1件分。住所録でいえば、1名分の名前、〒、住所など。
フィールド… 項目情報、列情報。住所録でいえば、すべての人の名前、すべての人の住所など縦欄情報のこと。
テーブル… 表のすべてを指す。住所録の表全体をいう。

[問題96] ❸ **複合グラフ**
複数のグラフを同時に表示させるグラフが複合グラフ。ちなみに、問題文にある「縦棒グラフと折れ線グラフを組み合わせたグラフ」はパレート図という。品質管理、在庫管理、ABC分析などで用いられる。

[問題97] ❶ **推移**
折れ線グラフは、データの推移を表すときに使用する。
なお、割合を表したい場合は円グラフが適している。平均はグラフよりも数値で示すほうがわかりやすい。

[問題98] ❷ **構成比**
例えば、各商品の売上額がA商品20万円、B商品30万円、C商品50万円とすると、全体の合計売上額は100万円になる。このときの、個々の商

品の構成比は、A商品20%、B商品30%、C商品50%となる。このように、各要素（この場合は各商品の売上額）が全体に対してどのぐらいの割合を占めるのかを示すのが構成比。
対前年比は、前年度の数値と今年度の数値の比較を表す。
伸長率は、要素の伸び率を表す。

[問題99] ❸ 重みをつける
例えば、業績評価で多数の項目の目標達成度合いを比較するときに、重点項目だけ、得点を多くつける工夫をすることで、重点的な行動を促すことができる。この、重点項目だけ、得点を多くつける工夫をすることを「重みをつける」という。

[問題100] ❸ Zチャート
3つのグラフ線がZの形になることから、Zチャートという。
Zの字形が右肩上がりの場合は、増加傾向に。右肩下がりは、減少傾向。水平は、昨年同傾向。

[問題101] ❸ 累計
累計は、日単位や月単位など、継続的に集計しているデータを合計したもの。単位ごとの小計を加算していく。

商取引や会計に関する知識

[問題102] ❷ 3,675円
5,250円×70%（0.7）＝3,675円

[問題103] ❶ 840円
1,050円の2割を計算すると、
1,050円×20%＝1,050×0.2＝210円
つまり、1,050－210＝840円が答え。
2割引ということは8掛けなので、1,050×80%でも計算できる。

[問題104] ❶ 売上数量
仕入れた個数から売上数量（販売数量）を引いたものが在庫（残り）。

[問題105] ❶ 損益計算書
貸借対照表は、資産や負債等財産状況を表す。
キャッシュフローは、現金や預金などすぐに使える資金の状況を表す。

[問題106] ❶ 変動費
売上が増加すればするほど、商品の梱包費や発送費用などが増加する。このように売上の推移によって変動する費用を変動費という。
売上の推移に関係なく必要となる人件費や家賃などの経費を固定費という。
移動費とは、移動するために必要な積算。会計上の費用ではない。

[問題107] ❷ 担当者別の売上金額の集計
伝票に項目のない（データのない）ものは、当然集計できない。問題文の伝票の項目には「担当者」の項目がないので、担当者別の集計はできない。

[問題108] ❸ 売上総利益
売上総利益＝売上－原価で計算できる。粗利、荒利（どちらも、あらり）などともいわれていて、概算の儲けを見積る場合によく利用される。
営業利益＝売上総利益－販売費及び一般管理費
経常利益＝営業利益＋営業外利益－営業外費用

[問題109] ❸ 坪単価
坪単価は、店舗の面積を平方メートル単位ではなく、坪単位でどれぐらいの売上があるのかを比較する場合に使用する。例えば、ファッションビルで1階と2階では、どのぐらい面積当たり売上が違うのかを比較できる。
客単価は、1人のお客さんが購入する平均額。
家賃単価（賃料単価）は、家賃を面積で割った単価。家賃相場の比較などに用いる。

[問題110] ❷ 売上金額÷売上目標額×100
売上目標に対する売上額。この問題では（%）で算出する必要があるので100倍する。
仮に、売上金額80で売上目標が100なら、80÷100＝0.8になる。このままでは、小数表示になるので100倍して、解答の表示を80（%）とする。80%と表示するのではない。

第6章 模擬試験

この章では、過去に出題された実際の試験の問題に即した実践問題で実力を安定させていきます。この模擬問題を繰り返し練習し、自信をもって解答できるようになれば、高得点合格の実力が付きます。

●ファイルを開く

「第6章　模擬試験」のフォルダーには、以下のExcelファイルが入っています。問題ごとに、それぞれのExcelファイルをダブルクリックで開いて解答してください。

- 問題1
- 問題2　調査結果
- 問題3　元データ
- 問題4　販売管理

第1回　模擬試験

知識科目

【試験時間】7分30秒

[問題1] **ファイルを保管する際に、すでに同名のファイルがあった場合の注意事項として適切なものを、次の中から選びなさい。**

❶ 自動的に別名ファイルになるので、特に注意することはない。
❷ 上書きされてしまう可能性があるので、別名で保管するようにする。
❸ 元のファイルとの差分が保管されるので、特に注意することはない。

[問題2] **パソコンの入れ替えにあたり、できる限り処理速度の速い機種を選定しようと考えています。考慮すべき優先順位が最も低いものを、次の中から選びなさい。**

❶ CPU
❷ ディスプレイの解像度
❸ メモリー

[問題3] **グループウェアの機能に該当しないものを、次の中から選びなさい。**

❶ プレゼンテーション機能
❷ 電子掲示板機能
❸ スケジュール管理機能

[問題4] **ファイルの圧縮には、圧縮率は低いが元に戻せる可逆圧縮と、完全には元に戻せないが、圧縮率の高い非可逆圧縮があります。可逆圧縮のものはどれでしょうか？**

❶ MP3
❷ ZIP
❸ JPEG

[問題5] **電子データには紙に書かれた情報にはない多くの特徴があります。次の中からこの特徴に該当しないものを選びなさい。**

❶ 再利用、再加工、再編集が容易である。
❷ 見た目と同じ情報が相手に伝わる。
❸ 文字、音声、動画を同時に使用できる。

[問題6] **電子メールの特徴でないものはどれでしょうか？**

❶ 電子メールには個人情報保護法などの法律は特にない。
❷ 電話のように1対1ではなく、第3者に転送することができる。
❸ 自動的に記録が取られるのでトラブルが起きたときの証拠になる。

[問題7] **インターネットを活用すると正しい事も間違ったことも一挙に広めるので注意が必要ですが、メリットもたくさんあります。次に示す中で、一般的に最も適切なメリットはどれでしょうか？**

❶ 特定のグループだけに情報提供できる。
❷ 低コスト、短時間でたくさんの人に情報発信ができる。
❸ 発信した情報の内容について責任は問われない。

[問題8] **ウイルスに感染している可能性の低いものはどれですか？次の中から選びなさい。**

❶ 電子メールで受信した添付ファイルを開いた。
❷ インターネットから音楽をダウンロードした。
❸ 仮想メモリー容量が少ないと表示された。

[問題9] **電子データを主体としたビジネスプロセスは、担当者以外の人からは見えなくなります。そうなると仕事を遂行する上で何が重要なポイントになりますか。次の中から選びなさい。**

❶ 組織のチームワーク
❷ 個人の人の知識とスキル
❸ パソコンの処理能力

[問題10] **ネット社会の特徴として適切なものを、次の中から選びなさい。**

❶「ネット社会」は、実体のない空想の社会である。
❷「ネット社会」は、直接目には見えない社会である。
❸「ネット社会」は、情報通信機器が主役の社会である。

[問題11] **Excelワークシート上の特定のセルの値を常に固定して参照したいとき使用する方法はどれでしょうか？**

❶ 絶対参照

❷ 相対参照

❸ 複合参照

[問題12] **得意先の売上管理データを集計するように言われました。 担当者別、商品別の売上金額をExcelで集計するのに最も効率のいい機能はどれでしょうか？**

❶ ピボットテーブル

❷ 並び替え

❸ オートフィルタ

[問題13] **商品の販売価格を決定するように言われました。 販売価格は、商品原価に何を加えて決定するのでしょうか？**

❶ 製造費

❷ 利益

❸ 人件費

[問題14] **次回の営業戦略会議では、主力商品について前年度売上に対する本年度売上の伸び率を報告する必要があります。 次の中からこの伸び率（%）を計算する数式を選びなさい。**

❶（前年度売上－本年度売上）÷前年度売上×100

❷（本年度売上－前年度売上）÷前年度売上×100

❸（本年度売上－前年度売上）÷本年度売上×100

[問題15] **上司から過去5年間の売上高の推移がわかるようなグラフを作成するように指示されました。 最適なグラフの種類は、どれでしょう？**

❶ 棒グラフ

❷ 折れ線グラフ

❸ 円グラフ

実技科目

【試験時間】30分

売上に関する資料を、以下の指示に従い作成してください。

●**問題1**　シート「売上」に、未入力のデータがあることがわかりました。そこで、シート「売上」のデータに、以下の内容を追加してください。

日 付	6月7日
販売店	中央店
品 番	K3003
種 別	観葉植物
数 量	21
日 付	6月20日
販売店	駅前店
品 番	P1001
種 別	プリザーブドフラワー
数 量	15
日 付	6月30日
販売店	郊外店
品 番	P1002
種 別	プリザーブドフラワー
数 量	13
日 付	6月30日
販売店	駅前店
品 番	H4002
種 別	鉢花
数 量	8

●**問題2**　問題1の追加修正が済んだ「売上」シートを元に、第1四半期支店別売上実績表を完成させてください。その際、次の指示に従うこと。

（指示）

- シート「売上実績」に集計すること。

●**問題3**　問題2で作成した「第1四半期支店別売上実績表」を元に、第1四半期実績と目標達成率（%）を求めた表を作成してください。また、完成した表をもとに、第1四半期の実績と目標達成率がわかるグラフを作成してください。その際、次の指示に従うこと。

（指示）

- シート「実績および目標」に集計すること。
- 表のタイトルは、「第1四半期売上実績状況」とし、作成した表の中央に配置すること。
- 目標達成率（%）は、小数点以下第2位を四捨五入し、小数点以下第1位までの表示とすること。
- グラフのタイトルは「第1四半期の実績と目標達成率」とすること。
- グラフは、第1四半期実績を縦棒グラフ、目標達成率を折れ線グラフで表した複合グラフとすること。
- 数値軸には、適切な単位を表示すること。
- グラフには、凡例と値を表示すること。
- グラフは第1四半期売上実績状況の表の下に配置すること。

●**問題4**　変更したファイルは、「目標達成率」というファイル名で保存してください。

第2回　模擬試験

知識科目

【試験時間】7分30秒

[問題1] **あなたは、上司からあるグラフィックスソフトの購入を指示されました。 購入する際に必ず確認しなければならないことを、次の中から選びなさい。**

❶ 使用するパソコンの色
❷ 使用するパソコンのメーカー
❸ 使用するパソコンのOS

[問題2] **ファイルを保存するときに、フォルダーの階層が深くなるとたどり着くのに時間がかかります。 そのような場合に利用すると便利な機能はどれでしょうか?**

❶ ショートカット
❷ アウトライン
❸ エクスポート

[問題3] **文書作成中に打ち合わせの時間になりました。 次のうち作成中の文書の扱いとして最も適切なものを選びなさい。**

❶ 作成中の文書を上書き保存し、ファイルを開いたままにしておく。
❷ 作成中の文書を保存せず、ファイルを開いたままにしておく。
❸ 作成中の文書を上書き保存し、ファイルを閉じておく。

[問題4] **取引先からパワーポイントの資料をメールで送って欲しいと依頼されました。 データ容量が大きくてこのままでは送れないので圧縮して送りたいのですが、どの方法が最適な圧縮形式でしょうか。**

❶ MPEG
❷ HTML
❸ ZIP

[問題5] **あなたは、画像データが無断でコピーされないようにと上司から指示を受けました。 どのような処理をすればよいでしょうか?**

❶ 暗号化
❷ 電子透かし
❸ 電子証明

[問題6] **上司から得意先に向けてイベントの案内をメールで通知するように言われました。 この際、一斉送信するのに最も適した方法はどれでしょうか?**

❶ 得意先のメールアドレスをすべてTOに入力する。
❷ 得意先のメールアドレスをすべてBCCに入力する。
❸ 得意先のメールアドレスをすべてCCに入力する。

[問題7] **以下の中で最も高速なインターネット接続回線は、どれでしょうか?**

❶ FTTH
❷ ADSL
❸ ISDN

[問題8] **コンピューターウイルスに感染すると大変なことになります。 ウイルス感染の可能性が一番低いのはどれでしょうか?**

❶ メールの添付ファイルを確認しないで開く。
❷ 何か不明のソフトをインストールした。
❸ ウイルス対策ソフトの最新版をダウンロードした。

[問題9] **取引の事実を証明する書類でないものはどれでしょうか?**

❶ 領収書
❷ 保険証券
❸ 納品書

[問題10] **障害者や高齢者を含め、誰でも簡単な操作でホームページを利用しやすくすることを表した用語を、次の中から選びなさい。**

❶ アクセシビリティー
❷ アカウンタビリティー
❸ トレーサビリティー

[問題11] B10セルの値が95以上をExcelで表すと、どうなるでしょうか？

❶ B10>=95
❷ B10<95
❸ B10>95

[問題12] 企業のすべての取引をまとめた、残高が把握できる帳簿のことを何というでしょうか？

❶ 貸借対照表
❷ 損益計算書
❸ 総勘定元帳

[問題13] ソートの際に数量を大きいものから小さいものに並べる呼び名を、次の中から選びなさい。

❶ 階順
❷ 昇順
❸ 降順

[問題14] 本年度の売上は、100万円でした。 前年度は80万円でした。 本年度の対前年度比はいくらでしょうか？

❶ 125%
❷ 80%
❸ 20%

[問題15] 日々の売上台帳から月末に、担当者別売上と販売先別売上の報告書を作成したい。 この場合の作業を何というでしょう？

❶ ピボットテーブル
❷ SUMIF関数
❸ 集計

実技科目

【試験時間】30分

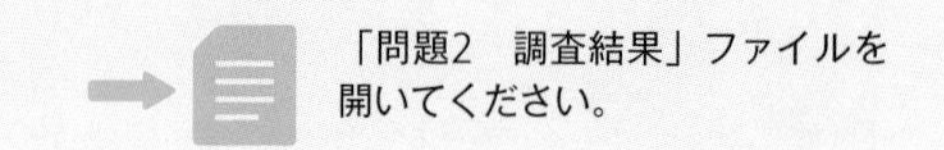

あなたは、日用品販売会社で、顧客ニーズの市場調査業務を担当しています。この度上司から自社洗剤に関する顧客満足度調査の集計を依頼されました。問題の指示に従い、資料を作成しなさい。

●**問題1**　「2022年度データ」シートのデータを利用して、「集計結果」シートの「洗剤に関する満足度集計結果」表を完成させなさい。その際、以下の点に注意すること。

（注意）

- 回答結果の値の意味は、次のとおり。
  1＝不満　2＝やや不満　3＝普通　4＝満足　5＝大変満足

●**問題2**　問題1で作成した「洗剤に関する満足度集計結果」表を利用して「構成割合」シート内の表を完成させなさい。その際以下の指示に従い表を作成すること。

（指示）

- 2019年度のデータを参考にして作成すること。
- 表のタイトルは、「商品満足度の構成割合」と変更すること。

●**問題3**　問題2で作成した「商品満足度の構成割合」表を利用して、満足度を比較する横棒グラフを作成しなさい。その際以下の指示に従うこと。

（指示）

- 2019年度から2022年度までのデータを対象にグラフを作成すること。
- グラフの項目軸には、商品満足度を表示すること。
- グラフの数値軸には、単位を表示すること。
- グラフには、凡例と値を表示すること。
- グラフタイトルは、「商品満足度比較グラフ」とすること。
- グラフは、「商品満足度の構成割合」表の下に配置すること。

●**問題4**　問題1～問題3で作成した資料（シート）は、「調査結果」から「2022年度調査結果」とファイル名を変更して保存すること。

第3回　模擬試験

知識科目

【試験時間】7分30秒

[問題1] **ファイルを階層別に整理すると便利ですが、階層が深くなるとファイルにアクセスしにくくなります。こうした場合に利用するショートカット機能の説明として正しいものを次の中から選びなさい。**

❶ ファイルへの参照として機能する実体のないアイコン
❷ マウスの右ボタンをクリックして表示させるメニュー
❸ Ctrlキーと組み合わせて使うキー操作

[問題2] **マウスやペンなどのポインティングデバイスのような入力方法を何と呼ぶでしょうか？**

❶ ペンタブレット
❷ CUI（キャラクタユーザーインタフェース）
❸ GUI（グラフィカルユーザーインタフェース）

[問題3] **コンピューターのシステムを管理し、ユーザーが利用するための操作環境を提供するソフトは、どれでしょうか？**

❶ BIOS
❷ OS
❸ ドライバー

[問題4] **デジタルビデオカメラで撮った映像データをメールで送るために圧縮して送ります。このデータファイルのファイル形式は次のうちどれが適切でしょうか？**

❶ MP3
❷ MPEG
❸ JPEG

[問題5] **電子データの入力について最も正しい説明をしているものはどれでしょうか？**

❶ 日付順に入力することが重要である。
❷ 社内で入力規則を作成し、この規則に従って入力する。
❸ デジタルデータは変更が容易なので、訂正は後から容易にできる。そのため、素早く入力することが最重要である。

[問題6] **あなたは、友だちからいたずらメールがよく届くのでメールアドレスを変更したいがどこを変えればいいのかわからないと相談されました。正しいのはどれでしょうか？**

❶ ドメイン名
❷ 表示名
❸ アカウント名

[問題7] **ブロードバンドの普及によりネット社会は急速な進歩を遂げています。次のうち、ブロードバンドによる効果が最も大きいといえるものを選びなさい。**

❶ 社内LANが高速になった。
❷ 音楽や映像など大量のデータの送受信が可能になった。
❸ メールの送受信が速くなった。

[問題8] **コンピューターウイルスの感染原因の統計で最も多いのはどの経路でしょうか？**

❶ インターネット上でダウンロードしたファイルを開いた。
❷ 添付ファイルのあるメールを送信した。
❸ 受信したメールの添付ファイルを開いた。

[問題9] **業務データの流れについての適切な説明を、次の中から選びなさい。**

❶ 注文データは、発生時からデジタルデータになる。
❷ 注文データは、受注、納品、請求時に各部門で必要に応じてデジタル化する。
❸ 注文データは、デジタル化されても印刷物での保存は必要である。

[問題10] Webサイトなどを中心に、通学せずに自宅などで学習する方法を何と呼ばれているでしょうか？

❶ e-can
❷ e-ラーニング
❸ ソフトラーニング

[問題11] Excelで顧客の名前を五十音順に並べ替えるように命じられました。 次のどの機能が最適でしょうか？

❶ オートフィル機能
❷ ソート機能
❸ マクロ機能

[問題12] 先月、商品の代金を今月支払う約束で仕入れました。 この代金のことを何というでしょうか？

❶ 回収金
❷ 買掛金
❸ 売掛金

[問題13] 生徒Aと生徒Bの科目ごとの成績を比較し、全体の傾向や特徴を一目でわかるようにするために最適なグラフはどれでしょうか？

❶ レーダーチャート
❷ 折れ線グラフ
❸ 積み上げ棒グラフ

[問題14] 売上目標金額が1200万円で、実際の売上金額は900万円でした。 目標達成率は何%になるでしょうか？

❶ 113%
❷ 75%
❸ 35%

[問題15] ネット社会ではビジネスプロセスも変わってきます。 次の中から、ネット社会における業務データの流れについての説明として最も適切なものはどれでしょうか？

❶ 注文データは受注、納品、請求時に各部門で必要に応じてデータを電子化する。
❷ 注文データは発生時から電子データになる。
❸ 注文データは電子化されても印刷物での保存は必要である。

第1章 第2章 第3章 第4章 第5章 第6章

実技科目

【試験時間】30分

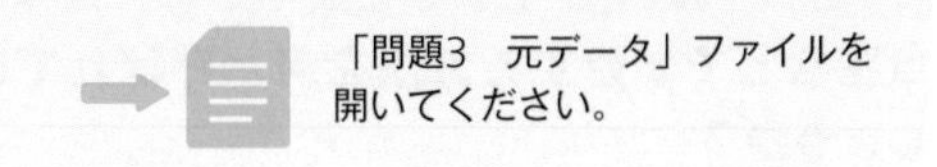

あなたは、電化製品販売会社の「TAKA電機販売株式会社」の社員です。6月度の各取引電気店の売上を集計し、商品の販売状況と請求書を作成するように命じられました。

●問題1

未入力の売上伝票が見つかりました。「販売データ」シートに下の伝票と「店舗コード」を使って「販売データ」シートを完成させなさい。

販売日	6月10日
販売先	スター電化
商　品	HDD付DVDレコーダー480GB
台　数	4台

販売日	6月15日
販売先	よしなか電器
商　品	HDD付DVDレコーダー240GB
台　数	3台

販売日	6月23日
販売先	やまと電化
商　品	プラズマ37インチテレビ
台　数	2台

販売日	6月29日
販売先	かわもと電気
商　品	液晶32インチテレビ
台　数	9台

●問題2

完成した「販売データ」シートをもとに「やまと電化」の6月分の「請求書」を仕上げなさい。請求内容は、日付順に表示できるようにし、請求金額をセルの参照によって表示しなさい。

●問題3

「構成比」シートに各商品の6月度売上の全商品に対する売上の「構成比」を求めなさい。その際、小数第2位を四捨五入し、小数点第1位まで表示し、構成比の高い順に並べ替えなさい。標題は、「6月度商品別売上構成比」としなさい。

（指示）

- 構成比の表の下に構成比のわかる円グラフを作成しなさい。グラフは、割合が表示されるように作成しなさい。凡例は、グラフの右側に表示させなさい。
- グラフのタイトルは、「商品別売上構成比」としなさい。

●問題4

問題1～問題3で作成したファイルは、「6月度売上集計」というファイル名にして保存しなさい。

第4回　模擬試験

知識科目

【試験時間】7分30秒

[問題1] **ファイルとフォルダーの説明で間違っているのはどれでしょうか？**

❶ フォルダーには、拡張子がない。
❷ フォルダーは、ショートカットを作成できない。
❸ ファイルの拡張子は、非表示にできる。

[問題2] **データをバックアップするためのメディアで書き換えができないものを、次の中から選びなさい。**

❶ CD-R
❷ SDメモリーカード
❸ USBメモリー

[問題3] **自分の予定と仕事の管理はビジネスの基本です。 自分だけでなく他の人の予定も参照でき、仕事の予定を管理するのに有効なソフトウェアを次の中から選びなさい。**

❶ グループウェア
❷ vCard
❸ タイムスタンプ

[問題4] **LZHやZIPのように書庫を作成して（アーカイブ化）複数のファイルやフォルダーをまとめて圧縮保管し、必要な時に解凍展開し、元に戻すことができるファイルを別名何と呼ぶでしょうか？**

❶ 非可逆圧縮
❷ 可逆圧縮
❸ 完全圧縮

[問題5] **商品サンプルの画像データ（約450MB）を取引先に渡したいのですが、この画像データの受け渡し方法で最適な方法はどれでしょうか？**

❶ フロッピーディスク
❷ CD-R
❸ 携帯メールに添付

[問題6] **メールの機能で正しくないものはどれでしょうか？**

❶ アドレスをバックアップする。
❷ 送信トレイにあるメールに返信する。
❸ 受信したメールを整理する。

[問題7] **インターネット上でアプリケーションサービスを提供する事業者のことを何というでしょうか？**

❶ IDC
❷ ASP
❸ ERP

[問題8] **以下のうち、いわゆるマルウェアとは性格の異なるものはどれでしょうか？**

❶ ボット
❷ スパイウェア
❸ ランサムウェア

[問題9] **著作権法で保護されないものは、どれですか？**

❶ 音楽
❷ プログラム
❸ プログラム言語

[問題10] **コンピューターが人工的に作り出した仮想現実のことを何といいますか？**

❶ AR
❷ VPN
❸ VR

[問題11] **Excelに表形式でデータを取り込む事のできるファイル形式は、次のうちどれでしょうか？**

❶ JPG形式
❷ CSV形式
❸ PDF形式

[問題12] **請求書や見積書では消費税計算の円未満の額を切り捨て処理する必要があります。 この場合に活用される関数は次のうちどれでしょうか？**

❶ ROUND関数
❷ ROUNDUP関数
❸ ROUNDDOWN関数

[問題13] 次のうち、売上金額を求める数式を選びなさい。

❶ 販売数量×販売単価－値引き額
❷ 販売数量×値引き額－販売単価
❸ 販売単価－値引き額×販売数量

[問題14] 顧客住所録のデータベースを作成しテーブル表示し保存するとき、顧客名、顧客住所、顧客電話番号などの、テーブルの見出し部分のことを何というでしょうか？

❶ レコード
❷ ピボッド
❸ フィールド

[問題15] 表計算ソフトで、テンプレートとなる表を作成する場合、共有するファイルを書き換えられないように行う設定として適切なものを、次の中から選びなさい。

❶ 読み取り専用にする。
❷ パスワードを設定する。
❸ 改ページを設定する。

実技科目

【試験時間】30分

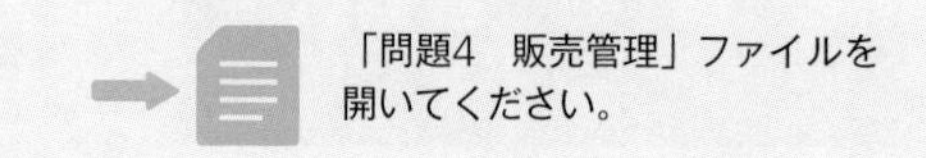

あなたは、ヘアケア用品販売会社の「青葉ヘアケア販売株式会社」の社員です。9月分の各商品の売上を集計し、商品の販売状況と請求書を作成するように命じられました。

●問題1

未入力の売上伝票が見つかりました。「台帳」シートに下の伝票を使って「台帳」シートを完成させなさい。なお、同じ商品でもかけ率には違いがある。

日付	12日
顧客コード	103
商品名	薬用マイルド<R>
数量	6箱
かけ率	85
日付	19日
顧客コード	150
商品名	アロエプラス<R>
数量	10箱
かけ率	90
日付	21日
顧客コード	149
商品名	スタイリング<A>
数量	12箱
かけ率	85

●問題2

完成した「台帳」シートをもとに「株式会社美装館」の9月分の「請求書」を仕上げなさい。請求書は「請求」シートに用意されている表に作成すること。
なお、「株式会社美装館」の顧客コードは、「115」である。請求内容は、日付順に表示できるようにし、請求金額をセルの参照によって表示しなさい。

●問題3

「分析」シートに各種別の9月期売上の全商品に対する売上の「構成比」を求めなさい。その際、小数第2位を四捨五入し、小数点第1位まで表示にすること。
（指示）

- 構成比の表の下に、売上金額の構成割合がわかる円グラフを作成しなさい。
- グラフは、凡例を表示しないこととし、項目名と構成比の割合（パーセンテージ）が表示されるようにすること。なお、構成比の割合は、小数点以下第1位までの表示とすること。
- グラフのタイトルは、「種別売上構成比グラフ」としなさい。

●問題4

問題1～問題3で作成したファイルは、「売上管理」というファイル名にして保存しなさい。

解説　第1回　模擬試験

知識科目

[問題1] ❷ **上書きされてしまう可能性があるので、別名で保管するようにする。**
このような事故を防ぐ意味でも、社内でファイル名やフォルダー名を付ける場合は、付け方のルールなどを社内で統一しておくことが望ましい。

[問題2] ❷ **ディスプレイの解像度**
処理速度の速い機種を選定する際の優先度は、CPU＞メモリー＞モニター（ディスプレイ）の順となる。

[問題3] ❶ **プレゼンテーション機能**
グループウェアが有する主な機能には以下のものがある。
・電子メール機能
・電子掲示板機能
・スケジュール管理機能
・電子会議機能

[問題4] ❷ **ZIP**
MP3は音楽などの圧縮、JPEGは写真などの圧縮によく利用される。人の目や耳で判断できない範囲を間引いて圧縮する。このため、圧縮後も違和感なく美しい音質や画像を楽しめる。しかし、どちらも元に戻せない非可逆圧縮である。
文書やプログラムなどは、完全に元に戻せないと困るので、ZIPのような可逆圧縮を利用する。

[問題5] ❷ **見た目と同じ情報が相手に伝わる。**
コンピューター機器には、多数の種類があり、モニターの大きさや形も様々である。最近では、スマートフォンやインターネットテレビの登場でますます多様化している。相手は、自分の見ている画面とは全く違った画面で見ている可能性がある。また、受け手の好みで画面デザインが変更されていれば、色なども変わってしまう。

[問題6] ❶ **電子メールには個人情報保護法などの法律は特にない。**
「特定電子メールの送信の適正化等に関する法律」などの法律規定がある（迷惑メール対応）。

[問題7] ❷ **低コスト、短時間でたくさんの人に情報発信ができる。**
定額料金のブロードバンドでは、大量の情報を多くの人に瞬時に提供できる。しかも、コストが低い。
特定のグループだけに情報発信することもできるが、大きなメリットはない。
また、インターネットでも、コンプライアンスやモラルは大切である。

[問題8] ❸ **仮想メモリー容量が少ないと表示された。**
コンピューターウイルスの侵入経路の多くは、メールの添付ファイルと、ダウンロードによるもの。
メモリー不足と表示された場合は、プログラムが異常な動作をしていることで、もしかしたらウイルスソフトが起動している可能性がないとは言えない。しかし、仮想メモリーはハードディスクの空き容量を利用して活用されるもので、補助的なものであり可能性は低い。

[問題9] ❷ **個人の人の知識とスキル**
チームワークは重要であるが、目の前にある情報は、個人の端末上にしかない。したがって、担当者一人一人が「デジタル仕事術」の知識とスキルをもち、積極的にメールやグループウェアで他の人と情報を共有することを心がける必要がある。

[問題10] ❷ **「ネット社会」は、直接目には見えない社会である。**
「ネット社会」は、そのままでは目に見えない社会であるため、参加していないと理解しづらい。パソコンやモバイル端末を通じて「ネット社会」に参加し体験し、その便利さやスピードを理解してもらうことが重要である。

[問題11] ❶ 絶対参照

絶対参照は、特に構成比などを求めるときによく利用する。合計欄は、常に同じセル位置なので、絶対参照を利用すると便利である。
固定したいセル番地に$マークを入力すると、絶対参照が設定できる。例えば、B3セルを絶対参照する場合は「$B$3」とする。

[問題12] ❶ ピボットテーブル

オートフィルタでも可能であるが、条件を切り替える手間と、最終報告用集計表のデザインが瞬時に変更できない。

[問題13] ❷ 利益

売上＝利益＋原価

[問題14] ❷ （本年度売上－前年度売上）÷前年度売上×100

前年度売上に対する差額（いくら増えたか？減ったか？）を求めて、それを前年度売上で割ったものが、伸び率となる。

[問題15] ❷ 折れ線グラフ

時系列データの表示は、縦棒グラフでも可能であるが、折れ線グラフがより適している。円グラフは、割合を比較するためのものなので、時系列の比較には適さない。

実技科目

● 問題1

データの追加入力を行います。途中の表示は省略してあります。色をつける必要はありません。

第1四半期売上管理表

	A	B	C	D	E	F	G	H
2	日付	店コード	販売店	品番	種別	単価（円）	数量	売上金額（円）
28	6月1日	TT01	中央店	K3003	観葉植物	1,300	9	11,700
29	6月5日	KY01	郊外店	H4001	鉢花	9,500	7	66,500
30	6月6日	KY01	郊外店	H4003	鉢花	2,500	10	25,000
31	6月7日	TT01	中央店	K3003	観葉植物	1,300	21	27,300
32	6月10日	KY01	郊外店	A2001	アレンジメント	1,500	15	22,500
33	6月10日	TM05	港南店	P1002	プリザーブドフラワー	8,200	7	57,400
34	6月12日	TS02	駅前店	K3001	観葉植物	2,800	12	33,600
35	6月18日	TS02	駅前店	A2001	アレンジメント	1,500	10	15,000
36	6月18日	TT01	中央店	K3004	観葉植物	1,600	13	20,800
37	6月20日	TS02	駅前店	P1001	プリザーブドフラワー	1,800	15	27,000
38	6月22日	TM05	港南店	K3002	観葉植物	3,500	14	49,000
39	6月23日	TT01	中央店	A2003	アレンジメント	2,500	22	55,000
40	6月25日	TT01	中央店	K3003	観葉植物	1,300	32	41,600
41	6月29日	TM05	港南店	K3001	観葉植物	2,800	15	42,000
42	6月29日	KY01	郊外店	H4001	鉢花	9,500	16	152,000
43	6月30日	KY02	郊外店	P1002	プリザーブドフラワー	8,200	13	106,600
44	6月30日	TS02	駅前店	H4002	鉢花	5,800	8	46,400
45	合計						667	2,285,000

シート「売上実績」に集計します。ピボットテーブルの作成場所は、シート「売上実績」の任意のセルにしておくと便利です。このとき、タイトル行と合計行をピボットテーブルの範囲に含めないように、データ範囲をドラッグしてからピボットテーブルを作成します。

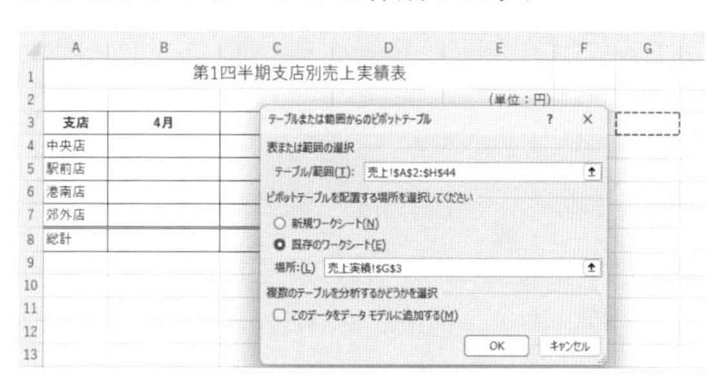

ピボットテーブルを以下のように作成します。

- 「列」に「日付」（月ごとにグループ化）
- 「行」に「販売店」（解答の表に合わせて並べ替え）
- 「値」に「売上金額」

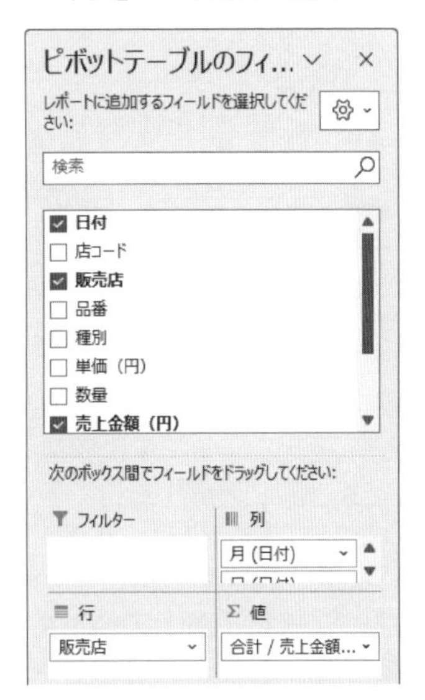

合計 / 売上金額（円）	列ラベル			
行ラベル	⊞4月	⊞5月	⊞6月	総計
中央店	136000	241700	271200	648900
駅前店	103600	131600	122000	357200
港南店	120600	224700	148400	493700
郊外店	154000	258600	372600	785200
総計	514200	856600	914200	2285000

集計した値をコピーし、解答の表に値を貼り付けます。

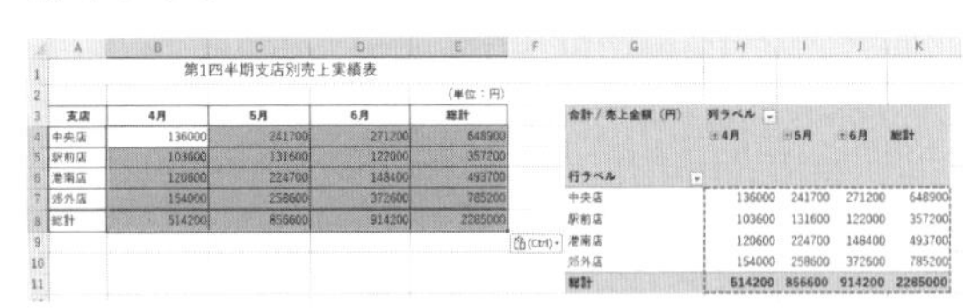

貼り付けた数値には、「桁区切り」を設定します。

第1四半期支店別売上実績表

（単位：円）

支店	4月	5月	6月	総計
中央店	136,000	241,700	271,200	648,900
駅前店	103,600	131,600	122,000	357,200
港南店	120,600	224,700	148,400	493,700
郊外店	154,000	258,600	372,600	785,200
総計	514,200	856,600	914,200	2,285,000

●問題2

シート「実績および目標」の作成を行います。問題1で作成した「総計」の数値をコピーします。

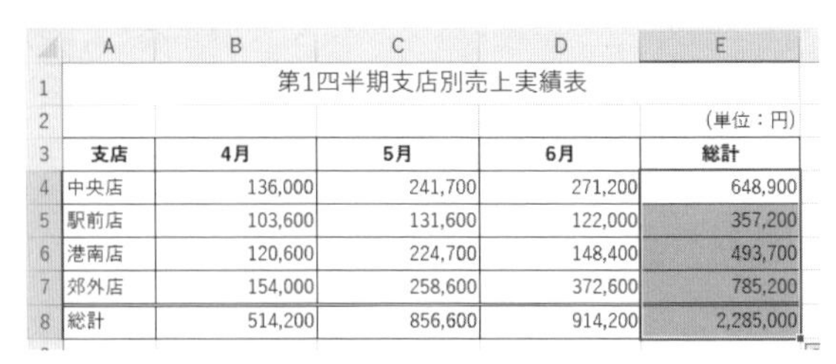

第1四半期支店別売上実績表

（単位：円）

支店	4月	5月	6月	総計
中央店	136,000	241,700	271,200	648,900
駅前店	103,600	131,600	122,000	357,200
港南店	120,600	224,700	148,400	493,700
郊外店	154,000	258,600	372,600	785,200
総計	514,200	856,600	914,200	2,285,000

シート「実績および目標」の「第1四半期実績」の列に、値を貼り付けます。貼り付けた数値には、「桁区切り」を設定します。

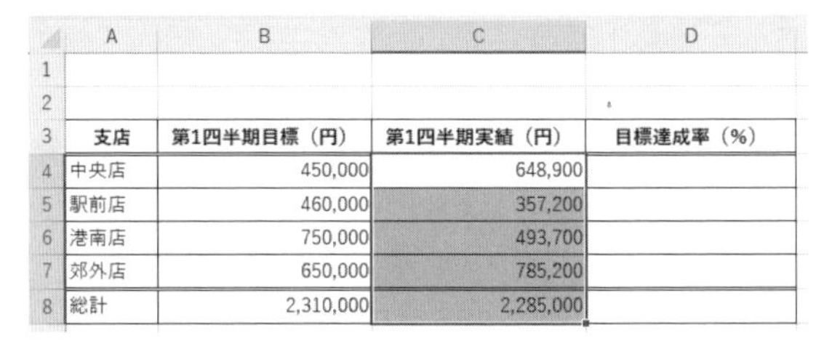

支店	第1四半期目標（円）	第1四半期実績（円）	目標達成率（%）
中央店	450,000	648,900	
駅前店	460,000	357,200	
港南店	750,000	493,700	
郊外店	650,000	785,200	
総計	2,310,000	2,285,000	

「目標達成率（%）」を計算します（＝実績÷目標×100）。

VLOOKUP　=C4/B4*100

支店	第1四半期目標（円）	第1四半期実績（円）	目標達成率（%）
中央店	450,000	648,900	=C4/B4*100
駅前店	460,000	357,200	
港南店	750,000	493,700	
郊外店	650,000	785,200	
総計	2,310,000	2,285,000	

小数点以下第1位までを表示する設定にし、表のタイトルを入力して完成です。

第1四半期売上実績状況

支店	第1四半期目標（円）	第1四半期実績（円）	目標達成率（%）
中央店	450,000	648,900	144.2
駅前店	460,000	357,200	77.7
港南店	750,000	493,700	65.8
郊外店	650,000	785,200	120.8
総計	2,310,000	2,285,000	98.9

●問題3

グラフの作成を行います。グラフのデータ範囲は以下を参考にしてください。

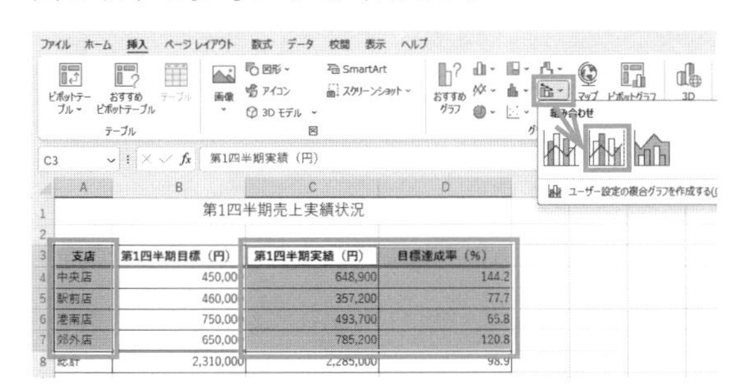

	A	B	C	D
1	第1四半期売上実績状況			
2				
3	支店	第1四半期目標（円）	第1四半期実績（円）	目標達成率（％）
4	中央店	450,000	648,900	144.2
5	駅前店	460,000	357,200	77.7
6	港南店	750,000	493,700	65.8
7	郊外店	650,000	785,200	120.8
8	総計	2,310,000	2,285,000	98.9

作成時は以下の点に注意してください。

- グラフタイトル「第1四半期の実績と目標達成率」
- グラフ要素「軸ラベル」「データラベル」を追加
- 主縦軸ラベル「単位 ： 円」
- 第2縦軸ラベル「単位 ： %」
- データラベル「中央揃え」（データラベルの数値が重なってしまうので、「中央揃え」にしておくと、重ならないように配置されます）

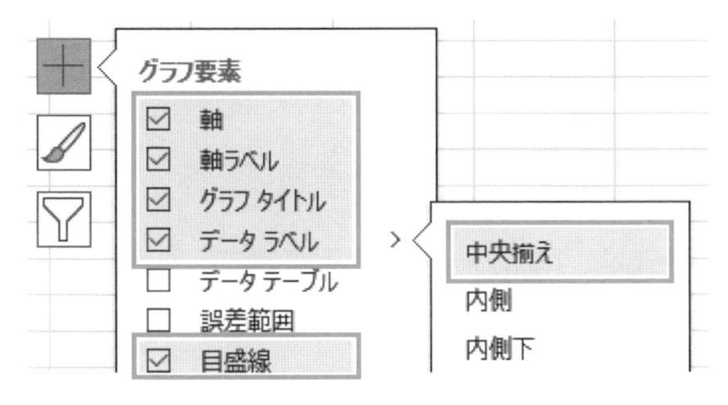

グラフの完成図は以下の通りです。

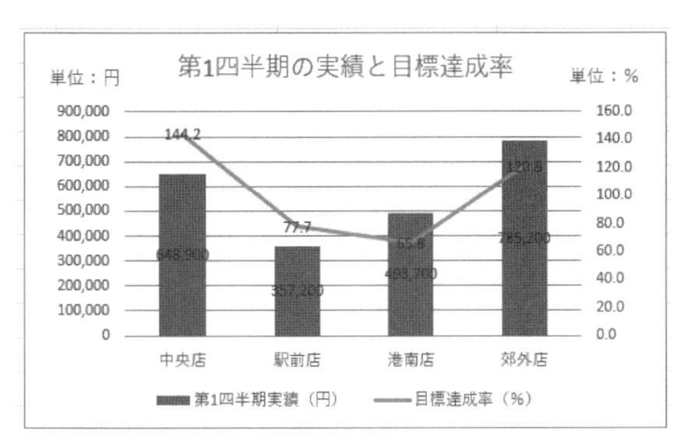

●問題4

「ファイル」タブをクリックして「名前を付けて保存」をクリックします。「参照」ボタンをクリックすると、「名前を付けて保存」ダイアログボックスが開くので、「ファイル名」の欄に「目標達成率」と入力して「保存」ボタンをクリックしてください。

解説　第2回　模擬試験

知識科目

[問題1] ❸ 使用するパソコンのOS

ソフトを購入する時は、動作環境の確認が必要である。動作環境とは、ソフトを正常に動作させるために最低限必要となるパソコンの条件のことであり、OSの種類、メモリー容量、ハードディスク容量などがある。

[問題2] ❶ ショートカット

ショートカットアイコンを作成してデスクトップなどに配置することで、1回で目的のファイルやフォルダーにたどり着ける。
アウトラインは、データを見出し表示と展開表示に切り替えて全体を把握しやすくする機能。
エクスポートは、作成したファイルを他のソフトで使えるように出力すること。

[問題3] ❸ 作成中の文書を上書き保存し、ファイルを閉じておく。

セキュリティーやPCの不具合を考慮し、上書き保存してファイルを閉じておく。

[問題4] ❸ ZIP

MPEGは、動画の圧縮形式。
HTMLは、Webサイトのホームページを記述する言語およびそのファイル形式。
ZIPは、可逆圧縮の圧縮形式。文書等のファイルサイズを圧縮するために最適で、元に戻すことができる。

[問題5] ❷ 電子透かし

暗号化や電子証明は、文書ファイルに使用される。
電子透かしは、画像にデジタル的に登録することができる。検出ソフトにより、不正コピーやデータの改ざんを見破ることができるが、コピーそのものは防げないので、電子透かし処理をしている旨の記載によりコピーを思いとどまらせる効果しかない。
この意味でこの問題は不適切であるが、日商PC検定の問題では「最終的に実務ではどの選択をする必要があるか」というポイントで出題されることが多い。問題の意味を取り違えないように。

[問題6] ❷ 得意先のメールアドレスをすべてBCCに入力する。

TO、CCとも、受信者のメールアドレスが表示されるため、情報共有する範囲を明確にしたい場合には有効である。
得意先同士は、お互い知り合いでもないので、情報をむやみに公開することは避けるべきである。

[問題7] ❶ FTTH

FTTHが現在の主流で、光回線を用いて100M～10Gbpsの通信速度が出る。
ADSLは、従来のアナログ電話網を高速利用する技術で、通信速度は数Mbps。ブロードバンド普及の先駆けとなった。
ISDNは、従来のアナログ電話網をデジタルに置き換える目的で敷設されたデジタル回線網。通信速度は64kbpsしか出ない。

[問題8] ❸ ウイルス対策ソフトの最新版をダウンロードした。

コンピューターウイルスの最大の感染源は、メールの添付ファイル、次にダウンロードファイルの実行。
ウイルス対策ソフトの最新版をダウンロードでの感染は、確率が少ないと推測できる。

[問題9] ❷ **保険証券**

保険証券は、お金のやり取り（会計取引）があったという事実ではなく、保険の権利や義務を証明するもの。

[問題10] ❶ **アクセシビリティー**

アカウンタビリティーは説明責任、トレーサビリティーは商品や荷物などの追跡。

[問題11] ❶ **B10>=95**

95以上は、95も含むのでイコール（=）が必要。

[問題12] ❸ **総勘定元帳**

貸借対照表は、資産、負債、資本の各項目。
損益計算書は、収益、費用の各項目を表示。

[問題13] ❸ **降順**

数字の大きいものから順に並べることを「降順」、数字の小さいものから順に並べることを「昇順」という。階順という言葉はない。

[問題14] ❶ **125%**

対前年比＝今年度÷前年度

　＝100万円÷80万円＝1.25

よって、対前年比は125%となる。ちなみに、前年度からの伸び率は、

伸び率＝（今年度－前年度）÷前年度

　＝（100万円－80万円）÷80万円＝0.25

よって、伸び率は25%となる。

[問題15] ❸ **集計**

ピボットテーブルもSUMIF関数も「集計」するための手段である。

実技科目

●問題1

「2022年度データ」シートの表を、ピボットテーブルで集計します。

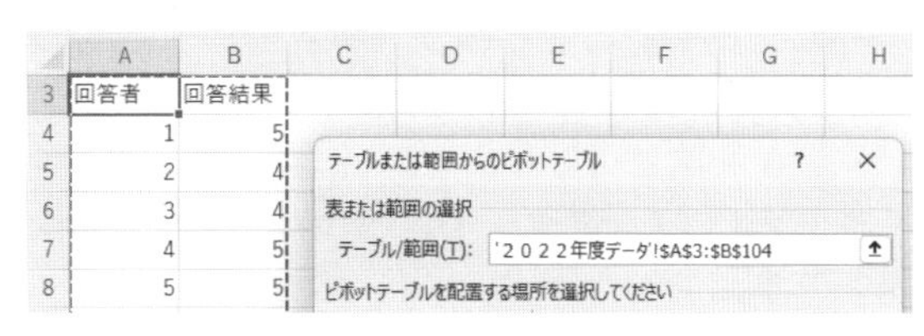

ピボットテーブルの作成場所は、シート「集計結果」の任意のセルに作成します。

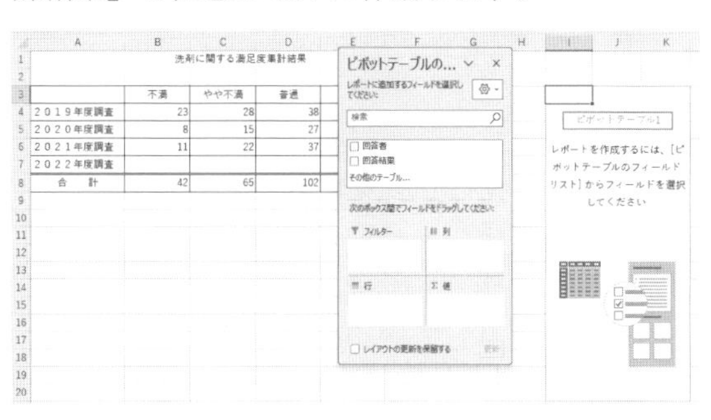

項目「回答結果」を「列」と「値」の両方にドラッグします。

「合計／回答結果」のセルの上で右クリックして、値の集計方法を「合計」から「データの個数」に変更します。

アンケート集計の問題では、集計方法は「データの個数」を使います。

「回答結果」の並び順が、集計先の表と合っていることを確認して、集計した数値をコピー、値を貼り付けします。「1＝不満」「2＝やや不満」「3＝普通」「4＝満足」「5＝大変満足」です。

	A	B	C	D	E	F
1		洗剤に関する満足度集計結果				
2						（単位：人）
3		不満	やや不満	普通	満足	大変満足
4	２０１９年度調査	23	28	38	18	7
5	２０２０年度調査	8	15	27	31	16
6	２０２１年度調査	11	22	37	24	2
7	２０２２年度調査	8	8	22	41	22
8	合　計	42	65	102	73	25

	列ラベル					
	1	2	3	4	5	総計
個数 / 回答結果	8	8	22	41	22	101

●問題2

問題1で作成した表をもとに、「構成割合」シートの表を完成させます。構成割合を計算するためには、シート「集計結果」の表に年度ごとの合計を計算しておく必要があります。オートSUMを使って、年度ごとの合計を計算し、オートフィルしておきます。

G4 =SUM(B4:F4)

	A	B	C	D	E	F	G
1		洗剤に関する満足度集計結果					
2						（単位：人）	
3		不満	やや不満	普通	満足	大変満足	
4	２０１９年度調査	23	28	38	18	7	114
5	２０２０年度調査	8	15	27	31	16	97
6	２０２１年度調査	11	22	37	24	2	96
7	２０２２年度調査	8	8	22	41	22	101
8	合　計	42	65	102	73	25	

構成比の計算には、必ず「合計」が必要です。

計算した「合計」の数値を使って、「構成比」を計算します。

VLOOKUP =B5/$G$5*100

	A	B	C	D	E	F	G
1		洗剤に関する満足度集計結果					
2						（単位：人）	
3		不満	やや不満	普通	満足	大変満足	
4	２０１９年度調査	23	28	38	18	7	114
5	２０２０年度調査	8	15	27	31	16	97
6	２０２１年度調査	11	22	37	24	2	96
7	２０２２年度調査	8	8	22	41	22	101
8	合　計	42	65	102	73	25	
9							
10							
11		=B5/$G$5*100					
12							

数式をオートフィルします。

B11 =B5/$G$5*100

	A	B	C	D	E	F	G
1		洗剤に関する満足度集計結果					
2						（単位：人）	
3		不満	やや不満	普通	満足	大変満足	
4	２０１９年度調査	23	28	38	18	7	114
5	２０２０年度調査	8	15	27	31	16	97
6	２０２１年度調査	11	22	37	24	2	96
7	２０２２年度調査	8	8	22	41	22	101
8	合　計	42	65	102	73	25	
9							
10							
11		8.24742268	15.46391753	27.83505155	31.95876289	16.49484536	
12							

同様の手順で、2021年度、2022年度の構成比を計算して、それぞれオートフィルします。

	A	B	C	D	E	F	G
1		洗剤に関する満足度集計結果					
2						（単位：人）	
3		不満	やや不満	普通	満足	大変満足	
4	２０１９年度調査	23	28	38	18	7	114
5	２０２０年度調査	8	15	27	31	16	97
6	２０２１年度調査	11	22	37	24	2	96
7	２０２２年度調査	8	8	22	41	22	101
8	合　計	42	65	102	73	25	
9							
10							
11		8.24742268	15.46391753	27.83505155	31.95876289	16.49484536	
12		11.45833333	22.91666667	38.54166667	25	2.083333333	
13		7.920792079	7.920792079	21.78217822	40.59405941	21.78217822	
14							

コピーする前に小数点以下の桁数を変更しないでください。この状態では小数点以下の桁が不揃いですが、このままコピーしてください。小数点以下の桁は、値を貼り付けた後に設定します。

すべての構成比の値をコピーして、シート「構成割合」のセル「B5」に、値を貼り付けます。

貼り付け　游ゴシック　11　折り返して全体を表示する　セルを結合して中央揃え　フォント　配置

貼り付け　値の貼り付け　その他の貼り付けオプション　形式を選択して貼り付け(S)...

.24742268041237

	B	C	D	E	F	G
2						（単位：%）
3		やや不満	普通	満足	大変満足	合計
4	0.2	24.6	33.3	15.8	6.1	100.0
5	8.2	15.5	27.8	32.0	16.5	100.0
6	1.5	22.9	38.5	25.0	2.1	100.0
7 ２０２２年度調査	7.9	7.9	21.8	40.6	21.8	100.0

小数点以下の桁数を、1桁に揃えます（今回の問題は、表内の数値が小数点以下第1位に設定されているので、桁数を揃える作業は不要です）。

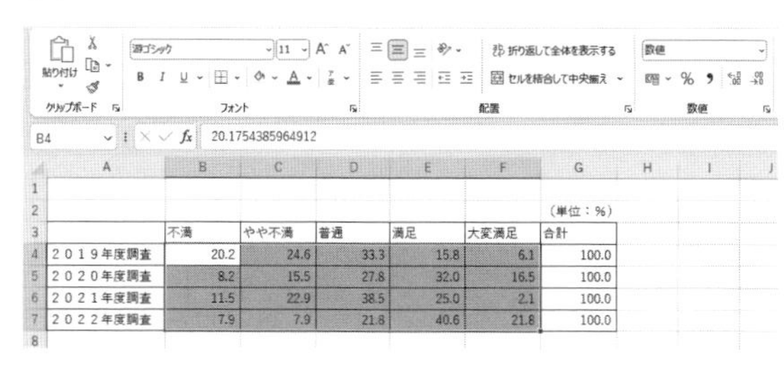

	A	B	C	D	E	F	G
1							
2							（単位：%）
3		不満	やや不満	普通	満足	大変満足	合計
4	２０１９年度調査	20.2	24.6	33.3	15.8	6.1	100.0
5	２０２０年度調査	8.2	15.5	27.8	32.0	16.5	100.0
6	２０２１年度調査	11.5	22.9	38.5	25.0	2.1	100.0
7	２０２２年度調査	7.9	7.9	21.8	40.6	21.8	100.0

必ず、表全体の小数点の位置を揃えておきましょう。以下の表のように、小数点の位置がずれているのは減点となります。

	A	B	C	D	E	F	G
1							
2							（単位：%）
3		不満	やや不満	普通	満足	大変満足	合計
4	２０１９年度調査	20.2	24.6	33.3	15.8	6.1	100.0
5	２０２０年度調査	8.2	15.5	27.8	32.0	16.5	100.0
6	２０２１年度調査	11.5	22.9	38.5	25.0	2.1	100.0
7	２０２２年度調査	7.9	7.9	21.8	40.6	21.8	100.0

表のタイトルを入力して完成です。

	A	B	C	D	E	F	G
1	商品満足度の構成割合						
2							（単位：%）
3		不満	やや不満	普通	満足	大変満足	合計
4	２０１９年度調査	20.2	24.6	33.3	15.8	6.1	100.0
5	２０２０年度調査	8.2	15.5	27.8	32.0	16.5	100.0
6	２０２１年度調査	11.5	22.9	38.5	25.0	2.1	100.0
7	２０２２年度調査	7.9	7.9	21.8	40.6	21.8	100.0

●問題3

以下の点に注意して、商品満足度を比較する横棒グラフを作成します。

- グラフのデータ範囲「A3:F7」（合計は範囲に含めないように）
- グラフの種類「集合横棒」（縦棒と横棒を間違えないように注意してください）
- グラフタイトル「商品満足度比較グラフ」
- 主横軸ラベル「（単位 ： %）」
- データラベル「値」を表示

グラフの完成図は以下の通りです。

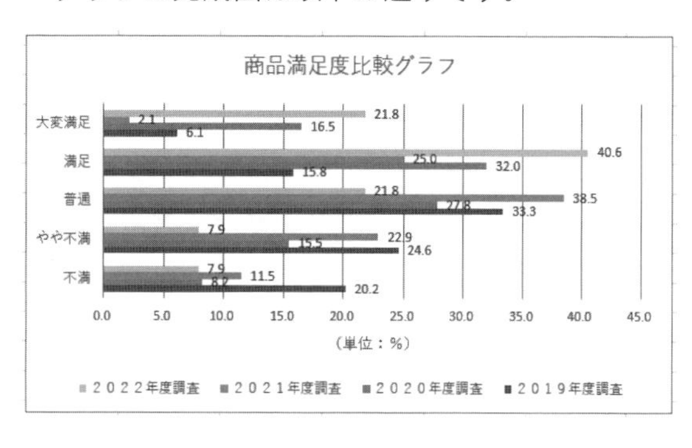

●問題4

「ファイル」をクリックして「名前を付けて保存」をクリックします。「参照」ボタンをクリックすると、「名前を付けて保存」ダイアログボックスが開くので、「ファイル名」の欄に「2022年度調査結果」と入力して「保存」ボタンをクリックしてください。

解説　第3回　模擬試験

知識科目

[問題1] ❶ **ファイルへの参照として機能する実体のないアイコン**

実体がないとは、中身が何もないということ。元ファイルがどこにあるかという情報だけをもち、元ファイルの分身として機能する（ショートカットを削除しても分身が消えるだけで、実体＝元ファイルは消えない）。Webサイトのリンクと似た機能。

[問題2] ❸ **GUI（グラフィカルユーザーインタフェース）**

ペンタブレットは、ペン先で指定したり、字や絵を描くように入力できる入力装置。
CUIは、キーボードからコマンドを手入力してコンピューターを操作する方法（GUIが普及する以前のUI。サーバーなどでは現在も主流）。
GUIは、マウスやトラックパッドを使用して、メニューやボタンを操作することで視覚的にコンピューターを操作する方法。現在のコンピューターの主流で、スマートフォンなどでは、画面に直接手を触れて操作するタッチパネル入力が主流となっている。

[問題3] ❷ **OS**

OS（Windowsなど）は、コンピューターを動作させるための基本ソフトのことをいう。
ドライバーは「デバイスドライバー」のことで、周辺機器をパソコン等で動作させるためのソフトのこと。
BIOSは、コンピューターに内蔵され、ハードウェアを制御するプログラムのこと。

[問題4] ❷ **MPEG**

MPEGは、動画の圧縮ファイル。MP3は、音声や音楽の圧縮ファイル。JPEGは、写真の圧縮ファイル。
現在では、動画はMP4（MPEG-4）形式が多く使用されている。

[問題5] ❷ **社内で入力規則を作成し、この規則に従って入力する。**

データは、ミスさえしなければどんな入力方法でも後日並べ替えや集計ができるが、データごとに違うルールで保管されていると、個々のルールの把握も大変だし、全体をまとめて検索することもできない。
後日にスムーズにデータを利用するためにも、各組織にて定められた入力の規則や社内習慣に従うべきである。

[問題6] ❸ **アカウント名**

表示名は、パソコン側で随時変更できるが、メールアドレスは変わらないので問題は解決しない。
ドメイン名は、メールサービス提供会社の所有なので、メールの申込そのものの解約になる。
アカウント名は、同じドメイン内であれば（重複しない限り）変更は容易で、ドメインサーバーの設置者に申し込む（例えば、勤務先の会社、または、プロバイダー）。

[問題7] ❷ **音楽や映像など大量のデータの送受信が可能になった。**

音楽や映像など大量のデータの送受信が可能になったことで、1件当たり、1単位当たりのコストが大幅に下がり、時間も大幅に縮小される。
メールの送受信も速くなるが、メールはもともとデータ量が少ないため、大きな効果とは言いにくい。
また、ブロードバンドはインターネットとの通信を指すので、社内LANの高速化には無関係。

[問題8] ❸ **受信したメールの添付ファイルを開いた。**

最も多い感染源は、受信したメールの添付ファイルからの感染、次にダウンロード。
メールを送信しても自分のパソコンが感染していなければ、何も起こらない。

[問題9] ❶ **注文データは、発生時からデジタルデータになる。**

ネット社会における業務データは、注文の発生時点からデジタルデータとなり、受注、納品、請求と処理される。

[問題10] ❷ e-ラーニング
パソコンやインターネットなどを利用して学習するシステムをe-ラーニングという。教室で学習を行う場合と比べて、遠隔地でも教育を受けられる点や、動画や他のWebページのリンクといったコンピューターならではの教材が利用できる点などが特長である。
ソフトラーニング（soft learning）は、やさしくわかりやすい内容で学習すること（日本ではほぼ使われない言葉）。また、e-canという用語はない。

[問題11] ❷ ソート機能
並べ替えることを英語でソート（sort）という。
オートフィルは、計算式や値を連続したセルに、連続したデータとして入力する機能。英語でauto-fillと書き、「自動で満たす」の意味。
マクロは、繰り返し行う操作を登録して、処理を自動化するための機能。

[問題12] ❷ 買掛金
一定期間後に支払う約束のもとに商品などを仕入れる勘定科目が買掛金。
逆に、一定期間後に代金を回収する約束のもとに商品を販売する勘定科目が売掛金。
回収金は、回収したお金のことで勘定科目ではない。

[問題13] ❶ レーダーチャート
レーダーチャートは、中心点からの距離の比較で各項目（各科目）間のバランスを比較できるので全体の特徴を比較できる。
折れ線グラフは、時系列の推移の比較に適している。
積み上げ棒グラフは、項目全体（全科目）の合計と各項目（各科目）の比較がしやすい。

[問題14] ❷ 75%
目標達成率の計算方法は、「売上金額÷売上目標」で求める。
900万円÷1,200万円＝0.75
よって、答えは75%となる。

[問題15] ❷ 注文データは発生時から電子データになる。
社内ルールやシステムにもよるが、通常なら、受注時点で瞬時に、納品書や請求書のデータが更新されるので、いつでも発行できる。このように、データを一元管理して活用することが重要。e-文書法などの法令で企業の保存義務のある書類データを、電子データのまま保存することが認められている。

実技科目

● 問題1

「VLOOKUP関数」を使って、店舗名を表示させます。表の最終行まで、オートフィルしておきます。

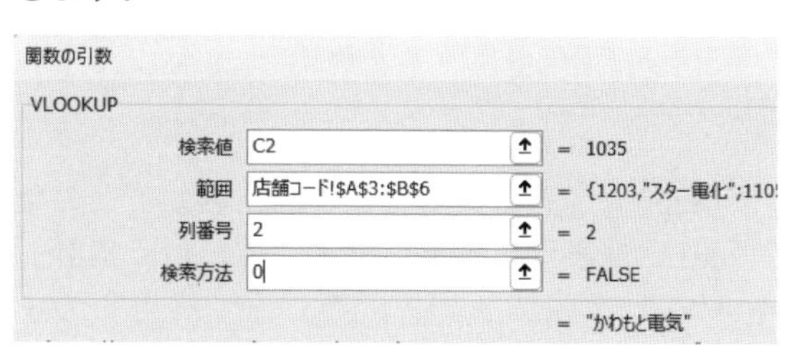

未入力の売上伝票のデータを追加入力します（途中のデータは省略してあります）。

- 「日付」は元データの年数を参考に入力（2023年のデータである）
- 「店舗コード」「商品名」「商品コード」「単価」は元のデータからコピー
- 「数量」は指示通り入力
- 「店舗名」「金額」は、計算式をオートフィルしなおす

	A	B	C	D	E	F	G	H
1	日付	店舗名	店舗コード	商品名	商品コード	数量	単価	金額
11	6月6日	やまと電化	1105	プラズマ42インチテレビ	P42	2	378,000	756,000
12	6月10日	スター電化	1203	HDD付DVDレコーダー480GB	H48	4	78,000	312,000
13	6月12日	かわもと電気	1035	HDD付DVDレコーダー160GB	H16	13	35,000	455,000
14	6月13日	よしなか電器	1004	プラズマ42インチテレビ	P42	4	378,000	1,512,000
15	6月15日	やまと電化	1105	HDD付DVDレコーダー240GB	H24	3	38,000	114,000
16	6月15日	やまと電化	1105	プラズマ42インチテレビ	P42	3	378,000	1,134,000
17	6月15日	かわもと電気	1035	液晶32インチテレビ	E32	6	200,000	1,200,000
18	6月15日	やまと電化	1105	プラズマ42インチテレビ	P42	5	378,000	1,890,000
19	6月15日	よしなか電器	1004	HDD付DVDレコーダー240GB	H24	3	38,000	114,000
20	6月18日	やまと電化	1105	液晶20インチテレビ	E20	5	100,000	500,000
21	6月18日	かわもと電気	1035	プラズマ42インチテレビ	P42	2	378,000	756,000
22	6月18日	よしなか電器	1004	液晶32インチテレビ	E32	11	200,000	2,200,000
23	6月19日	かわもと電気	1035	HDD付DVDレコーダー480GB	H48	10	78,000	780,000
24	6月22日	よしなか電器	1004	液晶20インチテレビ	E20	6	100,000	600,000
25	6月22日	スター電化	1203	HDD付DVDレコーダー240GB	H24	5	38,000	190,000
26	6月23日	やまと電化	1105	プラズマ37インチテレビ	P37	2	300,000	600,000
27	6月25日	スター電化	1203	液晶32インチテレビ	E32	4	200,000	800,000
28	6月26日	よしなか電器	1004	HDD付DVDレコーダー160GB	H16	1	35,000	35,000
29	6月26日	やまと電化	1105	HDD付DVDレコーダー480GB	H48	3	78,000	234,000
30	6月29日	よしなか電器	1004	液晶20インチテレビ	E20	3	100,000	300,000
31	6月29日	かわもと電気	1035	HDD付DVDレコーダー480GB	H48	7	78,000	546,000
32	6月29日	かわもと電気	1035	液晶32インチテレビ	E32	9	200,000	1,800,000
33	6月30日	かわもと電気	1035	HDD付DVDレコーダー480GB	H48	10	78,000	780,000
34	6月30日	スター電化	1203	HDD付DVDレコーダー160GB	H16	4	35,000	140,000
35	6月30日	やまと電化	1105	プラズマ37インチテレビ	P37	5	300,000	1,500,000

●問題2

「やまと電化」の6月分の請求書を完成させるます。 問題1で作成した表を、ピボットテーブルを使って集計します。

- 「フィルター」に「店舗名」をドラッグし「やまと電化」のみ表示
- 「行」に「日付」「商品名」「単価」を順にドラッグ
- 「値」には、「数量」をドラッグ
- ピボットテーブルデザインを「表形式」に変更

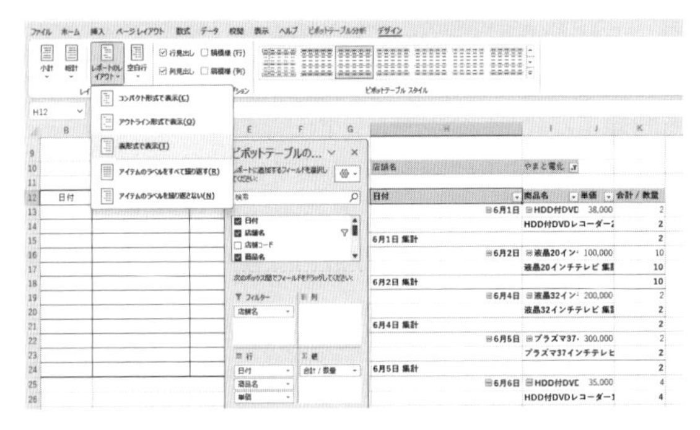

「日付」ごとの集計行と「商品名」ごとの集計行を、非表示に設定します。「日付の集計」セルの上で右クリックして、「“日付”の小計」のチェックを外してください。

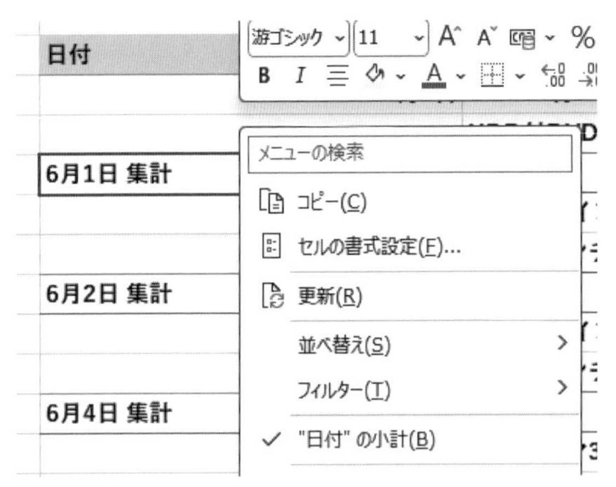

同様に、「“商品名の小計”」のチェックも外します。

ピボットテーブルの完成見本は以下の通りです。

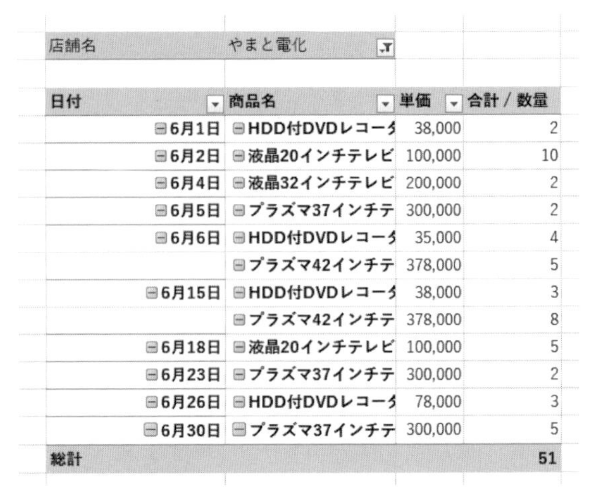

店舗名	やまと電化		
日付	商品名	単価	合計 / 数量
6月1日	HDD付DVDレコー	38,000	2
6月2日	液晶20インチテレビ	100,000	10
6月4日	液晶32インチテレビ	200,000	2
6月5日	プラズマ37インチテ	300,000	2
6月6日	HDD付DVDレコー	35,000	4
	プラズマ42インチテ	378,000	5
6月15日	HDD付DVDレコー	38,000	3
	プラズマ42インチテ	378,000	8
6月18日	液晶20インチテレビ	100,000	5
6月23日	プラズマ37インチテ	300,000	2
6月26日	HDD付DVDレコー	78,000	3
6月30日	プラズマ37インチテ	300,000	5
総計			51

ピボットテーブルの必要なデータをコピーして、請求書の表に値を貼り付けます。

「日付」の表示形式を設定しなおします。

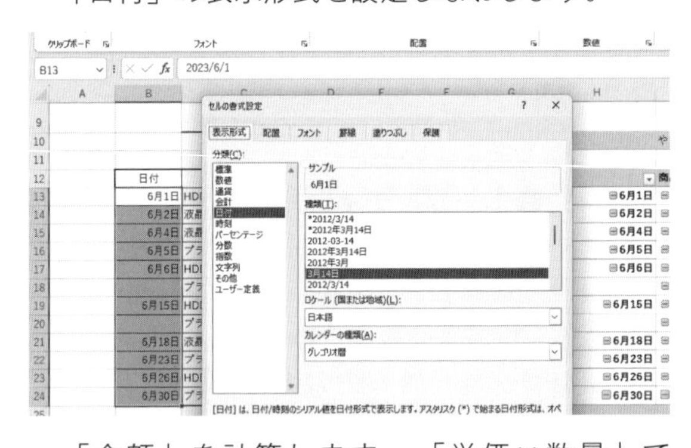

「金額」を計算します。「単価×数量」です。

VLOOKUP　=D13*E13

	日付	商品名	単価	数量	金額
13	6月1日	HDD付DVDレコーダー240GB	38000	2	=D13*E13
14	6月2日	液晶20インチテレビ	100000	10	

計算式をセル「F24」までオートフィルします。セル「F25」の合計を計算します。「単価」と「金額」の数値には、「桁区切り」を設定します。

F25 =SUM(F13:F24)

日付	商品名	単価	数量	金額
6月1日	HDD付DVDレコーダー240GB	38,000	2	76,000
6月2日	液晶20インチテレビ	100,000	10	1,000,000
6月4日	液晶32インチテレビ	200,000	2	400,000
6月5日	プラズマ37インチテレビ	300,000	2	600,000
6月6日	HDD付DVDレコーダー160GB	35,000	4	140,000
	プラズマ42インチテレビ	378,000	5	1,890,000
6月15日	HDD付DVDレコーダー240GB	38,000	3	114,000
	プラズマ42インチテレビ	378,000	8	3,024,000
6月18日	液晶20インチテレビ	100,000	5	500,000
6月23日	プラズマ37インチテレビ	300,000	2	600,000
6月26日	HDD付DVDレコーダー480GB	78,000	3	234,000
6月30日	プラズマ37インチテレビ	300,000	5	1,500,000
			合計	10,078,000

セル「A4」に、「やまと電化」の文字を入力します。セル「C9」には、セル参照を使って、「F25」の金額を表示させます。

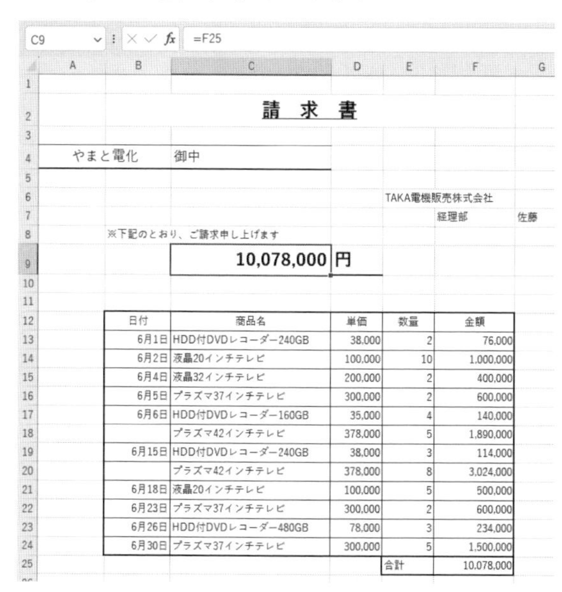
C9 =F25

請　求　書

やまと電化　御中

TAKA電機販売株式会社
経理部　佐藤

※下記のとおり、ご請求申し上げます

10,078,000 円

日付	商品名	単価	数量	金額
6月1日	HDD付DVDレコーダー240GB	38,000	2	76,000
6月2日	液晶20インチテレビ	100,000	10	1,000,000
6月4日	液晶32インチテレビ	200,000	2	400,000
6月5日	プラズマ37インチテレビ	300,000	2	600,000
6月6日	HDD付DVDレコーダー160GB	35,000	4	140,000
	プラズマ42インチテレビ	378,000	5	1,890,000
6月15日	HDD付DVDレコーダー240GB	38,000	3	114,000
	プラズマ42インチテレビ	378,000	8	3,024,000
6月18日	液晶20インチテレビ	100,000	5	500,000
6月23日	プラズマ37インチテレビ	300,000	2	600,000
6月26日	HDD付DVDレコーダー480GB	78,000	3	234,000
6月30日	プラズマ37インチテレビ	300,000	5	1,500,000
			合計	10,078,000

●問題3

「構成比」シートを完成させます。問題2で作成したピボットテーブルを、「商品名」と「金額」を集計したピボットテーブルに変更します。「店舗名」のフィールドのチェックは必ず外してください。

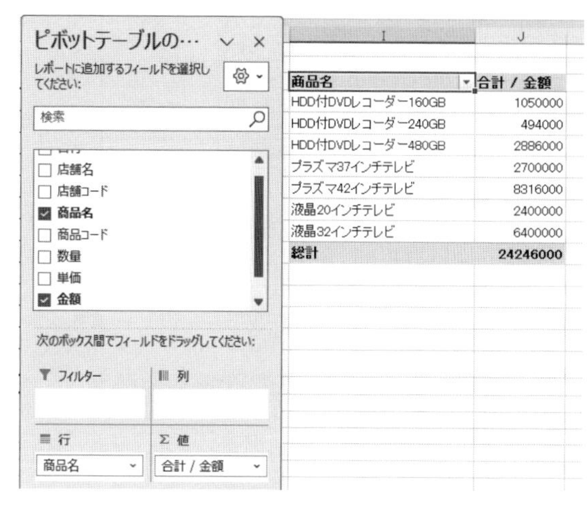

商品名	合計 / 金額
HDD付DVDレコーダー160GB	1050000
HDD付DVDレコーダー240GB	494000
HDD付DVDレコーダー480GB	2886000
プラズマ37インチテレビ	2700000
プラズマ42インチテレビ	8316000
液晶20インチテレビ	2400000
液晶32インチテレビ	6400000
総計	24246000

ピボットテーブルで集計した数値をコピーし「構成比」シートのセル「A4」に値を貼り付けます。

商品名	売上金額（円）	構成比（%）
HDD付DVDレコーダー160GB	1050000	
HDD付DVDレコーダー240GB	494000	
HDD付DVDレコーダー480GB	2886000	
プラズマ37インチテレビ	2700000	
プラズマ42インチテレビ	8316000	
液晶20インチテレビ	2400000	
液晶32インチテレビ	6400000	
合計		

セル「B11」に売上金額の合計を計算します。金額には「桁区切り」を設定します。

B11 =SUM(B4:B10)

商品名	売上金額（円）	構成比（%）
HDD付DVDレコーダー160GB	1,050,000	
HDD付DVDレコーダー240GB	494,000	
HDD付DVDレコーダー480GB	2,886,000	
プラズマ37インチテレビ	2,700,000	
プラズマ42インチテレビ	8,316,000	
液晶20インチテレビ	2,400,000	
液晶32インチテレビ	6,400,000	
合計	24,246,000	

構成比（%）を計算します。

VLOOKUP | =B4/$B$11*100

	A	B	C
1			
2			
3	商品名	売上金額（円）	構成比（%）
4	HDD付DVDレコーダー160GB	1,050,000	=B4/$B$11*100
5	HDD付DVDレコーダー240GB	494,000	
6	HDD付DVDレコーダー480GB	2,886,000	
7	プラズマ37インチテレビ	2,700,000	
8	プラズマ42インチテレビ	8,316,000	
9	液晶20インチテレビ	2,400,000	
10	液晶32インチテレビ	6,400,000	
11	合計	24,246,000	

11行目までオートフィルして、小数点第1位までの表示にします。

	A	B	C
1			
2			
3	商品名	売上金額（円）	構成比（%）
4	HDD付DVDレコーダー160GB	1,050,000	4.3
5	HDD付DVDレコーダー240GB	494,000	2.0
6	HDD付DVDレコーダー480GB	2,886,000	11.9
7	プラズマ37インチテレビ	2,700,000	11.1
8	プラズマ42インチテレビ	8,316,000	34.3
9	液晶20インチテレビ	2,400,000	9.9
10	液晶32インチテレビ	6,400,000	26.4
11	合計	24,246,000	100.0

構成比の高い順(大きい順)に並べ替えます。

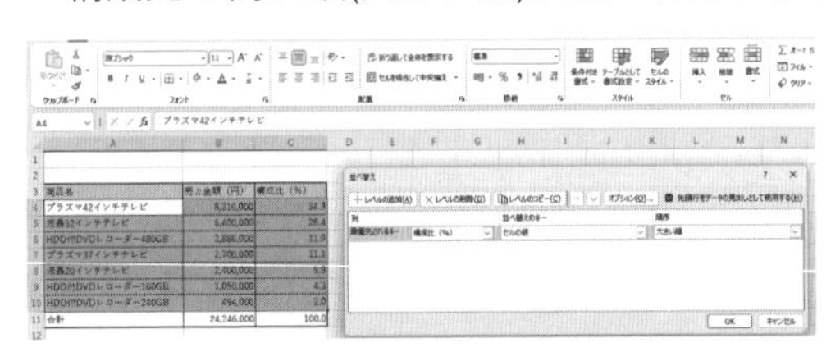

タイトルを入力して、表の完成です。

	A	B	C
1	6月度商品別売上構成比		
2			
3	商品名	売上金額（円）	構成比（%）
4	プラズマ42インチテレビ	8,316,000	34.3
5	液晶32インチテレビ	6,400,000	26.4
6	HDD付DVDレコーダー480GB	2,886,000	11.9
7	プラズマ37インチテレビ	2,700,000	11.1
8	液晶20インチテレビ	2,400,000	9.9
9	HDD付DVDレコーダー160GB	1,050,000	4.3
10	HDD付DVDレコーダー240GB	494,000	2.0
11	合計	24,246,000	100.0

以下に注意して、構成比のわかる円グラフを作成しましょう。

- データ範囲「A4:B10」（売上金額の数値をグラフにする）
- グラフタイトル「商品別売上構成比」
- 凡例 ： 右に表示
- データラベル「パーセンテージ」（書式設定で、小数点第1位までの表示とする）

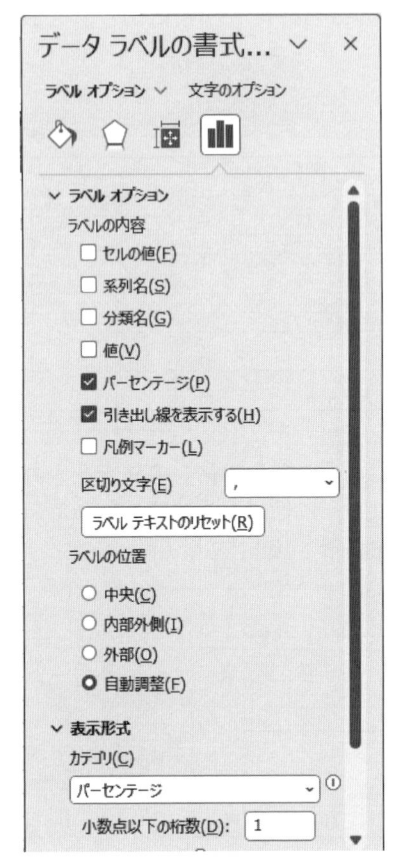

グラフの完成図は以下の通りです。

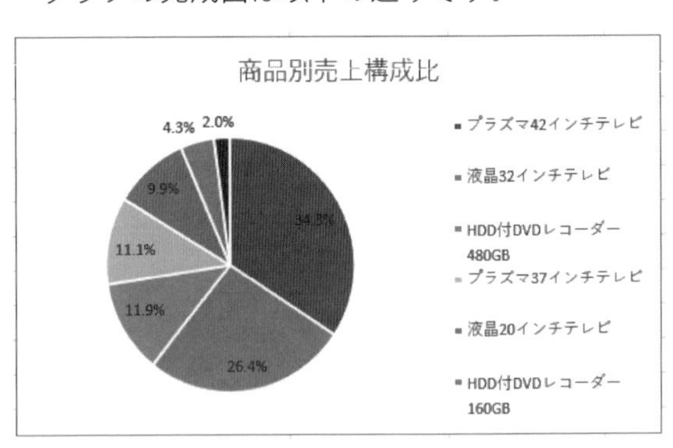

●問題4

「ファイル」をクリックして「名前を付けて保存」をクリックします。「参照」ボタンをクリックすると、「名前を付けて保存」ダイアログボックスが開くので、「ファイル名」の欄に「6月度売上集計」と入力して「保存」ボタンをクリックしてください。

解説　第4回　模擬試験

知識科目

[問題1] ❷ フォルダーは、ショートカットを作成できない。
フォルダーもファイルと同様にショートカットを作成できる。

[問題2] ❶ CD-R
CD-RやDVD-Rは、一度しかメディアに書き込むことができない（RはRecordableの略）。失敗した場合は破棄するしかない。
これに対して、CD-RWやDVD-RWは書き換え可能（RWはReWritableの略）。
SDメモリーカード、USBメモリーも、常時ファイルの追加削除が可能。

[問題3] ❶ グループウェア
vCardは、電子名刺。タイムスタンプ（デジタルタイムスタンプ）は、コンピュータ上でイベントが発生した際に記録される時刻情報のこと。デジタル署名においては、その時間にファイルが存在することの電子的証明として、信頼できる第三者が発行するタイムスタンプを取得する必要がある。

[問題4] ❷ 可逆圧縮
可逆圧縮は元に戻せる。その代わり、ファイル容量はあまり圧縮できない。
非可逆圧縮は、完全には元に戻せないが、ファイル容量を小さくできる（例：MP3音楽、JPEG写真、MPEG動画）。

[問題5] ❷ CD-R
CD-Rは600～700Mバイトの容量がある。
この問題でいう携帯メールとは、小容量のガラケーを意味しており、不適切。フロッピーディスクには1.44Mバイトしか入らない。

[問題6] ❷ 送信トレイにあるメールに返信する。
送信トレイにあるメールは、自分が作成し未送信のメール。送受信をすることで送信される。自分の作った未送信のメールに自分が返信することはない。

[問題7] ❷ ASP
ASP（Application Service Provider）は、インターネット上でソフトウェアの利用サービスの提供を行う事業者のこと。
IDC（Internet Data Center）は、利用者のサーバー等を預かり、設置・管理を行う場所。特にインターネットに特化した施設をいう。
ERP（Enterprise Resources Planning）は、企業の情報資源を有効活用するための考え方、およびそのために導入するシステムのこと。

[問題8] ❸ ランサムウェア
マルウェアとは、悪意をもってコンピューター内に侵入し、有害な動作を行うものの総称である。ボットもこの一種。ほかに、コンピューターウイルス、ワーム、スパイウェア、キーロガー、バックドア、トロイの木馬など多数の種類がある。
ランサムウェアは、単なる悪意あるソフトウェアだけではなく、ランサム（身代金）を要求してくるのが特徴。身代金を払わないとコンピューターのファイルやフォルダーを暗号化して使用できなくしたり、ロックを解除できなくする手口の恐喝犯罪である。

[問題9] ❸ プログラム言語
著作権法には以下のものが例示されている。
・言語の著作物
・音楽の著作物
・舞踊または、無言劇の著作物
・美術の著作物
・建築の著作物
・図形の著作物
・映画の著作物
・写真の著作物
・プログラムの著作物
「言語の著作物」とは、一般的に「小説」や「論文」を指す。言語そのものが著作ではなく、あくまで「言語の著作物」を示すので、コンピュータープログラムは著作物だが、コンピューター言語そのものは、著作物には該当しない。

[問題10] ❸ VR

ARは拡張現実。スマホアプリの「ポケモンGO！」などが有名。
VPNは仮想専用線。暗号化によってインターネット回線上に仮想の専用線を設け、遠隔地であっても企業内LANのように排他的（他から見えない）に利用できるように設定されたもの。企業の海外拠点から本社のサーバーにアクセスするなどセキュリティーの安全性を高めた方法。
VRは仮想現実。専用のゴーグルを頭に装着して利用する。

[問題11] ❷ CSV形式

CSVファイルを読み込むと、Excelでは表形式に変換される。
JPG形式はJPEG画像のことで、画像として取り込まれる。
PDFも、画像のように一体のものとしてしか扱えないので、表形式に変更できない。

[問題12] ❸ ROUNDDOWN関数

ROUND関数は、指定の桁数で四捨五入を行う。
ROUNDUP関数は、指定の桁数で切り上げを行う。
ROUNDDOWN関数は、指定の桁数で切り捨てを行う。
ちなみに、税金の端数処理は切り捨てが一般的だが、企業により異なる場合がある。

[問題13] ❶ 販売数量×販売単価－値引き額

販売数量×販売単価＝販売金額総額なので、そこから値引き分を差し引く。

[問題14] ❸ フィールド

テーブルの見出し項目をフィールドという。
レコードは、1つ1つの顧客データのこと。
ピボッドは、方向転換という意味。テーブルとは関連がない。

[問題15] ❶ 読み取り専用にする。

ひな形や様式のことを「テンプレート」と呼ぶ。そのテンプレートの書き換えを防ぐには、ファイルを読み取り専用にすればよい。
パスワードは、ファイルを開くこと、つまりテンプレートの利用自体を制限できるが、開いてしまえば変更は可能。
改ページを設定しても意味はない。

実技科目

●問題1

以下に注意してデータの追加入力を行います。

- 日付、顧客コードは問題文の指示通りに入力
- 品番、商品名、種別、標準単価は、元データからコピー
- 数量、かけ率は指示通り入力
- 販売単価、売上金額は、計算式をオートフィル

同じ商品でも、日によって「かけ率（%）」が異なります。品番から標準単価までをコピーして貼り付けた際に、「かけ率」の数値を問題文の指示通りに修正するのを忘れないでください。

売上台帳（9月期）

	A	B	C	D	E	F	G	H	I	J
2	日付	顧客コード	品番	商品名	種別	数量（箱）	標準単価（円）	かけ率（%）	販売単価（円）	売上金額（円）
21	10	131	TR004	アロエプラス<T>	トリートメント	12	48,000	90	43,200	518,400
22	12	103	RI001	薬用マイルド<R>	コンディショナー	6	20,000	85	17,000	102,000
23	14	107	CR002	カラーマジック	カラーリング	7	17,000	90	15,300	107,100
24	14	125	RI003	ナチュラル<R>	コンディショナー	7	26,000	85	22,100	154,700
25	14	156	AT003	ファインスプレー	スタイリングフォーム	5	18,000	80	14,400	72,000
26	15	129	RI001	薬用マイルド<R>	コンディショナー	15	20,000	90	18,000	270,000
27	15	140	AT001	スタイルハード	スタイリングフォーム	5	12,000	90	10,800	54,000
28	15	141	TR004	アロエプラス<T>	トリートメント	7	48,000	85	40,800	285,600
29	15	154	RI004	アロエプラス<R>	コンディショナー	13	36,000	85	30,600	397,800
30	16	134	SH002	ダメージケア<S>	シャンプー	6	42,000	85	35,700	214,200
31	17	105	CR001	マイルドカラー	カラーリング	5	14,000	85	11,900	59,500
32	17	115	AT001	スタイルハード	スタイリングフォーム	9	12,000	80	9,600	86,400
33	17	127	RI001	薬用マイルド<R>	コンディショナー	7	20,000	90	18,000	126,000
34	17	140	SH003	ナチュラル<S>	シャンプー	9	36,000	85	30,600	275,400
35	17	144	RI001	薬用マイルド<R>	コンディショナー	12	20,000	80	16,000	192,000
36	19	150	RI004	アロエプラス<R>	コンディショナー	10	36,000	90	32,400	324,000
37	20	115	SH002	ダメージケア<S>	シャンプー	8	42,000	80	33,600	268,800
38	20	133	SH001	薬用マイルド<S>	シャンプー	12	20,000	90	18,000	216,000
39	20	146	SH002	ダメージケア<S>	シャンプー	6	42,000	90	37,800	226,800
40	20	151	AT001	スタイルハード	スタイリングフォーム	13	12,000	85	10,200	132,600
41	21	149	AT002	スタイリング<A>	スタイリングフォーム	12	15,000	85	12,750	153,000
42	22	125	SH003	ナチュラル<S>	シャンプー	15	36,000	85	30,600	459,000

途中のデータは省略してあります。色を付ける必要はありません。

●問題2

「株式会社美装館」の9月分の請求書を完成させます。問題1で作成した表を、ピボットテーブルを使って集計します。ピボットテーブルのデータ範囲に、「合計行」を含めないようにしましょう。

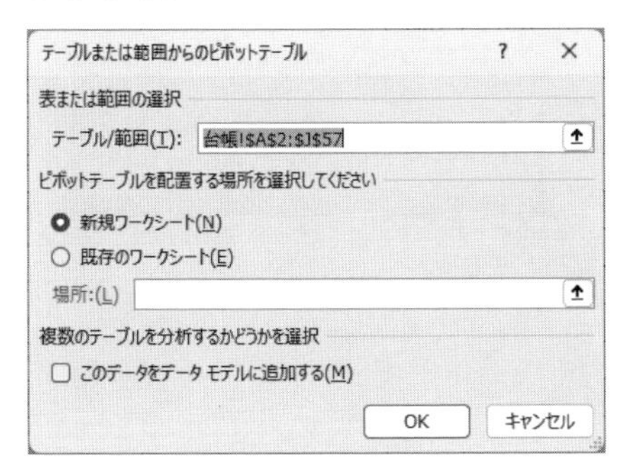

シート「請求」の解答の表の右横にピボットテーブルを作成します。

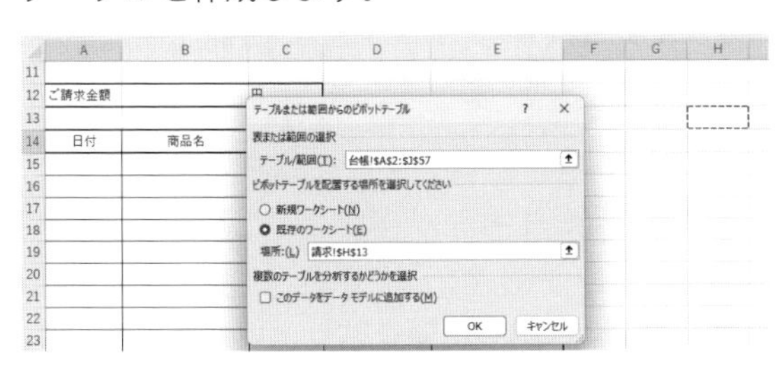

解答となる「請求書」の項目名と順番をよく確認してください。

- 「フィルター」に「顧客コード」をドラッグ、「115（株式会社美装館のコード）」のみ表示
- 「行」に「日付」「商品名」「販売単価」をドラッグ
- 「値」に「数量」をドラッグ
- ピボットテーブルデザインは「表形式で表示」に変更

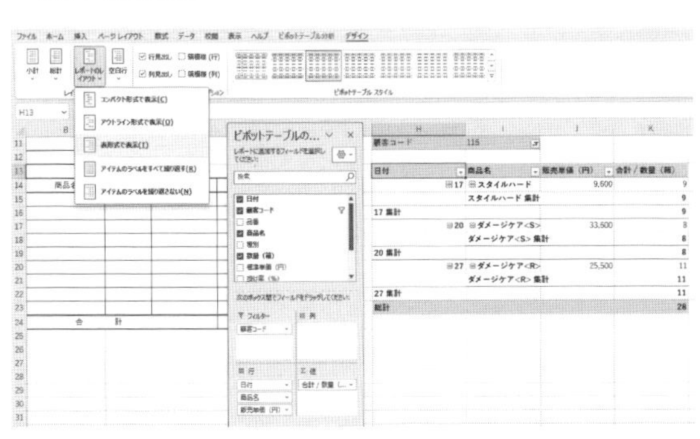

「日付」ごとの集計行と「商品名」ごとの集計行を、非表示に設定します。「日付の集計」のセルの上で右クリックして、「"日付"の小計」のチェックを外してください。

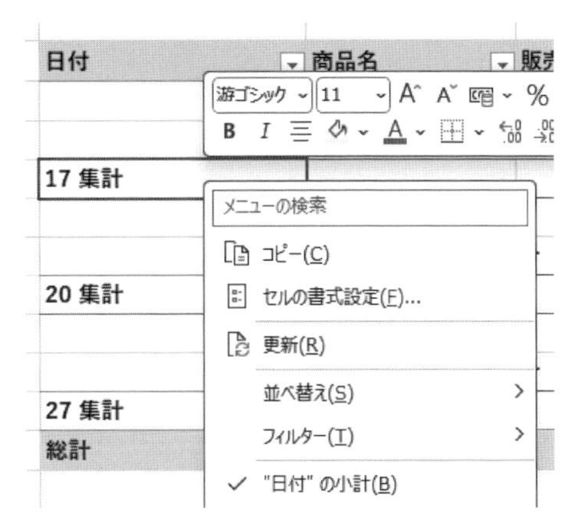

同様に、「商品名」の集計行も、非表示にしてください。

ピボットテーブルの完成見本は以下の通りです。

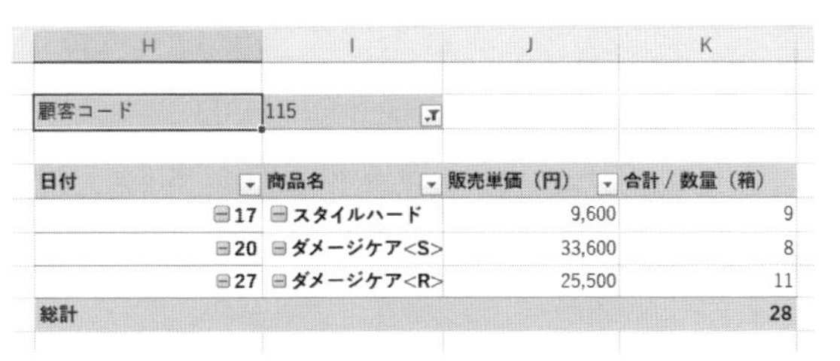

顧客コード	115		
日付	商品名	販売単価（円）	合計 / 数量（箱）
17	スタイルハード	9,600	9
20	ダメージケア<S>	33,600	8
27	ダメージケア<R>	25,500	11
総計			28

ピボットテーブルの必要なデータをコピーして、請求書の表に値を貼り付けます。まず、「日付」「商品名」と「販売単価」をそれぞれコピーして値を貼り付けます。

次に、「数量」のみコピーして、値を貼り付けます。「販売単価」と「数量」の並び順に注意して貼り付けをしてください。

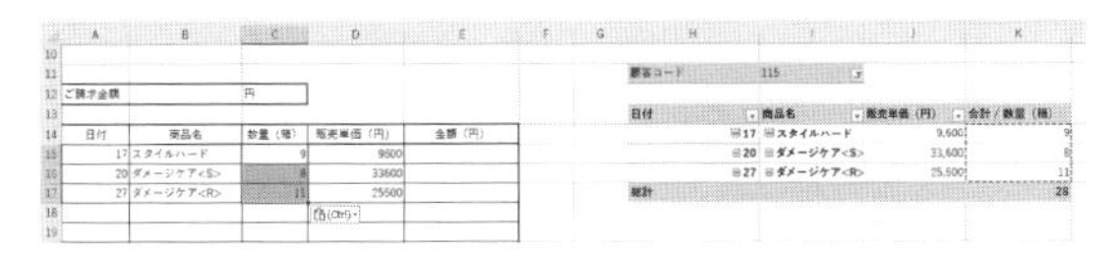

問題によっては、解答となる表とピボットテーブルの項目名の並び順が異なる場合があります。解答の表（今回は請求書）とピボットテーブルの項目名をよく確認してください。

「金額」を計算します。「数量×販売単価」です。

VLOOKUP　=C15*D15

	A	B	C	D	E
13					
14	日付	商品名	数量（箱）	販売単価（円）	金額（円）
15	17	スタイルハード	9	9600	=C15*D15
16	20	ダメージケア<S>	8	33600	

計算式を、セル「E17」までオートフィルします。

	A	B	C	D	E
13					
14	日付	商品名	数量（箱）	販売単価（円）	金額（円）
15	17	スタイルハード	9	9600	86400
16	20	ダメージケア<S>	8	33600	268800
17	27	ダメージケア<R>	11	25500	280500
18					

セル「E24」には合計金額を計算します。「販売単価」「金額」の数値には、「桁区切り」を設定します。

E24　=SUM(E15:E23)

	A	B	C	D	E
13					
14	日付	商品名	数量（箱）	販売単価（円）	金額（円）
15	17	スタイルハード	9	9,600	86,400
16	20	ダメージケア<S>	8	33,600	268,800
17	27	ダメージケア<R>	11	25,500	280,500
18					
19					
20					
21					
22					
23					
24		合　　計			635,700

セル「A3」に、「株式会社美装館」の文字を入力します。セル「B12」には、セル参照を使って、「E24」の金額を表示させます。

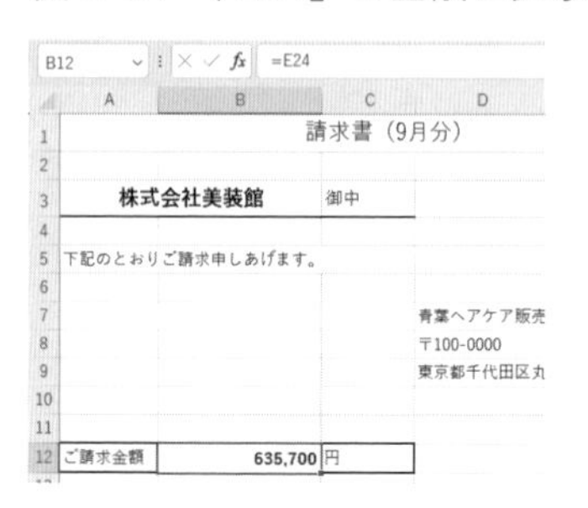

● **問題3**

「分析」シートを完成させます。問題2で作成したピボットテーブルを、「種別」と「数量」「売上金額」を集計したピボットテーブルに変更します。

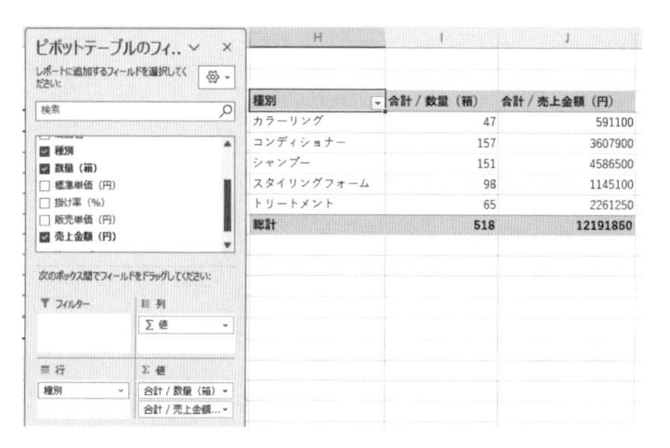

種別	合計 / 数量（箱）	合計 / 売上金額（円）
カラーリング	47	591100
コンディショナー	157	3607900
シャンプー	151	4586500
スタイリングフォーム	98	1145100
トリートメント	65	2261250
総計	518	12191850

ピボットテーブル内の「種別」の項目の並び順を、解答の表に合わせて並べ替えます。

9月期　種別売上分析表

種別	数量（箱）	売上金額（円）	売上構成比（%）
シャンプー			
コンディショナー			
トリートメント			
スタイリングフォーム			
カラーリング			
合計			

種別	合計 / 数量（箱）	合計 / 売上金額（円）
シャンプー	151	4586500
コンディショナー	157	3607900
トリートメント	65	2261250
スタイリングフォーム	98	1145100
カラーリング	47	591100
総計	518	12191850

集計のできたピボットテーブルの数量と売上金額をコピーして、「分析」シートのセル「B3」から「C8」に値を貼り付けます。貼り付けた値には「桁区切り」を設定します。

9月期　種別売上分析表

種別	数量（箱）	売上金額（円）	売上構成比（%）
シャンプー	151	4,586,500	
コンディショナー	157	3,607,900	
トリートメント	65	2,261,250	
スタイリングフォーム	98	1,145,100	
カラーリング	47	591,100	
合計	518	12,191,850	

種別	合計 / 数量（箱）	合計 / 売上金額（円）
シャンプー	151	4586500
コンディショナー	157	3607900
トリートメント	65	2261250
スタイリングフォーム	98	1145100
カラーリング	47	591100
総計	518	12191850

「売上構成比（%）」を計算します。

VLOOKUP　=C3/$C$8*100

	A	B	C	D
1	9月期　種別売上分析表			
2	種別	数量（箱）	売上金額（円）	売上構成比（%）
3	シャンプー	151	4,586,500	=C3/$C$8*100
4	コンディショナー	157	3,607,900	
5	トリートメント	65	2,261,250	
6	スタイリングフォーム	98	1,145,100	
7	カラーリング	47	591,100	
8	合計	518	12,191,850	

8行目までオートフィルして、小数点以下第1位までの表示に設定します。

	A	B	C	D
1	9月期　種別売上分析表			
2	種別	数量（箱）	売上金額（円）	売上構成比（%）
3	シャンプー	151	4,586,500	37.6
4	コンディショナー	157	3,607,900	29.6
5	トリートメント	65	2,261,250	18.5
6	スタイリングフォーム	98	1,145,100	9.4
7	カラーリング	47	591,100	4.8
8	合計	518	12,191,850	100.0

売上金額の構成割合が分かる円グラフを作成します。データ範囲はセル「A3:A7」と「C3:C7」を選択してください（売上金額の数値をグラフにします）。

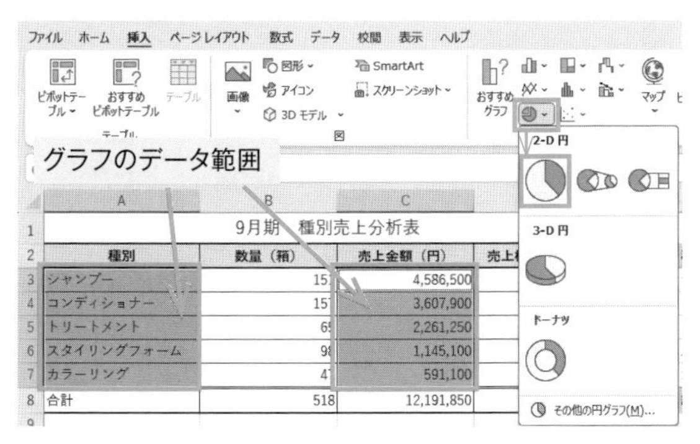

以下の点に注意してください。

- グラフタイトル：「種別売上構成比グラフ」
- 凡例：表示しない
- データラベル：「分類」「パーセンテージ」（小数点以下第1位までの表示）

グラフの完成図は以下の通りです。

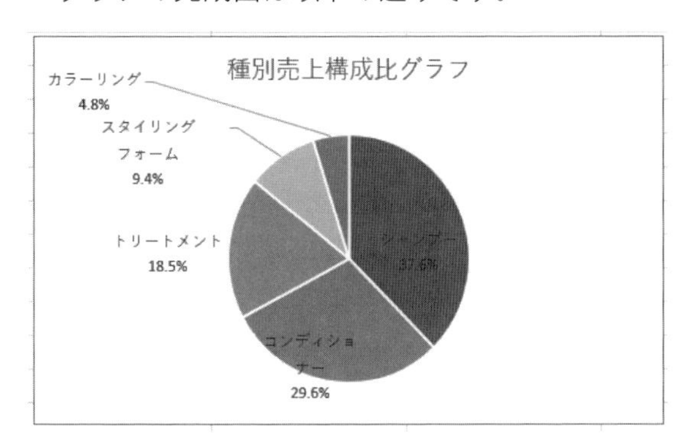

●問題4

「ファイル」をクリックして「名前を付けて保存」をクリックします。「参照」ボタンをクリックすると、「名前を付けて保存」ダイアログボックスが開くので、「ファイル名」の欄に「売上管理」と入力して「保存」ボタンをクリックしてください。

おわりに

日商PC検定合格道場では、日商PC検定3級から1級にいたるまで、すべての級の学習に対応しています。

- 日商PC検定2級、1級にも合格したいな～!
- 履歴書資格欄に日商PC検定2級って書きたいな～!
- 昼間の事務職に変わりたいな～!
- 本試験ってどんな問題なのか不安?
- 本の学習だけで大丈夫かな?
- 今の自分のレベルで合格できるのかな?

学習中は不安がいっぱい出てきます。そんなあなたをサポートする通信講座です。
ウェブサイトへお気兼ねなく。

●日商PC検定合格道場
https://pcukaru.jp/

日商PC検定合格道場
主任講師　八田　仁

索引

記号・数字

英字

あ

か

さ

た

な

は

ま

や

ら

わ

DEKIDAS-WEBの使い方

本書をご購入いただいた方への特典として、「DEKIDAS-WEB」がご利用いただけます。「DEKIDAS-WEB」はスマホやPCからアクセスできる問題演習用WEBアプリです。知識科目の対策にお役立てください。
対応ブラウザは、Edge、Chrome、Safariです（IEは対応していません）。
スマートフォン、タブレットで利用する場合は以下のQRコードを読み取り、エントリーページにアクセスしてください。なお、ログインの際にメールアドレスが必要になります。QRコードを読み取れない場合は、下記URLからアクセスして登録してください。

・URL：https://entry.dekidas.com/
・認証コード：nd24zkQusS981Hni

※本アプリの有効期限は2027年03月12日です。

■プロフィール

●八田 仁（はった じん）

直営パソコン教室での合格実績により、2012年より日商PC検定合格道場の通信講座をスタート。翌年には、全国初の2級の通信講座開始。多くの受講生を合格に導きながら、自らも1級試験3科合格し、全く書籍も発売されていない状況で全国初1級試験の通信講座を2020年よりスタートさせる。常々、「日商PC検定ほど仕事に役立つものはない。」と言うのが口癖。日商PC検定3級学習中のあなたをサポートします。日商PC検定合格道場ウェブサイト（https://pcukaru.jp/）へお気兼ねなく。

●細田 美奈（ほそだ みな）

子育て中に全くの初心者からPCスキルを学習、日商PC検定1級試験３科目に合格し日本商工会議所会頭表彰を受ける。現在、日商PC検定合格道場の通信講座実技の添削などサポートを担当。日商PC検定3級学習中のあなたをサポートします。

- 装丁　奈良岡菜摘デザイン事務所
- 本文デザイン　釣巻デザイン室
- 本文DTP　トップスタジオ

いちばんやさしい日商PC検定データ活用3級
ズバリ合格BOOK ［Excel 2016/2019/2021 対応］

2024年３月26日　初　版　第１刷発行

著　者　八田仁、細田美奈
監修者　石井典子
発行者　片岡 巌
発行所　株式会社技術評論社
東京都新宿区市谷左内町21-13
電話　03-3513-6150　販売促進部
03-3513-6166　書籍編集部
印刷／製本　日経印刷株式会社

定価はカバーに表示してあります。

ISBN978-4-297-13973-5　C3055
Printed in Japan

■お問い合わせについて

本書に関するご質問は、FAX、書面、下記のWebサイトの質問用フォームでお願いいたします。電話での直接のお問い合わせにはお答えできません。あらかじめご了承ください。

ご質問の際には以下を明記してください。

- 書籍名
- 該当ページ
- 返信先（メールアドレス）

ご質問の際に記載いただいた個人情報は質問の返答以外の目的には使用いたしません。

お送りいただいたご質問には、できる限り迅速にお答えするよう努力しておりますが、お時間をいただくこともございます。

なお、ご質問は本書に記載されている内容に関するもののみとさせていただきます。

■お問い合わせ先

〒162-0846　東京都新宿区市谷左内町21-13
株式会社技術評論社　書籍編集部
「いちばんやさしい日商PC検定データ活用3級 ズバリ合格BOOK」係
FAX：03-3513-6183
Web：https://gihyo.jp/book/2024/978-4-297-13973-5